GEO

Herausgeber: Peter-Matthias Gaede
Textredaktion: Martin Meister,
Dr. Erwin Lausch (freie Mitarbeit)
Schlussredaktion: Gabriela Strobel, Hinnerk Seelhoff,
Dr. Matthias Albaum (Stichwortverzeichnis)
Dokumentation: Dr. Anja Herold

Gestaltung: Erwin Ehret
Bildredaktion: Ruth Eichhorn, Sabine Wuensch
Herstellung: Heiko Belitz, G+J Druckzentrale
Lithografie: MWW Repro, Hamburg
Druck: IPF Industrie Poligrafiche Friulane,
Maniago, Italien

2. Auflage 2003
ISBN: 3-570-19372-1

Umschlag: Stechmücke – nur die Weibchen saugen Blut
Vorsatzpapier vorne: Schmetterling – der filigrane Aufbau der Schuppen lässt die Flügel schillern
Vorsatzpapier hinten: Dornhai – die Struktur der Hornschuppen auf der Haut vermindert den Strömungswiderstand

Wenn ein Mikrochip wie eine utopische Stadtlandschaft aussieht, wenn eine Blattlaus wie ein Monster erscheint, wenn der Riss auf einer Apfelschale wie der Grand Canyon anmutet und die Oberfläche eines Fünf-Euro-Scheines wie der Dachboden eines von Spinnen besetzten Spukschlosses – dann waren Oliver Meckes und Nicole Ottawa am Werk.

Das Duo aus Fotograf und Biologin nennt sein Unternehmen „eye of science" – und dieses Auge ist zumeist ein Raster-Elektronen-Mikroskop, das sichtbar macht, was dem menschlichen Auge gewöhnlich verborgen bleibt: die Welt des allerkleinsten Kleinen. Es ist eine Welt, in der jede Menge Sensationen warten: schier unvorstellbare Schönheiten der Natur – und auch eine Armada ihrer Schreckensgestalten. Erreger, die plötzlich angenehm unseren Sehnerv erregen. Bakterien, denen wir nie näher kommen wollten, und die nun nicht nahe genug sein können. Einzeller, die „Gesicht" erhalten. Pilze, die zu Wäldern wuchern. Kristalle mit psychedelischer Aura und Spinnentiere mit dem Glanz von Diven. Insekten wie die Figuren eines geheimen Maskenballs. Fliegendreckgroße Landschaften, in denen man zu Tagesmärschen aufbrechen könnte. Bizarre Strukturen und „intelligente" Mikrosysteme.

Seit 1996 veröffentlicht GEO die aufregenden Expeditionen von Meckes und Ottawa, ihr im wahrsten Sinne neues – und inzwischen vielfach prämiertes – Bild der Erde. Ihre Reisen ins Reich der winzigen Giganten, ins Wunderland der Pflanzen, in den Kosmos verborgener Erdenbewohner sind nun erstmals gesammelt im vorliegenden Buch zu sehen – einem Buch, das Seite für Seite ein Geheimnis lüftet.

Es führen zwei lange Wege zu Meckes und Ottawa; die Wege der Wissenschaft und die der technischen Wahrnehmungsapparaturen, mit ihren Parallelverläufen und mit ihren Kreuzungen. „Alle Menschen streben von Natur aus nach Wissen; dies beweist die Liebe zu den Sinneswahrnehmungen", hatte schon Aristoteles beobachtet. Aber erst viele Jahrhunderte später wuchsen dem Bemühen des Menschen um erweitertes Sehen, um Einblick in die großen und die kleinen Dimensionen, erwuchsen dem Bedürfnis nach neuen Freuden der Sinneswahrnehmung mit der Erfindung von Fernglas und Mikroskop zwei entscheidende Helfer zu. Galileo Galilei und Isaac Newton, Johannes Kepler, Robert Hooke und Antony van Leeuwenhoek, die bekanntesten Pioniere dieses Aufbruchs zu neuen Horizonten, schlossen ganze Welten auf.

Bezaubernde und irritierende zugleich. Der Fotografiewissenschaftler Hans Christian Adam erwähnt bereits für das Jahr 1726 öffentliche Vorführungen von projizierten Mikroskopbildern in Deutschland, die „Augenergötzungen" genannt wurden, also offenbar auch einen Unterhaltungswert hatten – während Goethe zitiert wird mit dem Satz: „Mikroskope und Fernrohre verwirren eigentlich den reinen Menschensinn".

Mag sein, dass sie (auch) das taten. Ganz sicher aber waren sie ein Medium des forscherischen Fortschritts. Die Rolle der Bilder in der Wissenschaft nahm zu, mit Daguerre begann schließlich die Fotografie zu einer Sehhilfe der Wissenschaft zu werden. Und sie versprach die exakte „Übersetzung" der Natur. Sie versprach Botanikern, Zoologen, Anatomen, Ärzten den Vorstoß zu den präzisesten aller denkbaren Abbilder der Objekte ihres Interesses. Adam beschreibt, wie schon Daguerre Besuch von einem Mathematiker bekam, dem Österreicher Andreas Ritter von Ettingshausen, der von ihm lernte. Unter dem Mikroskop erprobte er das Erlernte 1840 mit der Belichtung eines Schnittes durch eine Pflanze – ein entscheidender Impuls für die Fotografie als „Enzyklopädie der dinglichen Welt", ihrer Oberfläche und, seit Wilhelm Conrad Röntgen 1895, dann auch ihres Inneren.

Aber war es an der damaligen Fotografie – und ist es an den Bildern von Meckes und Ottawa – nur die von Humboldt gelobte „unnachahmliche Treue" in der Wiedergabe der materiellen Natur, die begeistert? Bloß ihre „Objektivität"? In einer Abhandlung über die Bedeutung von Bildern in der Wissenschaft widmet sich der Autor Ernst Peter Fischer ausführlich der Rolle der Ästhetik auch im Erkenntnisprozess von Experten und zitiert den französischen Mathematiker und Physiker Henri Poincaré, der zu Anfang des 20. Jahrhunderts schrieb: „Der Gelehrte studiert die Natur nicht, weil das etwas Nützliches ist; er studiert sie, weil er daran Freude hat, und er hat Freude daran, weil sie so schön ist". Und Poincaré ging noch weiter, als er formulierte: „Wenn die Natur nicht so schön wäre, so wäre es nicht der Mühe wert, sie kennen zu lernen".

Da werden wahrscheinlich einige nüchterne Charaktere aus der Wissenschaftswelt des frischen 21. Jahrhunderts widersprechen, die Protagonisten des rein theoretischen Erkenntnisweges zumal. Aber nicht alle, ist anzunehmen; und schon gar nicht beim Anblick der Bilder von Meckes und Ottawa. Und schon gar nicht die auf visuelle Vermittlung einer „unansehnlichen" Wissenschaft angewiesenen interessierten Laien. Und erst recht nicht Bildredakteure bei Zeitschriften. Es ist eine größer gewordene Herausforderung für ein Magazin wie GEO, die relevanten Wissenschaftsfelder der Gegenwart, von der Mikrobiologie bis zur Nanotechnologie, in die Optik zu nehmen. Viele gerade der weitreichendsten Erfindungen steigen nicht mehr vor unser aller Augen auf wie die neueste Generation eines Großraumflugzeugs, sondern werden eben im (nahezu) Unsichtbaren vollbracht. Das kann als Bedrohung empfunden werden. Und das kann neugierig machen. Beiden, den Ängstlichen wie den Wissbegierigen, liefern Oliver Meckes und Nicole Ottawa Bilder zum Verstehen durch Sehen. Durch Sehen nicht zuletzt in uns selbst hinein.

Peter-Matthias Gaede, Chefredakteur GEO

Von der Vorspiegelung wahrer Tatsachen

Entdeckungsreisen in die Welt der Mikrofotografie

Wie schrecklich, als es Gulliver nach Brobdingnag verschlägt, ins Reich der Riesen! Dort steht das Gras zwanzig Fuß hoch, und die Eingeborenen schreiten wie wandelnde Kirchtürme einher. Er muss sich gegen Wespen, groß wie Rebhühner, zur Wehr setzen, und um ein Haar wäre er von einer Haselnuss erschlagen worden!

Wie anders ist es ihm doch im Lande Liliput ergangen, dessen Bewohner er einfach in die Tasche stecken konnte, und dessen Kaiser bei seinen Untertanen schon deshalb in höchstem Ansehen stand, weil er sie „um Fingernagelsbreite“ überragte.

Bereits Jonathan Swifts Zeitgenossen hegten die Vermutung, er hätte Gullivers Eskapaden mithilfe eines Teleskops ausgeheckt. Hält man es nahe an ein Objekt, erscheint alles riesengroß, blickt man verkehrt herum hindurch, alles winzig klein. Die Optik war eine Leitwissenschaft der Neuzeit und stand gerade zu Beginn des 18. Jahrhunderts, als Swift seinen Helden auf Entdeckungsreisen schickte, hoch im Kurs. 1674 hatte der niederländische Naturforscher Antony van Leeuwenhoek die ersten Mikroskope mit nennenswerter Vergrößerung konstruiert. Er entdeckte damit unter anderem die roten Blutkörperchen sowie die Zapfen- und Stäbchenschicht in der Netzhaut des Auges. Die neuen optischen Technologien revolutionierten nicht allein die Naturwissenschaften, sondern das Sehen schlechthin. Was nehmen wir wahr – und was ist wahr? Die Astronomen orteten Sterne jenseits der Sterne, die Mikroskopiker Welten in der Welt. Alles erwies sich als relativ. „Die Philosophen haben zweifellos recht“, dämmert es Gulliver, „wenn sie behaupten, dass nichts an sich groß oder klein ist, sondern nur im Vergleich mit anderem.“

Wenn wir dank der Bilder von Oliver Meckes und Nicole Ottawa in den Mikrokosmos eintauchen, überschreiten wir die Grenzen, die unseren Sinnen und nicht selten auch unserem Vorstellungsvermögen gesetzt sind. Das Staunen, das uns dabei überkommt, dürfte dem von van Leeuwenhoek und seinen Zeitgenossen an Intensität kaum nachstehen. Diese ungeahnten Welten fesseln uns, aber sie verwirren und ängstigen uns auch. Doch dann ergeht es uns wie Gulliver: Die Neugier überwindet den Schock. Wir beginnen, die fremden Gefilde zu erkunden.

Deren Bewohner sind klein, erschreckend klein; eine Ameise fällt hier schon unter das Großwild. Einige lassen sich mit bloßem Auge gerade noch ausmachen, andere sind selbst mit hochgerüsteten Lichtmikroskopen nicht mehr darstellbar. Um ihnen näher zu kommen, braucht es Elektronenmikroskope, mit deren Hilfe die Mehrzahl der Bilder in diesem Band entstanden ist. Unter ihren Argusaugen wiederum wirkt alles groß, bestürzend groß. Wirkt fremdartig wie unter Wasser und geradezu übermächtig wirklich. Eine Schweißpore erscheint geräumig wie eine Grotte, ein Silberfischchen lang wie ein Waran. Ein Fetzen Darmgewebe mutet wie eine zerklüftete Landschaft voller Schluchten und Tafelberge an.

Meckes und Ottawa konfrontieren uns hier mit einem heimlichen Universum, von dem wir bisher kaum etwas wussten und mitunter auch gar nichts wissen wollten. Viele Betrachter befällt zunächst Abscheu angesichts dieser Stubenmonster sonder Zahl, die da in albtraumhafter Größe vor uns stehen. Doch ihrer meisterhaften Konstruktion und ihren raffinierten Strategien können wir unsere Bewunderung kaum versagen. Dann wieder ergreift uns Begeisterung angesichts kristalliner Zauberwelten oder der goldgrün schillernden Schuppenpracht eines Schmetterlingsflügels.

Zwei grundlegende Einsichten in die Natur der Natur drängen sich bald auf: Wir haben es mit einer unverbesserlichen Perfektionistin zu tun – und mit einer rücksichtslosen Verschwenderin. Ihre Patente sind Legion. Von Anfang an hat sie sich als Spezialistin für Nanotechnologie betätigt, wenn wir auch ihr ganzes Ingenium erst jetzt, dank hochauflösender Geräte, zu erkennen vermögen. Sitzt der Termitenfühler nicht an einem perfekten Kugelgelenk? Erweist sich der Mücken-

Die Biologin Nicole Ottawa und der Fotograf Oliver Meckes haben sich der wissenschaftlichen Mikrofotografie verschrieben. Zu den Spezialitäten ihrer Firma »eye of science« in Reutlingen zählen Aufnahmen mit dem Raster-Elektronen-Mikroskop (REM). Im Hintergrund die naturgetreu kolorierte REM-Aufnahme einer Feuerameise (Alle Porträts in diesem Kapitel: Marc Steinmetz)

stachel nicht als Prototyp der Kanüle? Gerade die Beispiele aus der Bionik, die sich am Schluss des Buches finden, zeigen, dass noch die Tüftler des 21. Jahrhunderts gegenüber der Natur als Waisenknaben dastehen und ihr Genie mühsam zu kopieren suchen.

Ob in Farbe, Form oder Funktion – auf jedem der Bilder in diesem Buch offenbart sich die unerschöpfliche Erfindungslust der Natur. Das Leben erscheint als eine seit Jahrmillionen währende Orgie. Freilich eine mit System: Bestimmte Muster kehren immer wieder. Ob Blatt oder Wald, ob Zelle oder Galaxie – auf allen Ebenen begegnen uns die gleichen Grund- und Bauprinzipien. So geraten diese Entdeckungsreisen in den Mikrokosmos denn auch zu einer universellen Schule des Sehens, getreu dem Goethe-Satz: „Willst du dich am Ganzen erquicken, / So musst du das Ganze im Kleinsten erblicken."

Was ermöglicht uns überhaupt diese fantastischen Einsichten? Woher rührt die kalte Magie dieser Fotografien? Damit wir uns schließlich ein Bild machen können, braucht es eine ganze Kette undurchschaubarer technischer Vorgänge und spezielles Handwerkszeug. Das Elektronenmikroskop wurde Anfang der dreißiger Jahre am Hochspannungsinstitut der Technischen Hochschule Berlin entwickelt. Eine Gruppe von Physikern um Max Knoll und Ernst Ruska, die mit der Verbesserung von Messgeräten befasst war, untersuchte das optische Verhalten von Elektronenstrahlen. Wobei sie die Begriffe der Optik freilich erst in die Welt der Teilchenphysik übersetzten mussten. Brille, Lupe und noch das Lichtmikroskop funktionieren in direkter Analogie zum menschlichen Auge, dessen Sehvermögen sie durch eine Art optischer Hebelwirkung verstärken. Ihre Obergrenze wird durch die Grenze des Mediums, des Lichtes also, bestimmt. Die maximale Vergrößerung liegt hier bei etwa 1000:1. Damit lassen sich gerade noch Bakterien ans Licht bringen. Kleinere Objekte, welche die Wellenlänge des Lichts unterschreiten, bleiben im Verborgenen. Das Raster-Elektronen-Mikroskop (REM) hingegen verwendet Magnetfelder statt Linsen und Teilchen statt Licht. Seine Beziehungen zum menschlichen Auge sind allenfalls metaphorischer Art. Wenn überhaupt, stellt es eher ein Tast- als ein Sehinstrument dar, insofern es auf Kontakt, auf Berührung beruht. Ein von einer Kathode erzeugter, durch Magnetspulen gebündelter und beschleunigter Elektronenstrahl prallt auf die Oberfläche des Objekts. Verschiedene Detektoren registrieren die abgelenkten Teilchen; der Rechner setzt ihre Daten schließlich zu einem Netz aus Bildpunkten, dem Raster eben, zusammen. Zeile für Zeile wird das Objekt so regelrecht gelesen, ganz klassisch von links nach rechts und von oben nach unten.

Durch diesen Wechsel des Mediums können die Wahrnehmungsgrenzen bis in den atomaren Bereich hinausgeschoben werden. Kein Wunder, dass man die ersten derartigen Geräte als „Übermikroskope" bezeichnete; sie markierten einen ebenso revolutionären Durchbruch wie einst die van Leeuwenhoek'schen Apparate. Ein Raster-Elektronen-Mikroskop, wie Meckes und Ottawa es verwenden, erreicht eine bis zu 50 000fache Vergrößerung, andere, noch aufwendigere Systeme kommen sogar noch um ein Mehrfaches höher. Sie machen aus Mücken Ele-

fanten, zeigen noch die Details der Details und selbst die Parasiten der Parasiten.
Sowohl in der Forschung als auch in der Industrie gehören solche Geräte mittlerweile zur Grundausstattung größerer Laboratorien. Hingegen gibt es weltweit nur vielleicht ein Dutzend Fotografen, die sie als Kameras einsetzen. Anders als die Wissenschaftler verfolgen sie vor allem didaktische und ästhetische Ziele. Was für die anderen ein bloßes Mittel zum Zweck darstellt, haben sie zum Gewerbe gemacht. Wo dem Forscher die präzise Abbildung genügt, fängt ihr Metier mit der Gestaltung erst so richtig an.
Auf nahezu symbiotische Weise ergänzen sich Oliver Meckes und Nicole Ottawa zu einer fachkundigen Arbeits- und darüber hinaus auch Lebensgemeinschaft. So wie Meckes, gelernter Fotograf und von Kindesbeinen an auch leidenschaftlicher Mikroskopiker, sich vor allem für naturkundliche Themen begeisterte, so war die studierte Biologin Ottawa von jeher an Kunst und Gestaltung interessiert. Kennen gelernt haben sie sich am „Institut für wissenschaftliche Fotografie“ im schwäbischen Schloss Weißenstein, wo sie ihr Metier bei Manfred Kage, einem Pionier der Zunft, gelernt haben. Mit ihren beiden kleinen Kindern leben sie heute am Rande von Reutlingen, in einem nach allen Regeln der Kunst entworfenen Ökohaus in der Farbe von Multivitaminsaft.
Im Parterre ist ein kleines Labor mitsamt Elektronenmikroskop untergebracht, daneben das Büro zur digitalen Bildbearbeitung mit seinen hochgerüsteten Rechnern. Der leicht zu verdunkelnde Keller schließlich beherbergt ein ganzes Arsenal von Lichtmikroskopen. Überall Präzisionsinstrumente – hier schweift das Auge nicht, es sticht. Für ihre Recherchen haben die beiden eine umfangreiche Bibliothek aus biologischen und medizinischen Nachschlagewerken zur Hand. Am Beginn einer Produktion steht die Fahndung nach geeigneten Objekten. Manches lässt sich leicht aus der Umgebung beschaffen: Vom Spaziergang bringen sie Fundsachen aus Wiesen und Tümpeln mit, Spinnmilben und Schildläuse finden sich als ungebetene Gäste im Wintergarten ein, und eine schlichte Stearinkerze kann unter dem Mikroskop zu einem wundervollen Kristallgarten erblühen. Auch eigene Haare, Weisheitszähne, Nasenpolypen oder OP-Fäden bereichern automatisch die Probensammlung. Sich selbst unter die Lupe zu nehmen entspricht guter alter Mikroskopierpraxis. Wissbegierig erkundete schon Antony van Leeuwenhoek seinen Körper und all dessen Stoffe und Säfte. Als er, vermutlich als erster Mensch überhaupt, Spermien beschrieb, sah er sich dabei zu folgender Ehrenerklärung

Vor jeder REM-Aufnahme steht eine langwierige Prozedur. Bei der Präparation einer Stubenfliege etwa wird das Insekt nach einer Behandlung mit Glutaraldehyd zum Fixieren der Eiweißstoffe vollständig entwässert. Dazu wird es in immer stärker konzentriertem Alkohol (chemisch: Ethanol) gebadet. Anschließend trocknen die Proben in einer Druckkammer unter genau festgelegten Bedingungen veranlasst: „Was ich erforsche, ist nur das, was ohne sündige Beschmutzung meiner selbst als Überrest von einem ehelichen Koitus übrig bleibt.“

Doch wie kommt man an brasilianische Sandflöhe, an Kleinhirnzellen oder Ebola-Viren heran? Hier hat sich unter anderem die Nähe zu Tübingen und Stuttgart mit ihren zahlreichen Forschungsinstituten bewährt. Sie stellen den renommierten Wissenschaftsfotografen meist gern ein paar Proben zur Verfügung. „Wobei ein Exemplar selten genügt“, erklärt Meckes, „am liebsten bekomme ich zwei Dutzend. Beim Präparieren geht schnell mal was daneben.“ Und schon bei unbedachtem Ausatmen kann eine seltene Mückenspezies leicht auf Nimmerwiedersehen verschwinden.

Manchmal muss Meckes die eigentlichen Objekte, etwa Krätzmilben in der Haut, erst freilegen, andere wiederum in ihren angestammten Lebensraum einsetzen wie die Bettwanzen auf ein Stück Stoff oder die Hausstaubmilben in ein Fusselparadies. Das erfordert minuziöse Operationen unter der Stereolupe, mit klitzekleinen Scheren, Pinzetten und Skalpellen. Haarspaltereien zählen hier noch zu den gröberen Eingriffen. Die Präparation der Filzläuse stellte die Geduld auf eine besondere Probe. Schon die Beschaffung gestaltete sich nicht einfach, scheint dieses Ungeziefer doch in Deutschland nahezu ausgerottet. Das tropenmedizinische Institut in Tübingen spendierte schließlich ein paar afrikanische Exemplare.

Die nun folgenden Arbeitsschritte muten für Laien wie alchimistische Verfahren an – doch handelt es sich lediglich um schnöde Laborroutine. Meckes fixiert die zwei Millimeter großen Läuse und entwässert sie anschließend in Probenschälchen. Hierzu muss er das in den Zellen eingeschlossene Wasser nach und nach durch Alkohol ersetzen. Das geschieht in aufsteigender Reihe mit 30-, 50-, 70-, 80-, 90-, 95-, 99- und schließlich fast 100-prozentigem Ethanol. Eine Eieruhr stückelt die Zeit, die ganze Prozedur nimmt einen halben Tag in Anspruch.

In einer Druckkammer wird der Alkohol anschließend durch Kohlendioxid ersetzt, das bei 36° Celsius und einem Druck von 80 Bar einen kritischen Zustand erreicht, ein eigentümliches Zwischenstadium, in dem es nicht mehr flüssig und noch nicht gasförmig ist. Dabei werden die Läuse regelrecht mumifiziert. „Nur mit diesem komplizierten Verfahren“, so Meckes, „bleibt gewährleistet, dass das Objekt beim Trocknen nicht schrumpft oder Zellen kollabieren“.

Für die Untersuchung im Elektronenmikroskop muss es fest, wasserfrei und elektrisch leitfähig sein. Letzteres bewirkt eine hauchfeine Couverture aus Gold oder Palladium. Dazu legt Meckes seine Läuse zunächst auf ein Alu-Schälchen und steckt sie in ein Beschichtungsgerät. Unter Spannung und Vakuum benetzt der Goldnebel sie von allen Seiten, so dünn wie möglich, so deckend wie nötig. Doch damit nicht genug. Die Blutsauger sollen in ihrem natürlichen Biotop dargestellt werden und dabei, so lausetot sie auch sind, möglichst lebensecht wirken. Also kommen sie in eine feuchte Kammer, um ihre Gelenke geschmeidiger zu machen. Unterdessen opfert Meckes ein paar Haare, die er dann unter der Stereolupe in halbstün-

diger Fummelei durch die wie Karabinerhaken geformten Klammerbeine der Läuse fädelt. Dieses Miniatur-Diorama wird auf einem pfenniggroßen Objektträger befestigt und nochmals mit Gold bedampft. Dann sieht es aus wie ein extravaganter Manschettenknopf, bereit fürs Elektronenmikroskop.

Vor solch einem Zauberwerkzeug hegen wir unwillkürlich Ehrfurcht, schon gar, wenn wir hören, dass es den Gegenwert eines Reihenhauses verkörpert. Doch es selbst sieht alles andere als magisch aus, nämlich unsinnlich und unnahbar. Die so genannte Säule, in der die Elektronendusche steckt, besteht aus einer hermetisch abgeschlossenen Röhre über der Vakuumkammer und erinnert an einen Brennofen. Das Steuerpult bildet vollends einen abstrakten Kasten, der mit ein paar Knöpfen, Lämpchen und Regelkreisen bestückt ist und als Bildschirm einen handelsüblichen Computermonitor besitzt. Leichter Laborgeruch liegt in der Luft, dazu das Sirren der kleinen Vakuumpumpe. Die große, geräuschvollere Schwester, die erst einmal die dicke Luft aus der Kammer saugt, steht unten im Keller. Sie brauchen einige Minuten, bis sie auch die letzten Moleküle aus der Kammer geschaufelt und ein beinahe reines Nichts erzeugt haben. Denn die Elektronen benötigen freie Bahn. Und dann kommt der große Moment – Energie! Etwa wie bei einer Glühbirne wird ein zu einer Spitze gebogener Wolframdraht zum Glühen gebracht. Diejenigen Elektronen, welche die Kurve nicht kriegen, treten in Form einer Wolke aus, die, auf Hochspannung beschleunigt, als Glutfleck auf dem Bildschirm wabert. Die Kathode hat Betriebstemperatur.

Statt Objektive besitzt dieses Mikroskop stromdurchflossene Magnetspulen. Zunächst tanzt nur Geflimmer über den Monitor, ein elementarer elektronischer Nebel: Rasterfahndung. Meckes justiert hier und da noch etwas nach – und dann prangen die Läuse plötzlich feist und fies auf dem Bildschirm. Wahrhaftig ein haarsträubender Anblick, als hätten wir sie in flagranti ertappt.

Diese Schauer der Vergrößerung, die übernatürliche Schärfe und Detailtreue, kennt die Menschheit erst seit Erfindung des Mikroskops. Schon Gulliver verweist angesichts der Riesenläuse in Brobdingnag angewidert auf diese Erfahrung: „Ich konnte die Glieder dieses Ungeziefers mit bloßen Augen besser erkennen als die ihrer Artgenossen in Europa durch ein Mikroskop, ebenso ihre Rüssel, mit denen sie wie die Schweine im Unrat wühlten. Es war das erste Mal, dass ich diese Untiere sah.“ Zugleich meldet sich freilich prompt der

Um die auf Probenhaltern montierten Untersuchungsobjekte elektrisch leitfähig zu machen, werden sie nach dem Trocknen dünn mit Gold beschichtet. Das geschieht in einem Vakuumzylinder, der mit Argon gefüllt ist, das während der »Metallbestäubung« ein rosaviolett leuchtendes Plasma erzeugt. Dann erst sind die Objekte bereit für das Raster-Elektronen-Mikroskop. Oliver Meckes setzt einen Probenhalter mit einer vergoldeten Schmeißfliege in die Probenkammer

Forscherreflex, und Gulliver wünscht sich, diese Bestien sezieren zu können.
Es ist auch gar zu interessant, Einblicke in die Wirklichkeit des sonst Unsichtbaren zu erhalten. Mit jeder Korrektur des Elektronenmikroskops wird das Bild schärfer, der Ausschnitt konzentrierter. Mithilfe der Detektoren variiert Meckes Perspektiven und Kontraste. Während das einzelne Bild flach und grau in grau erscheint, mutet die Addition dreier Bilder bereits merklich plastischer an. In all ihrer Kompliziertheit hat diese Art von Extremfotografie schon wieder etwas Okkultes. Sie geht ohne Licht vonstatten, somit auch ohne Farbe, und sie braucht weder Belichtungsmesser noch Blitz noch Film. So filigran ihre Gegenstände auch sein mögen, in vieltausendfacher Vergrößerung erscheinen sie wuchtig und massiv, und noch vermeintlich glatte Oberflächen erweisen sich als uneben und struppig. Denn das Raster-Elektronen-Mikroskop bildet das Relief der Körper ab, wogegen das Lichtmikroskop sie transparent macht.
Woher dann aber das Funkeln und Schimmern auf den Bildern? Wie kommen Licht und Farbe in diese Schattenwelt? Via Kabel huschen die Bilddateien vom Mikroskop ins Büro. Meckes übergibt an Ottawa. Zwar beherrschen beide alle Arbeitsschritte, doch widmet er sich vornehmlich der technischen, sie sich der visuellen Seite. „Unsere ersten Bilder", erinnert sich die Biologin, „haben wir Anfang der neunziger Jahre noch von Hand koloriert. Inzwischen bearbeiten wir sie, wie alle Welt, am Computer." Das spart Zeit und Material: „Früher konnte ein Patzer die Arbeit eines ganzes Tages ruinieren, jetzt lösche ich ihn mit einem Mausklick."
Die professionelle Bildbearbeitungs-Software bietet „Pinsel" jeglichen Kalibers, Filter, Weichzeichner, einen „Radiergummi", eine unerschöpfliche Farbpalette – alles auf Tastendruck. Auf ihren hochauflösenden Monitoren kann Ottawa die Aufnahmen nochmals nachvergrößern und so notfalls Bildpunkt für Bildpunkt bearbeiten. Was zunächst aussieht wie elektronisches Malen nach Zahlen, erweist sich bald als heikler und vielschichtiger Gestaltungsprozess, der einen bis mehrere Tage in Anspruch nimmt. Bei den Filzläusen fällt zwar die Farbwahl leicht: Unter der Lupe erscheinen sie eierschalenfarben oder in vergilbtem Braun. Doch muss Härchen für Härchen vom Hintergrund getrennt und die Haut der Tiere von anhaftenden Schmutzpartikeln abgesetzt werden, die Ottawa deshalb grün färbt. Es braucht ein geübtes Auge und umfassende biologische Kenntnisse, um die einzelnen Elemente dieser mannigfaltigen Körperlandschaften voneinander zu scheiden. Bestehen die Sporen des Schimmels aus anderen Zellen als der Schaft? Welche der Kapseln auf dem Spülschwamm sind Hefepilze, welche Bakterien? Oft kann erst durch die Farbgebung zwischen den einzelnen Organen, Gliedern und Strukturen differenziert und so die eigentliche Information veranschaulicht werden.
Schließlich rückt Ottawa ihre Hauptdarsteller noch ins rechte Licht. Durch Kombination der verschiedenen Detektorenbilder kann sie dabei regelrecht Regie führen. So glänzt die Regenbremse schließlich wie eine Filmdiva im Scheinwerferlicht, so schimmern ordinäre Schleimpilze wie ein Märchenwald im Mondschein.

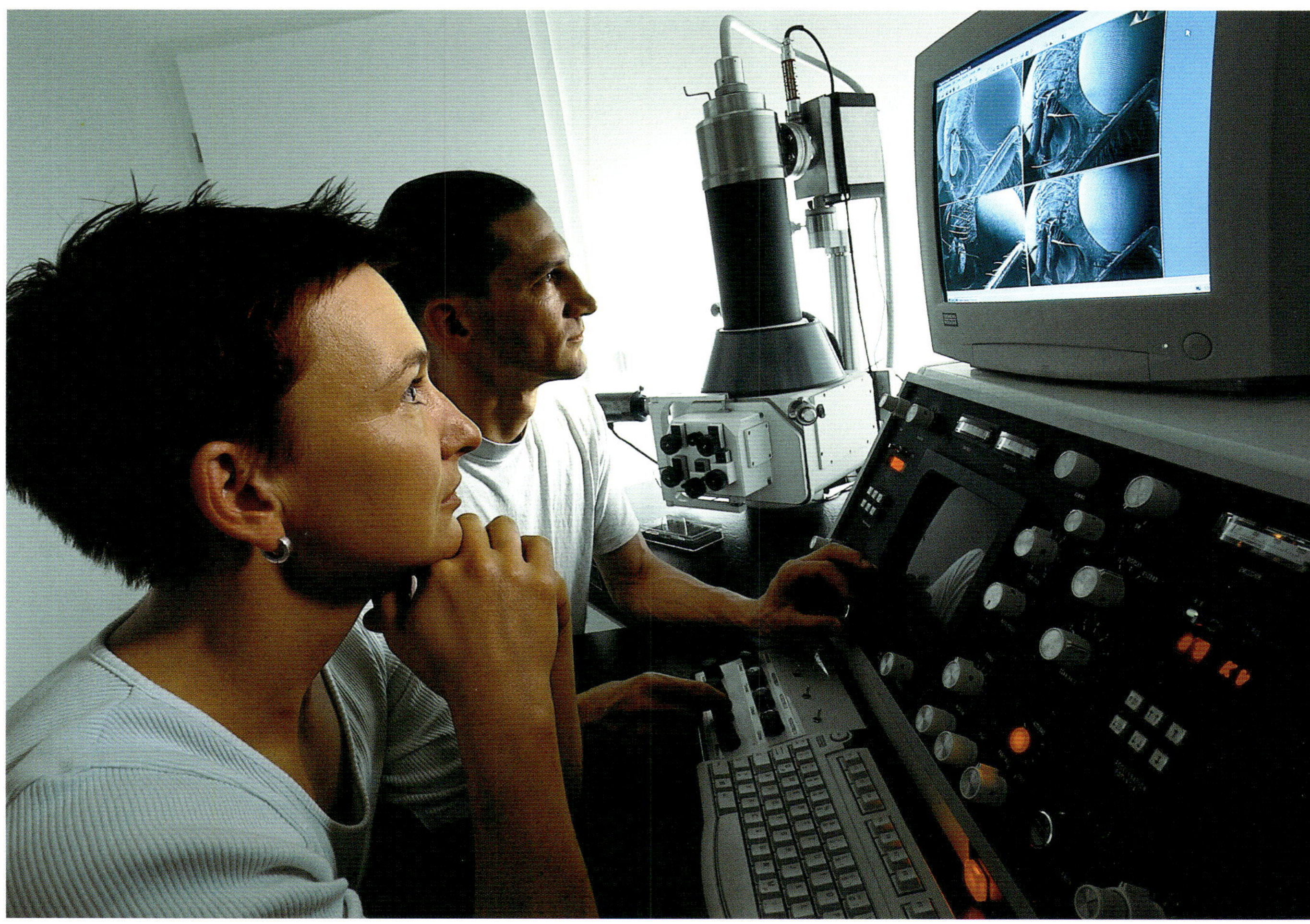

Bilder von einer derart akkuraten Farbgebung und Farbsättigung schienen vor zehn Jahren noch undenkbar, erst der Fortschritt der Computertechnologie hat sie möglich werden lassen. Wer heute Fotos koloriert, braucht nicht einmal mehr über manuelle Fähigkeiten zu verfügen. Die unerschöpflichen Möglichkeiten verführen freilich auch manchen dazu, sich die Welt in den schönsten Farben auszumalen, und besonders amerikanische Mikrofotografen laufen denn auch beim Kolorieren bisweilen förmlich Amok. Heraus kommen grelle, laute Bilder, die auf den ersten Blick effektvoll wirken, sich aber bei einigem Nachdenken als unwirklich bis verlogen herausstellen. Meist gerät dieser Bio-Kitsch auch viel zu schematisch, fehlt es den Technikfreaks doch an naturwissenschaftlicher Kompetenz. Umgekehrt ermangelt es den reinen Forschern an ästhetischem Schliff und visueller Präzision. Meckes und Ottawa verdanken ihren Erfolg der Kombination beider Felder.

„Anfangs haben wir natürlich auch mit Falschfarben experimentiert", bekennt Ottawa. Doch davon kamen sie schnell wieder ab. Pink und Lila führen nur auf falsche Fährten, „man sieht das Objekt vor lauter Farbe nicht, vor allem nicht die Details, auf die es ankommt." Längst befleißigen sich Ottawa und Meckes daher einer didaktischen, dezenten und möglichst naturgetreuen Farbgebung. Viele Bakterien und Viren freilich sind schlicht zu klein, als dass sie Farbe bekennen könnten, ihre Tönung bleibt notgedrungen der schöpferischen Freiheit überlassen.

Seit der digitalen Revolution stellt sich die Frage nach der Authentizität nachdrücklicher denn je. Für Wissenschaftsfotografen eine Gretchenfrage, sehen sie sich doch dem akademischen Wahrheitsanspruch ebenso verpflichtet wie dem Bedürfnis der Öffentlichkeit nach verständlicher und attraktiver Darstellung.

Wie für alle Porträtisten gehören auch für Mikrofotografen die ansprechende Präsentation ihrer Hauptdarsteller, die sorgfältige Wahl des Ausschnitts, die optimale „Lichtführung" und Schärfentiefe, vielfach auch ein wirkungsvolles Arrangement zu den Grundlagen des Metiers. All das sind gestalterische Elemente, zu denen als augenscheinlichster Eingriff noch die Farbgebung kommt. Auch in der herkömmlichen Mikroskopie ist das Einfärben der Präparate zur besseren Veranschaulichung durchaus gebräuchlich, dort geschieht es auf chemischem Wege. Die Chromosomen verdanken gar ihren Namen ihrer leichten Färbbarkeit. Empirie und Gestaltung, Naturtreue und Manipulation sind also unauflöslich miteinander verschränkt. Die Kunst der Wissen-

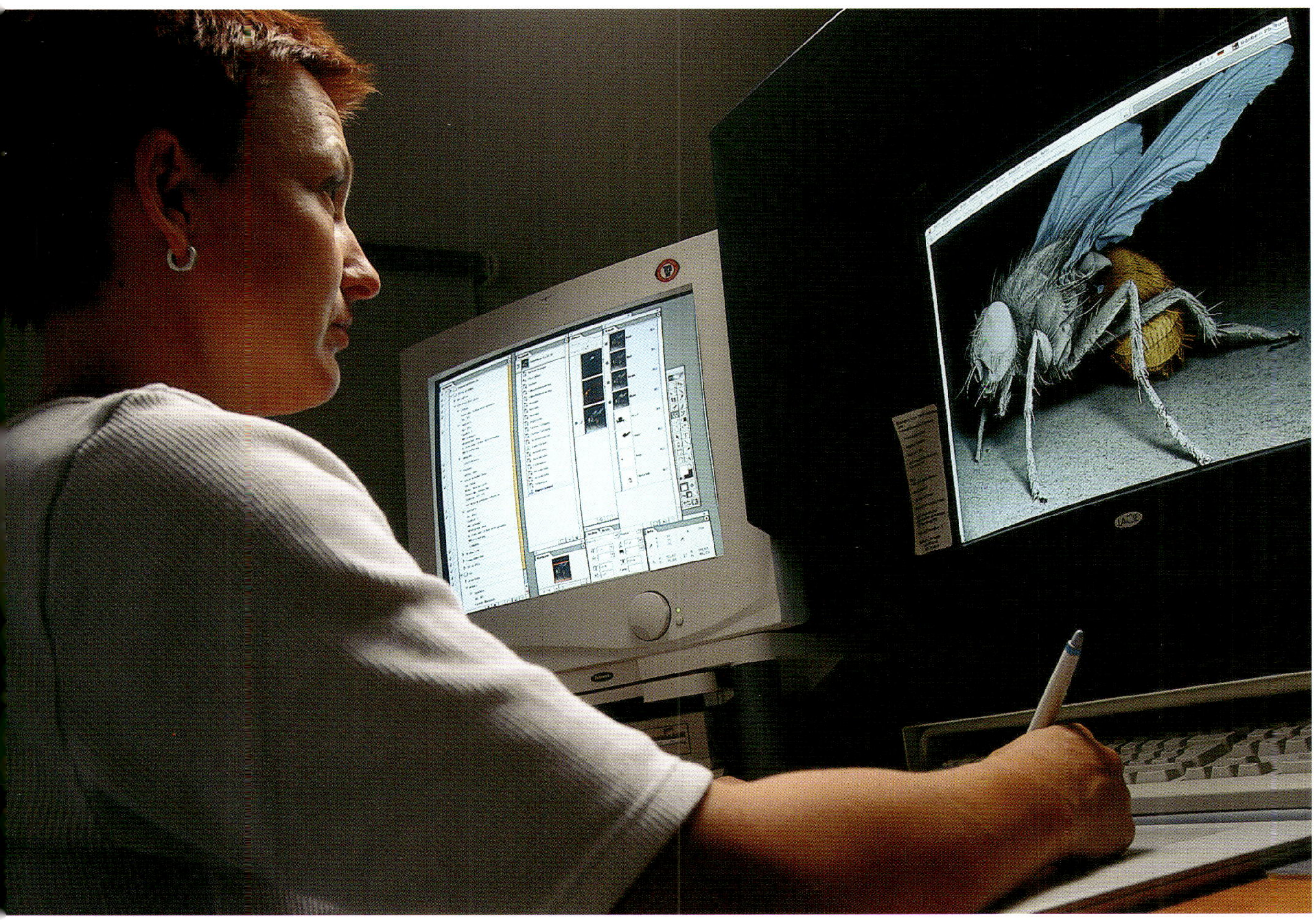

Auf der Suche nach dem besten Ausschnitt betrachten Nicole Ottawa und Oliver Meckes eine Schmeißfliege auf dem REM-Monitor bei unterschiedlicher Vergrößerung und aus verschiedenen Blickwinkeln. Die fertigen Aufnahmen sind eigentlich schwarzweiß. Nicole Ottawa koloriert sie – hier das Foto einer Stubenfliege – mithilfe eines Computerprogramms

schaftsfotografie besteht in der Vorspiegelung wahrer Tatsachen.
Als letzte Arbeitsschritte – und letzte mögliche Fehlerquellen – folgen die Entwicklung im Fotolabor und schließlich der Druck in der Zeitschrift, im Buch oder, wie etwa im Schmetterlingshaus der Stuttgarter Wilhelma zu bestaunen, als monumentales Poster. Die Bilddateien wurden bis vor kurzem auf CD-ROM gebrannt und im Labor Diafilme (zumeist im Großformat) mit ihnen belichtet. Erst ganz zum Schluss kam also wieder Licht ins Spiel, wobei auch dieser Schritt mittlerweile gänzlich digital erfolgt und die Bilder online direkt an die Abnehmer gehen.
Seine Hauptaufgabe sieht das Fotografen-Gespann im Brückenschlag zwischen Wissenschaftsbetrieb und Öffentlichkeit. „Es gibt so unendlich viel zu entdecken und zu begreifen", schwärmt Ottawa, „da kommt man aus dem Staunen nie heraus." Durch die Umweltbewegung geprägt, versteht das Duo seine Arbeit als Beitrag zur naturkundlichen Aufklärung und damit auch zum Umweltschutz. Dieses Bemühen erstreckt sich selbst auf so verfemte Geschöpfe wie Parasiten oder Viren. „Wir wollen erreichen, dass sich die Leute nicht immer nur davor gruseln" – was gleichwohl oft die erste, instinktive Reaktion darstellt. Andere Naturfotografen ernten die Aaahs und Ooohs des Publikums, Meckes und Ottawa dagegen die Iiihs! Den Katzenfloh kann man sich notfalls noch als uriges Stofftier vorstellen, doch bei Pärchenegeln und Trichinen hört die Freundschaft auf.

Wer an Waschzwang oder Putzfimmel leidet, sieht angesichts dieser Ausgeburten der Miniaturhölle seine schlimmsten Befürchtungen noch übertroffen. Was haust da nicht alles in Ritzen und Winkeln, in der Mundhöhle und auf der Matratze! Jeder Quadratmeter Teppichboden beherbergt Tausende von Milben – nach dem Saugen, wohlgemerkt. Schon beim bloßen Gedanken an diese Hausgenossen juckt es viele am ganzen Leibe. Selbst Meckes und Ottawa verspüren bei ihrer Arbeit gelegentlich solch psychosomatische Anwandlungen.
Wie dem auch sei: Einige dieser infamen Kreaturen zählen zu den ältesten Lebensformen der Erde. Da weinen wir den Dinosauriern nach – dabei leben Parasiten aus dem Permzeitalter mitten unter uns, ja im Fall der Bandwürmer sogar in uns. Vollends unheimlich wird es bei den Viren. Sind sie überhaupt noch dem Reich des Lebendigen zuzurechnen? Sie ernähren sich nicht, sie wachsen nicht und vermehren sich nicht selbst – und doch spricht einiges dafür, dass sie schon an der Evolution der Erbsubstanz, also des Lebenselixiers schlechthin, maßgeblich beteiligt waren. Dann verkörperten sie die luziferische Seite der Schöpfung. Auch wenn sie uns seit ewigen Zeiten begleiten – erst seit Ende des 19. Jahrhunderts ahnen wir überhaupt etwas von ihrer Existenz, und erst durch das Elektronenmikroskop haben sie für uns Gestalt angenommen.
Es handelt sich um einfachste Gebilde, jedoch von beispielloser Perfidie und Perfektion. Wenn wir jene Bildsequenz verfolgen, die das Einnisten eines HI-Virus auf einem weißen Blutkörperchen zeigt, ergeht es uns, als würden wir Zeugen eines Ver-

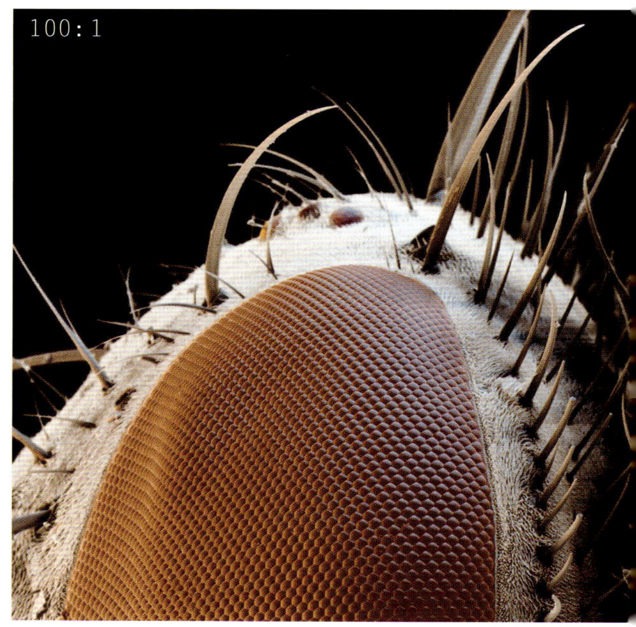

Die gemeine Stubenfliege, von Grönland über Afrika bis nach Australien verbreitet, ist ein dankbares Objekt für REM-Aufnahmen. An ihrem Facettenauge sind bei immer stärkerer Vergrößerung die einzelnen Linsen und zunehmend feinere Details in der Struktur der Linsenoberflächen zu erkennen

brechens. Das Virus dockt an die Außenhaut an, knackt die chemische Parole, eine Schleuse öffnet sich – und die Abwehr holt sich den Feind ins eigene Haus wie ein trojanisches Pferd. Oder nehmen wir den Kampf der Killer- gegen eine Krebszelle: ein Duell wie David gegen Goliath. Bei solchen Aufnahmen fungieren die Fotografen als Berichterstatter, die den beständigen Kleinkrieg in unserem Körper dokumentieren. Ihre schlechte Nachricht lautet: Wir sind von Feinden umzingelt. Sie verfügen über ausgefeilte Biotechnologien und kennen keine Gnade. Die gute Nachricht: Wir haben auch mächtige Verbündete. Sie verstehen ihr Handwerk und setzen alles daran, die Saboteure unschädlich zu machen.
Aber Gut und Böse stellen für Meckes und Ottawa keine tauglichen biologischen Kategorien dar. Ihre Arbeit hat sie gelehrt, „auch dem kleinsten Leben großen Respekt entgegenzubringen". Es mag rührend anmuten, dass sie im Alltag buchstäblich keiner Fliege etwas zuleide tun und sorgsam darauf achten, nicht auf Ameisen zu treten. Doch wer einmal Einblick in den Mikrokosmos gewonnen hat, der sieht die Welt mit anderen Augen an, der wird diese vor Leben strotzende Parallelwelt nie wieder gering schätzen.
So gewähren uns Mikroskope einen Schlüssellochblick auf die Schöpfung und enthüllen selbst ihre intimen Geheimnisse. Bei manchem Betrachter mag sich gar eine Art heiliger Scheu regen: *Dürfen* wir das überhaupt sehen? Man braucht kein religiöser Mensch zu sein, um angesichts dieser verborgenen Wunderwelten Fragen nach der Urheberschaft daran nachzusinnen. Bereits im Zeitalter der Aufklärung, als Nah- und Fernrohre die Welt-Anschauung revolutionierten, widmeten sich die größten Geister den neuen Sehwerkzeugen und ihren Folgen. Schon Baruch de Spinoza, einer der Väter des neuzeitlichen Denkens, verdiente sich seinen Lebensunterhalt als Linsenschleifer.
Kein Wunder also, dass er leidenschaftlich über die Grundlagen der Erkenntnis nachsann. Und der Philosoph George Berkeley – ein Freund Swifts, dessen Lehren „Gullivers Reisen" mit inspirierten –, schrieb eine einflussreiche „Theorie des Sehens". Damals schienen Physik und Metaphysik, Naturwissenschaft und Religion noch problemlos miteinander vereinbar. Und so brachte Berkeley seine lebenslange Beschäftigung mit der Natur und der sinnlichen Wirklichkeit auf die paradoxe Formel: „Es ist (außer Gott) nichts dahinter."

Stefan Schomann

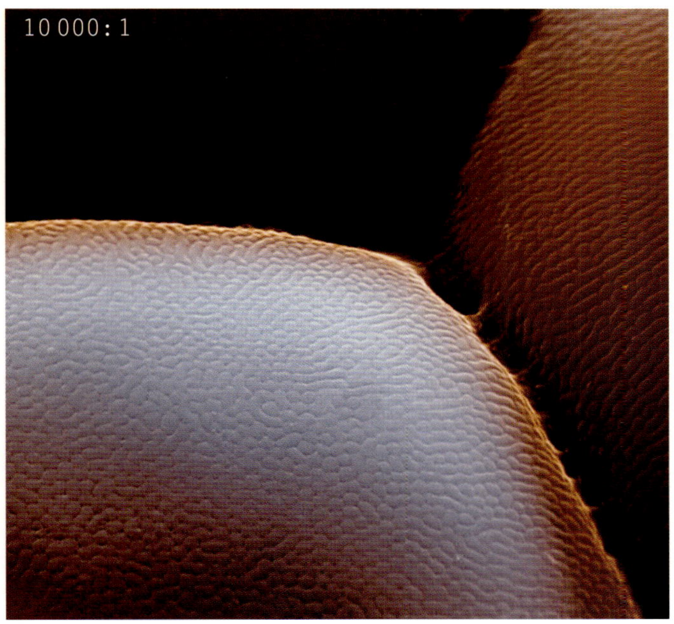

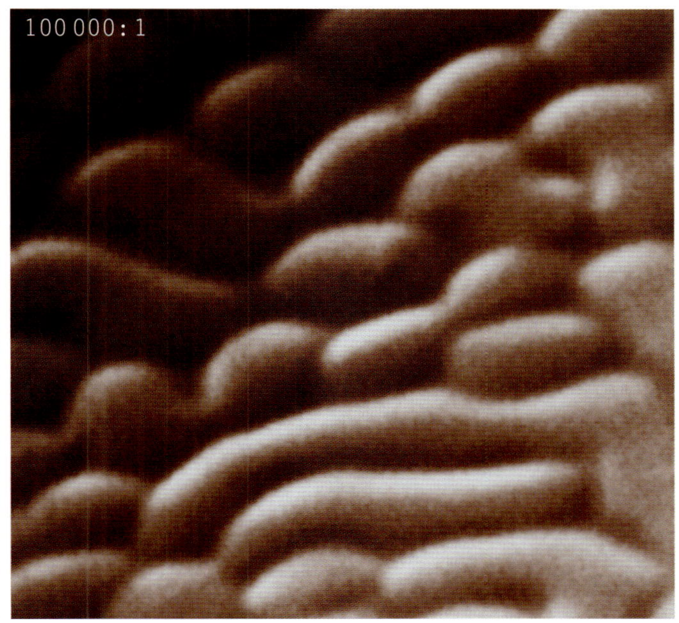

MENSCH

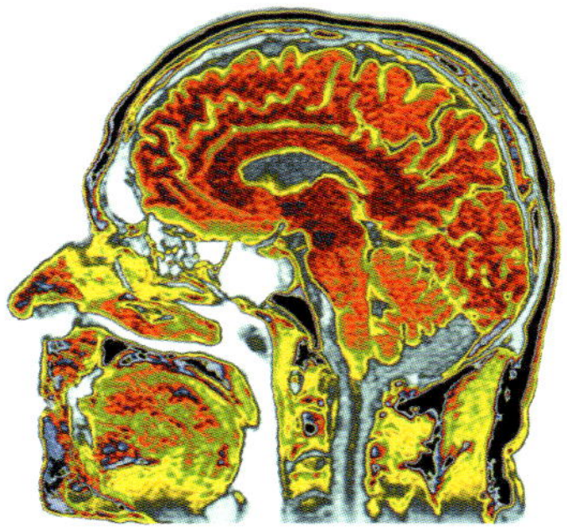

KERNSPIN-TOMOGRAMM

Der Mensch darf sich wohl kaum mehr als Krone der Schöpfung sehen, doch er bleibt ein besonderes Wesen: Sein Gehirn ist das komplexeste Gebilde des Universums. Obgleich Wissenschaftler in den letzten Jahrzehnten zahlreichen Rätseln unseres einzigartigen Organs auf die Spur gekommen sind, fällt es auch den Experten immer noch schwer zu begreifen, was die Wunderwelt unserer Eindrücke und Erinnerungen, unserer Einfälle und Überlegungen, unserer Empfindungen, Träume und Hoffnungen mit dem Klumpen weichlicher Substanz in unserem Schädel zu tun haben soll. Gewiss: Die Forscher haben komplizierte mikroskopische Strukturen enthüllt, und moderne Diagnoseverfahren wie die Kernspin-Tomographie ermöglichen es, das lebende Gehirn ohne jegliche Beeinträchtigung quasi Scheibe für Scheibe zu untersuchen. Doch in den anatomischen Strukturen ist bislang nichts zutage gekommen, was die von uns tief empfundene Ausnahmestellung des Menschen erklären könnte. Erst recht haben mikroskopische Untersuchungen des übrigen Körpers, von Lungen und Nieren, Blutgefäßen und Blutkörperchen, Haut und Haaren grundlegende Übereinstimmungen selbst mit entfernten Vettern im Reich der Säugetiere und darüber hinaus offenbart. Die Mikrofotografien zeigen es: Selbst bei nähester Betrachtung bleibt der Mensch Teil der Natur.

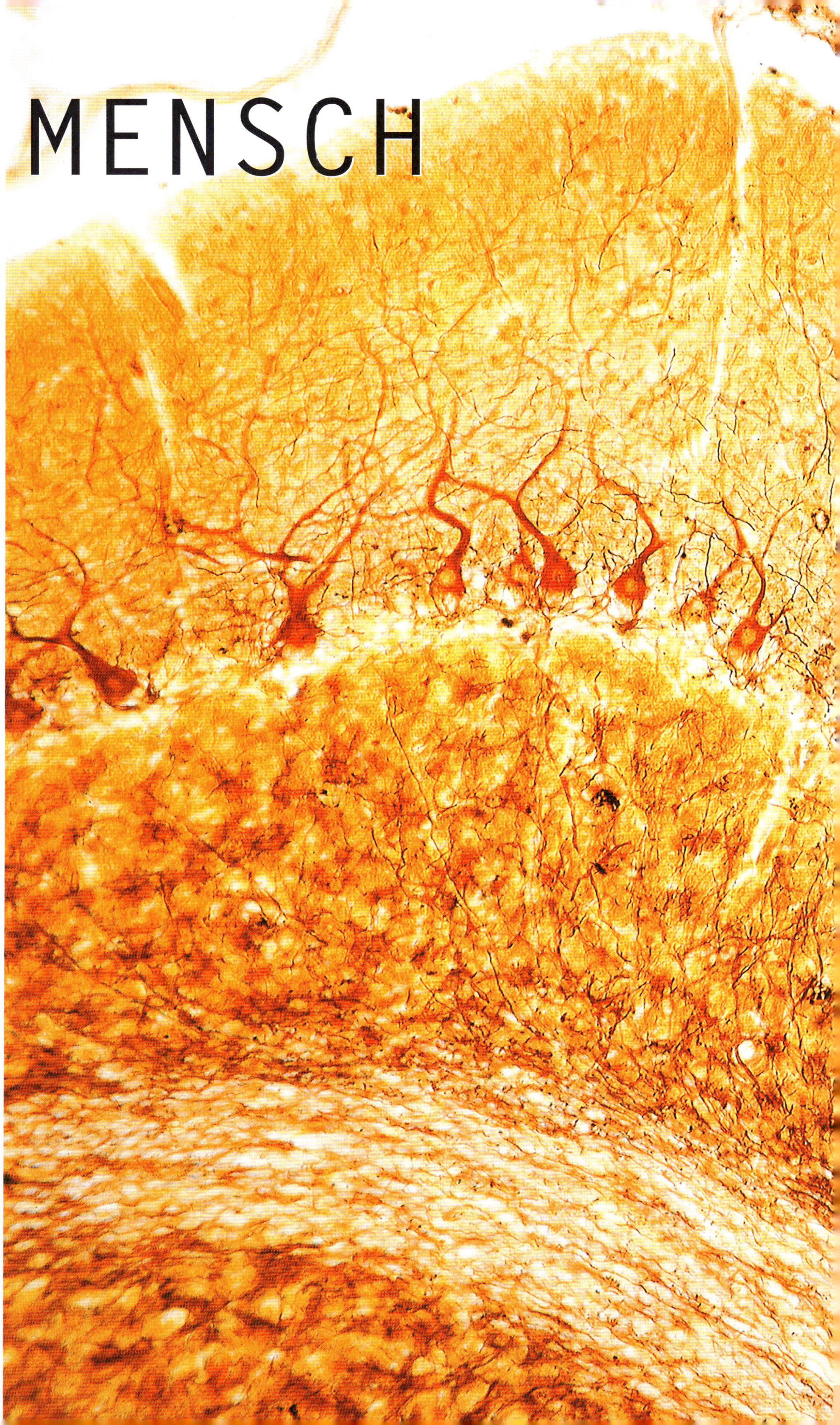

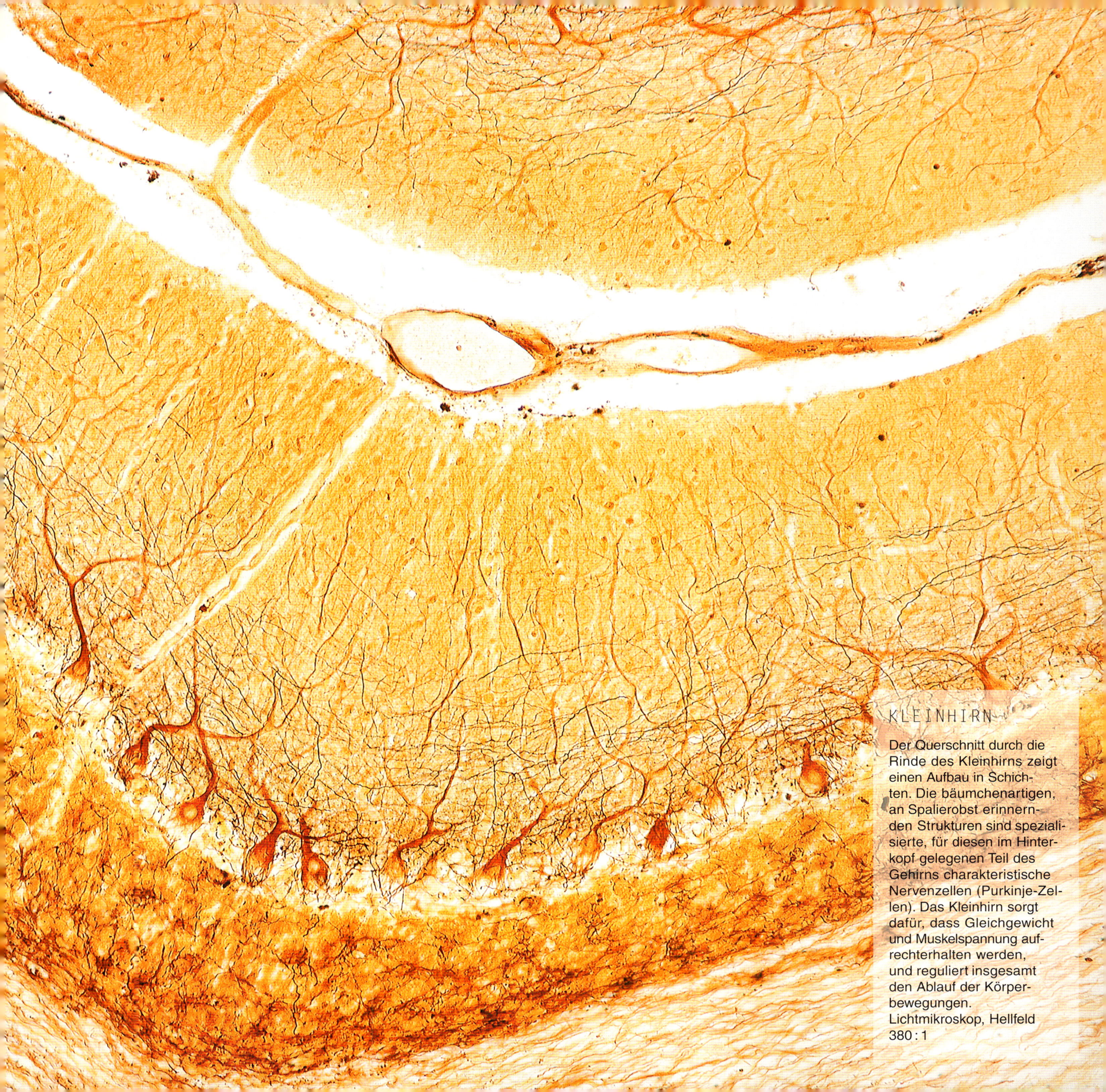

KLEINHIRN

Der Querschnitt durch die Rinde des Kleinhirns zeigt einen Aufbau in Schichten. Die bäumchenartigen, an Spalierobst erinnernden Strukturen sind spezialisierte, für diesen im Hinterkopf gelegenen Teil des Gehirns charakteristische Nervenzellen (Purkinje-Zellen). Das Kleinhirn sorgt dafür, dass Gleichgewicht und Muskelspannung aufrechterhalten werden, und reguliert insgesamt den Ablauf der Körperbewegungen.
Lichtmikroskop, Hellfeld
380 : 1

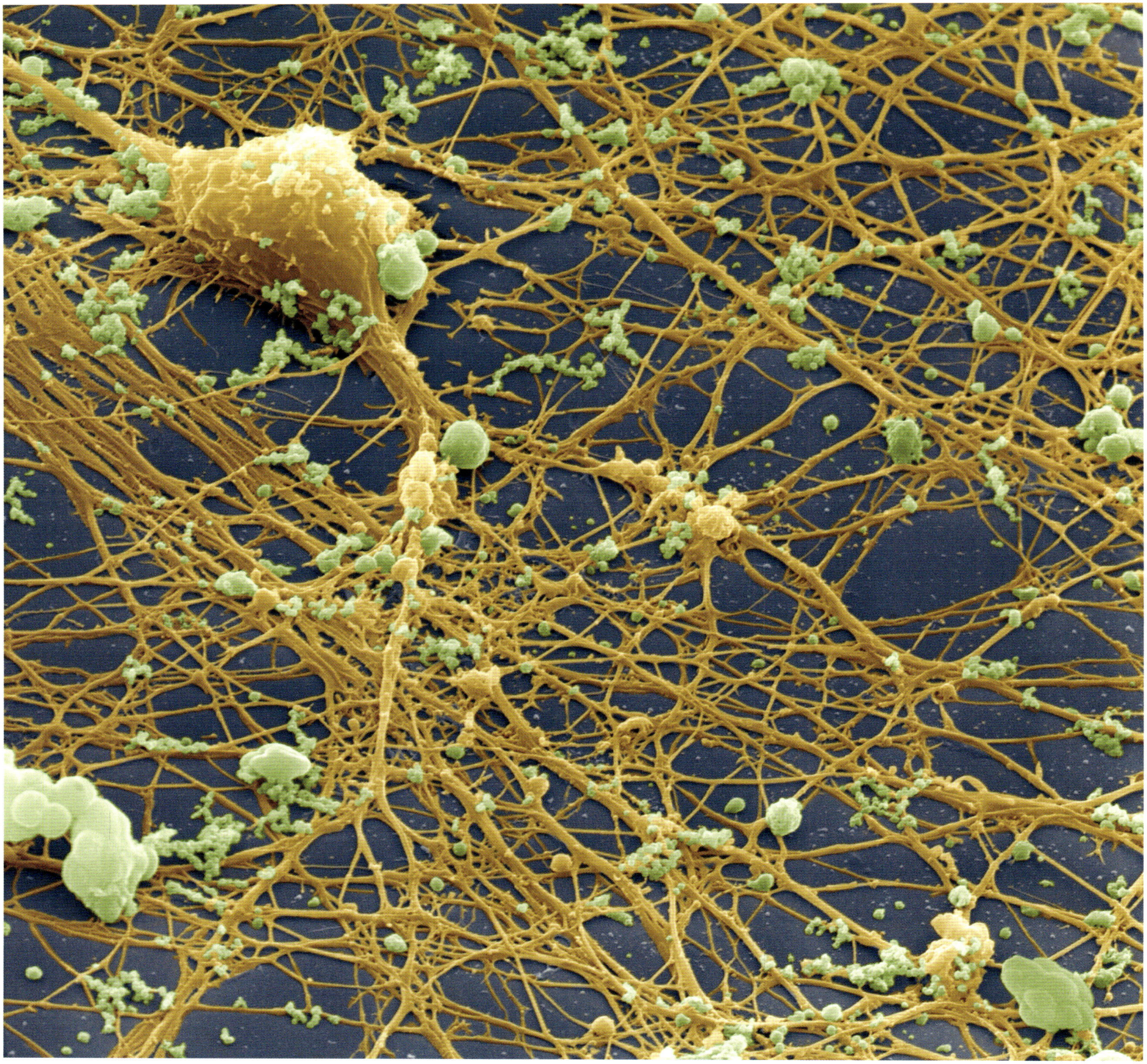

NERVENZELLEN

In einem unüberschaubaren Geflecht sind Nervenzellen (Neuronen) miteinander verbunden. Ein Neuron besteht jeweils aus einem Zellkörper (links oben) und langen Fortsätzen, die zu zahlreichen anderen Neuronen Kontakt halten. Der Hauptfortsatz einer Nervenzelle kann im Extremfall bis zu einem Meter lang werden. Die grünen Punkte sind Reste anderen Gewebes, etwa von Stütz- und Abwehrzellen des Gehirns. Raster-Elektronen-Mikroskop (REM) 6800 : 1

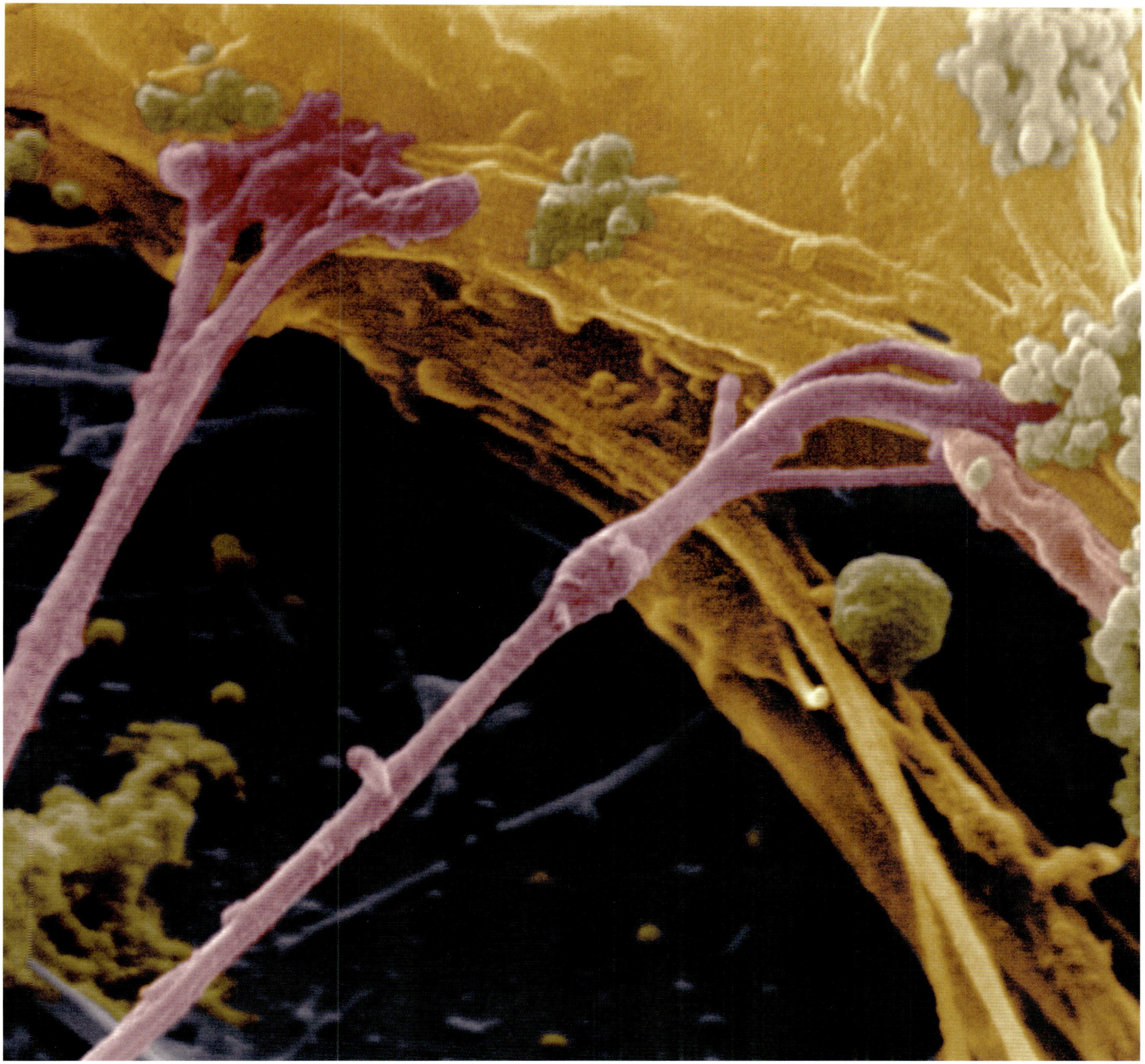

SYNAPSEN

Eine Nervenzelle außerhalb des Bildes hat mit zwei ihrer langen Fortsätze (rot) am Körper einer anderen Nervenzelle angedockt. Über die »Synapsen« (griechisch: Verbindung) genannten Kontakte findet der Datenaustausch statt, aber jeweils gerichtet, hier von den roten Fortsätzen zum gelben Zellkörper. Diese Neuronen sind im Tübinger Max-Planck-Institut für Entwicklungsbiologie in einer Kultur gewachsen. REM 36 000 : 1

FLIMMEREPITHEL

Die ganze Schleimhaut in der Nase und auch in den Nebenhöhlen ist von feinen Flimmerhärchen bedeckt. Dieses Flimmerepithel, das von Drüsensekreten feucht gehalten wird, wärmt die Atemluft an und befeuchtet sie. Gleichzeitig werden Staubteilchen gebunden, und die flimmernden Härchen transportieren den schmutzbeladenen Schleim zum Nasenausgang.
REM 3000 : 1

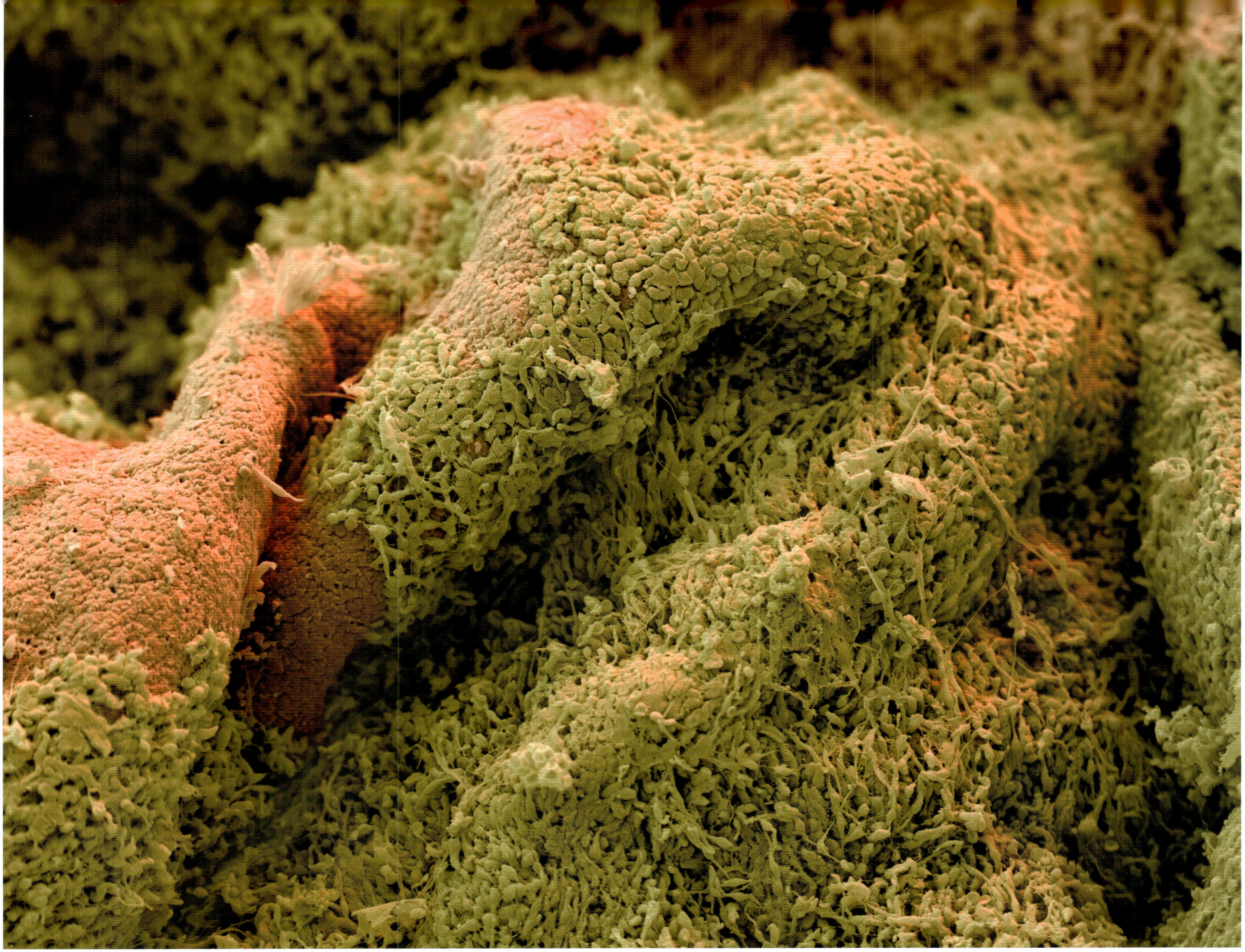

NASENPOLYP

Die Wucherungen der Nasenschleimhaut, die flächig oder an gestielten Blasen auftreten können, haben eine unregelmäßige, von verschiedenen Zelltypen gebildete Oberfläche. Solche Polypen behindern nicht nur die Atmung durch die Nase und den Abtransport von Sekret, sondern beeinträchtigen auch das Riechvermögen. Ursachen sind häufig eine chronische Entzündung der Nasennebenhöhlen, chronischer Schnupfen oder eine Allergie.
REM 430 : 1

BRONCHIOLI

An den feinen, weniger als einen Millimeter weiten Verzweigungen der Bronchien, den Bronchioli, befinden sich die Eingänge zu den Lungenbläschen (Alveolen), hier als Löcher zu erkennen. In ihnen findet der Gasaustausch statt: Sauerstoff wird beim Atmen aufgenommen, Kohlendioxid abgegeben. Das Flimmerepithel, das die Bronchien auskleidet, besorgt den Abtransport von Staub, Ruß und anderen Schmutzpartikeln.
REM 5200 : 1

LUNGENBLUTUNG

In der Lunge eines starken Rauchers hat sich Blut gesammelt. Zahlreiche rote Blutkörperchen sind in den Lungenbläschen als Scheibchen zu erkennen. Die Blutungen haben die Bronchioli verstopft und den Austausch von Sauerstoff und Kohlendioxid, der sonst in den Bläschen stattfindet, unmöglich gemacht. Ein ganzer Lungenflügel musste operativ entfernt werden.
REM 1000 : 1

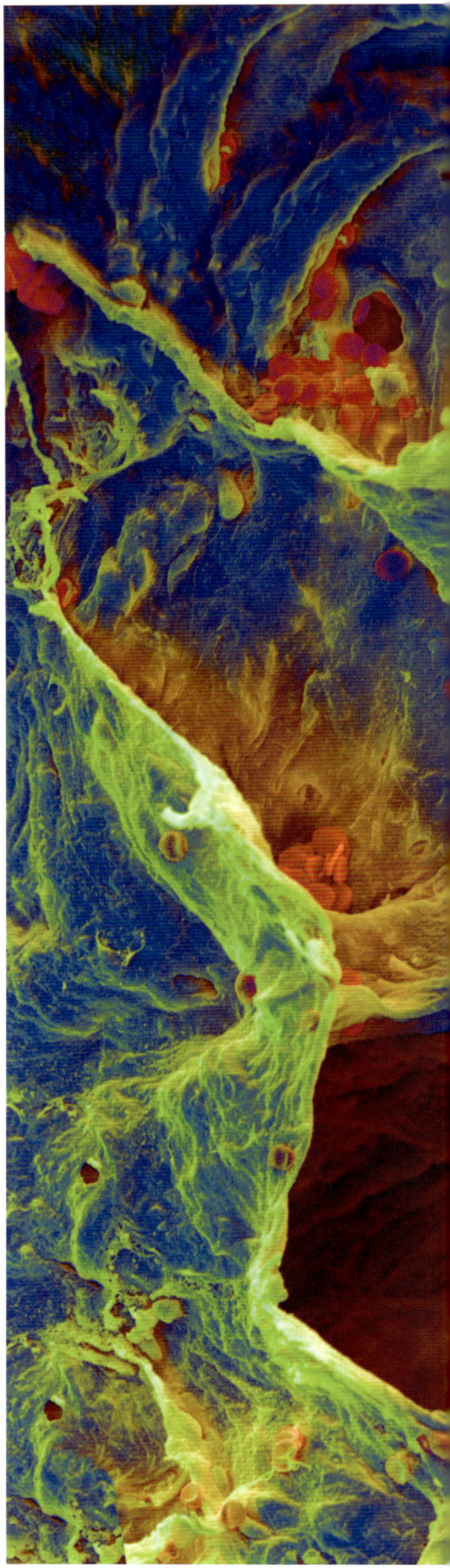

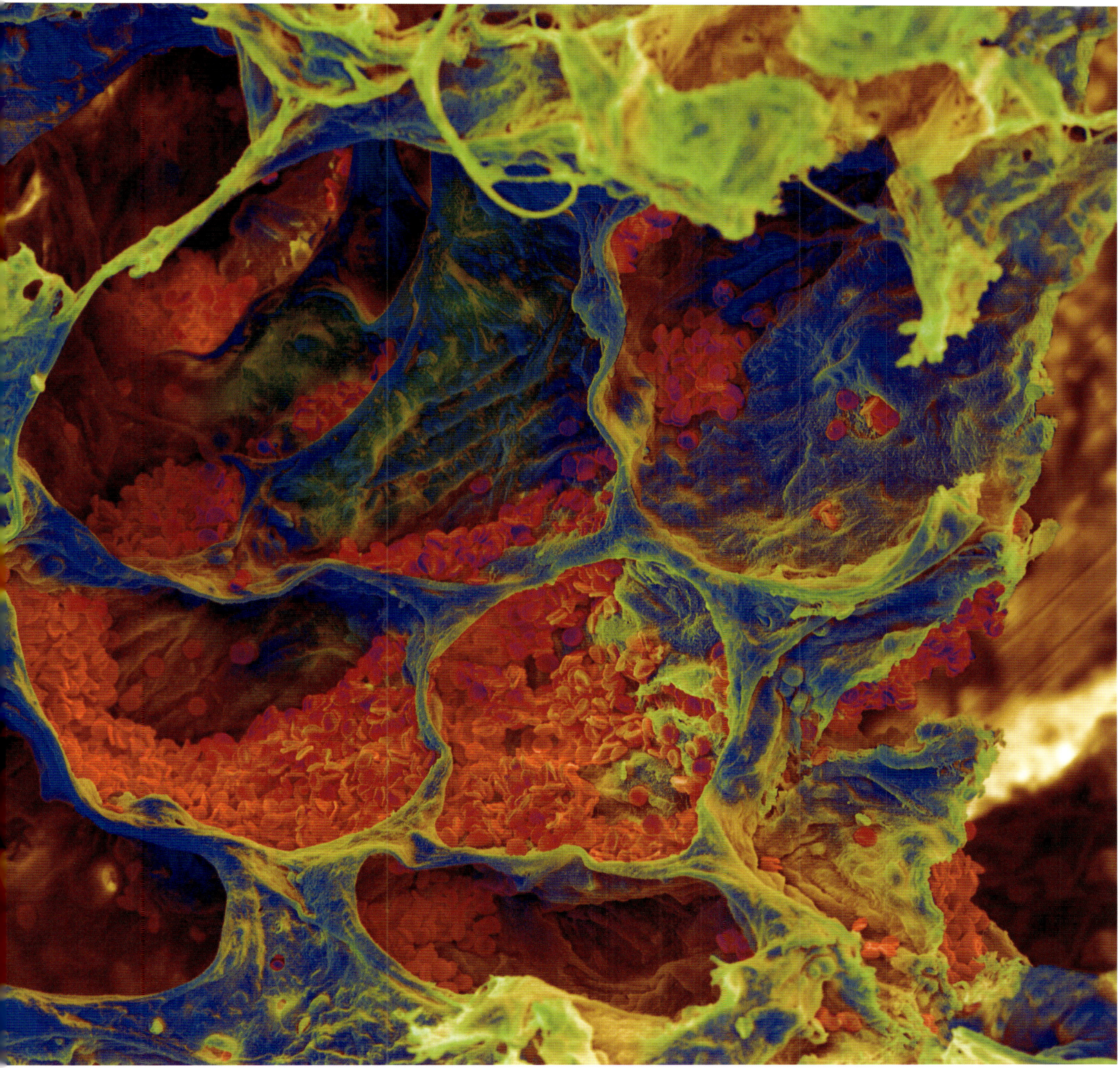

KAPILLARE

Die angeschnittene Kapillare ist mit roten Blutkörperchen gefüllt. Manche Haargefäße sind so eng, dass ihr Querschnitt kleiner ist als ein Blutkörperchen. Um solch eine Kapillare passieren zu können, falten sich die Blutkörperchen sogar zusammen. Der von den roten Blutkörperchen transportierte Sauerstoff wird hauptsächlich durch die Haargefäße an das benachbarte Gewebe abgegeben.
REM 11 000 : 1

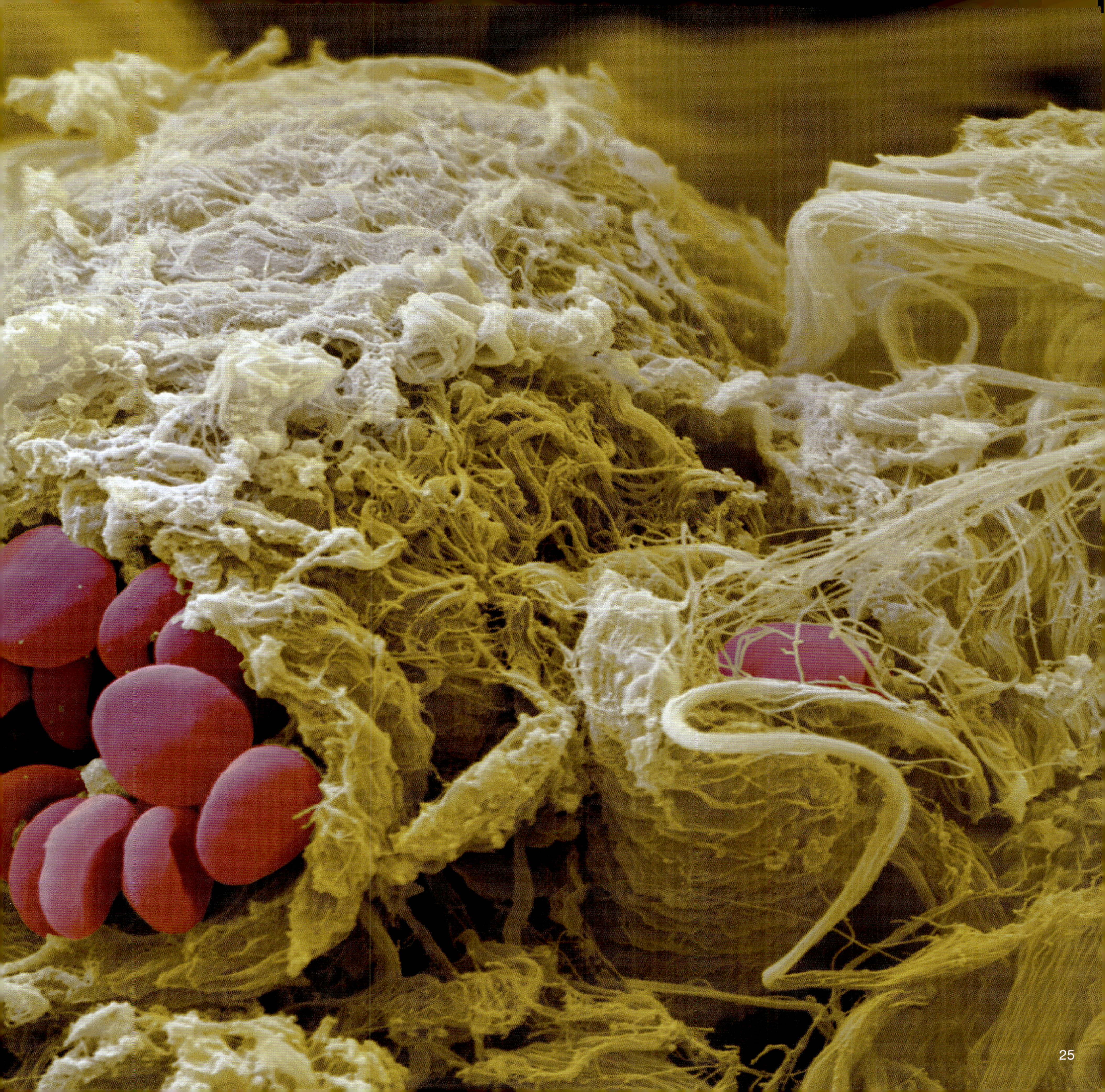

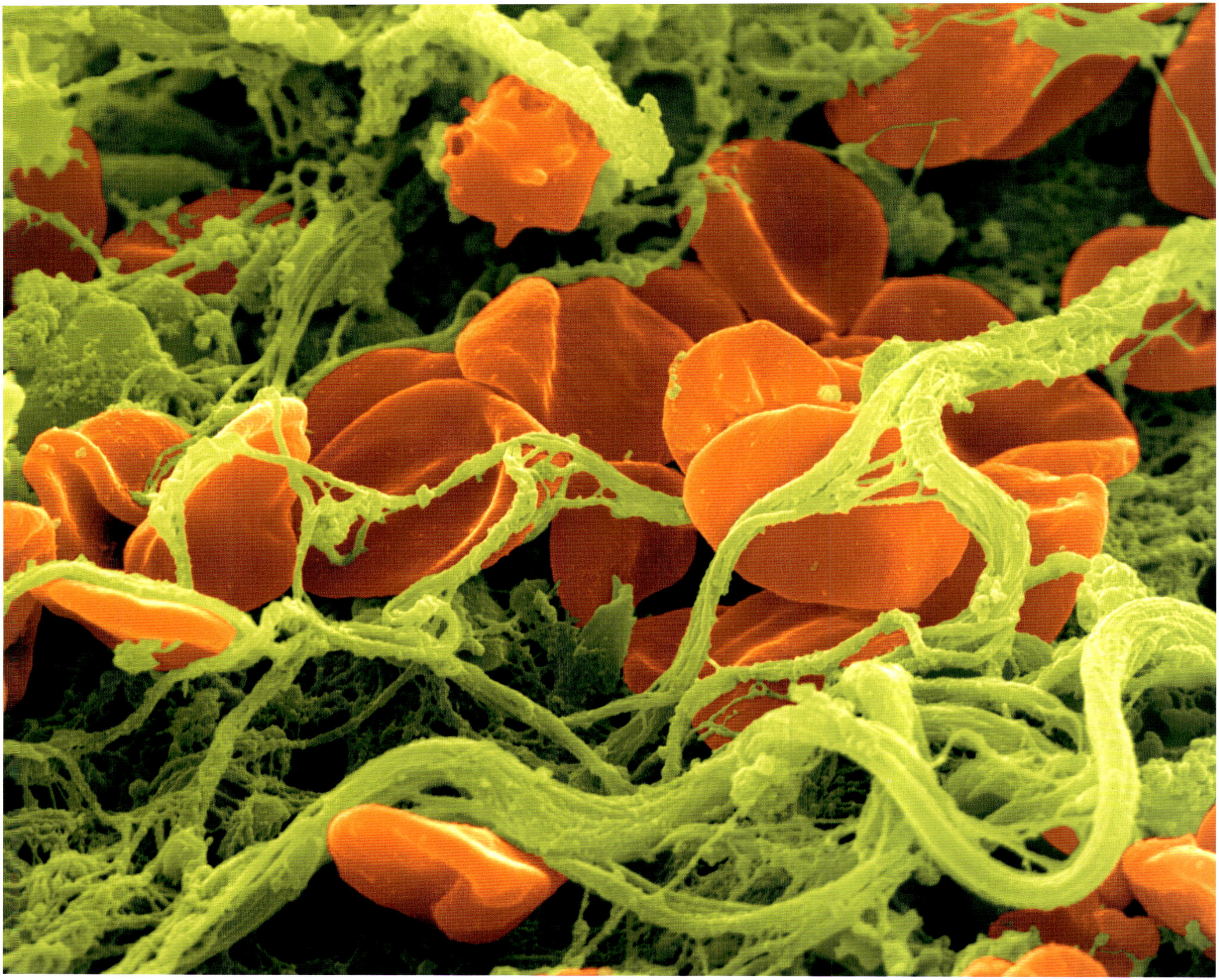

ROTE BLUTKÖRPERCHEN UND FIBRIN

Das Blut hat im Körper vielerlei Aufgaben. So transportiert es Sauerstoff von der Lunge zu den Orten des Verbrauchs und Kohlendioxid zur Lunge, Nährstoffe aus Darm und Leber zu den Geweben, Stoffwechselabbauprodukte zu den Nieren. Es leitet Wärme aus dem Körperinnern zur Oberfläche, wehrt Krankheitserreger und körperfremde Stoffe ab und schließt Wunden durch Gerinnen. Bei der Gerinnung wird das Plasmaeiweiß Fibrinogen in Fibrin umgewandelt, dessen sehr lange Moleküle ein Fasernetz bilden. Die Aufnahme zeigt rote Blutkörperchen, die von Fibrinfäden zusammengehalten werden, auf einer frischen Wunde.
REM 9300 : 1

LYMPHOZYTEN

Die Fadenstücke einer chirurgischen Naht sind dicht mit weißen Blutkörperchen besetzt, die den Faden als Fremdkörper erkannt haben und ihn abzubauen versuchen. Zwei Wochen nach der Operation wurde der Faden entfernt und sofort für die Elektronenmikroskopie präpariert. Die ganzen vormals im Körperinneren gelegenen Bereiche des Fadens sind von den Zellen des Immunsystems besiedelt worden.
REM 70 : 1 (links);
REM 320 : 1 (unten links);
REM 3200 : 1 (unten rechts)

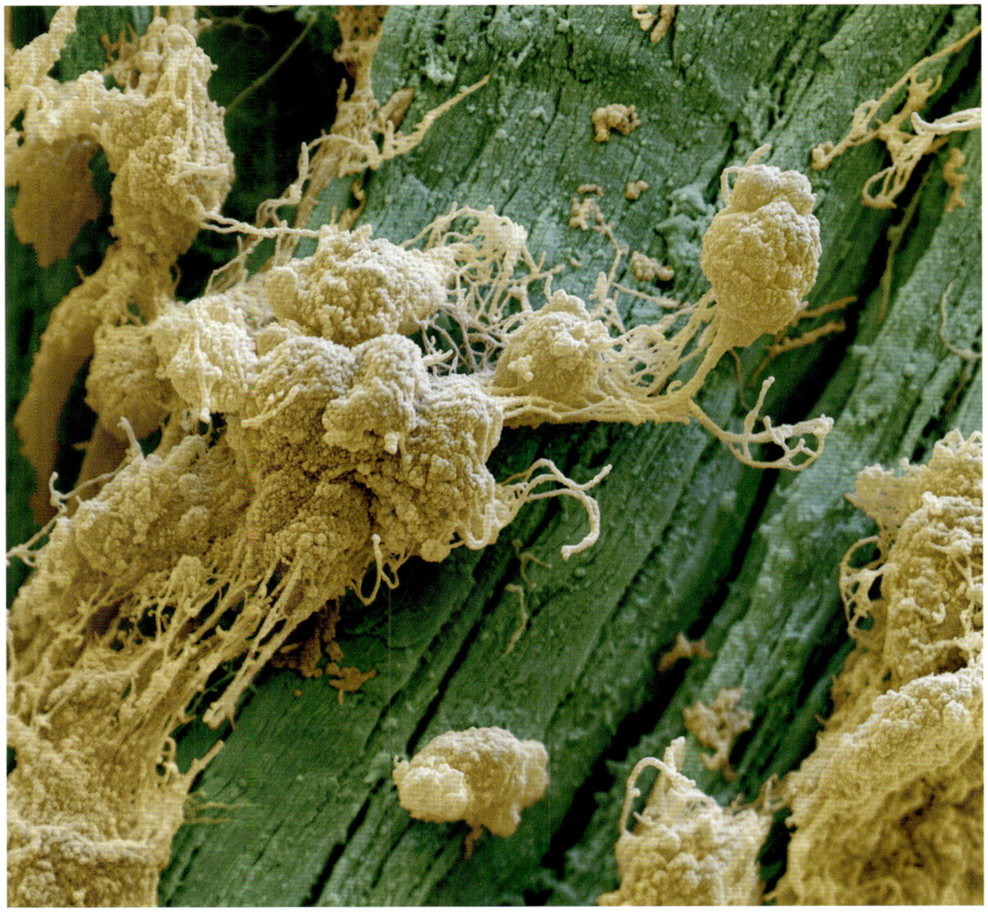

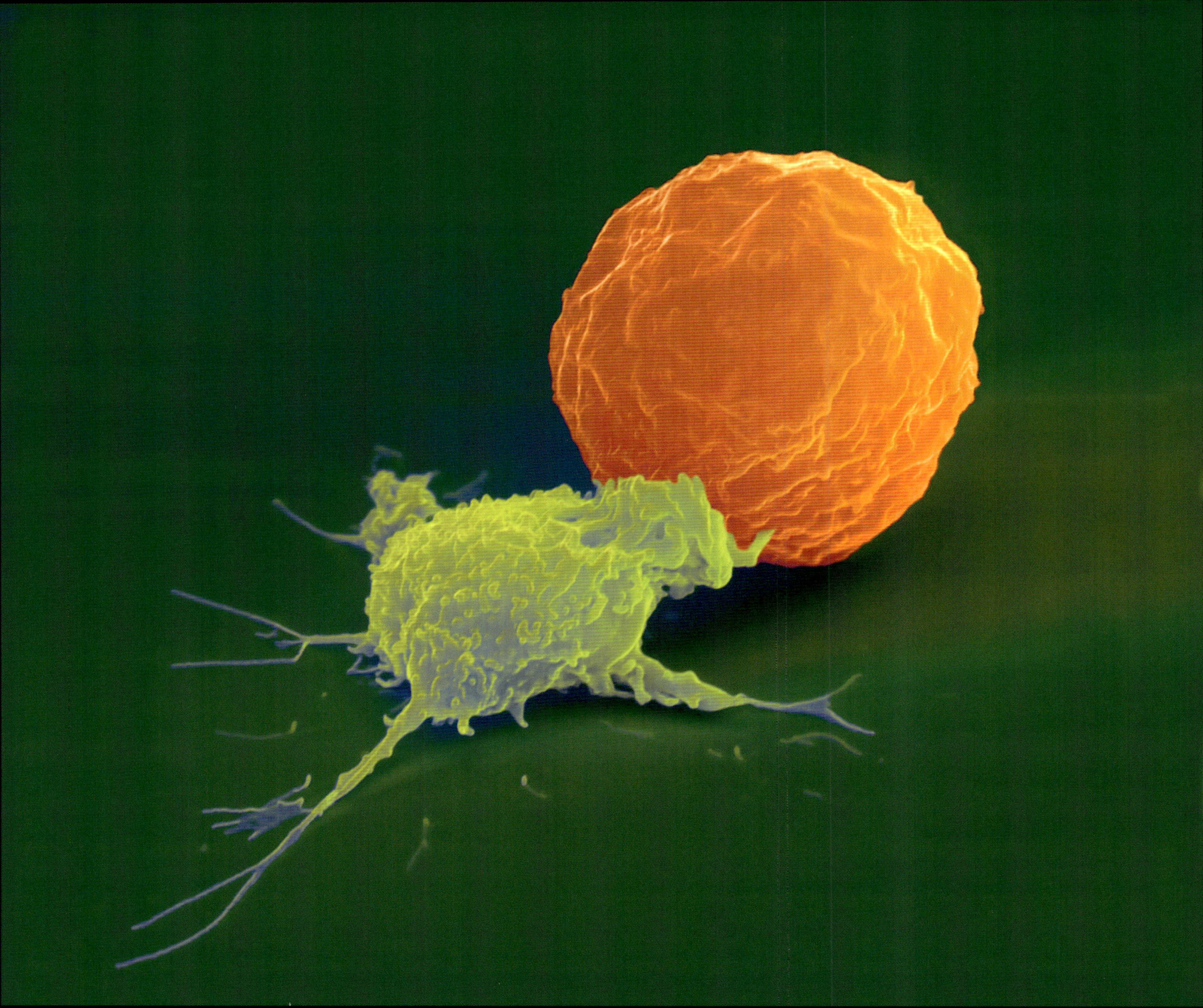

KILLERZELLE

Die Wacht des Körpers im Abwehrkampf: Eine Killerzelle (gelb), ein spezieller Typ von Lymphozyt, greift eine Krebszelle an. Die Killerzelle hat mit der Krebszelle Kontakt aufgenommen und beginnt sie zu umfließen. Als Teil der allgemeinen Körperabwehr sind Lymphozyten darauf spezialisiert, entartete Zellen, eingedrungene Mikroorganismen und Fremdkörper unschädlich zu machen.
REM 10 000 : 1

MAKROPHAGE

Größer als Lymphozyten, gehören auch Makrophagen (»Großfresser«) zum Abwehrsystems des Organismus. Der Makrophage im Bild attackiert gerade Borrelien, spiralförmige Bakterien. Seine feinen Ausläufer umfließen die Mikroben und ziehen sie an die Zelle heran. Makrophagen werden im Knochenmark gebildet und zirkulieren zunächst in kugeliger Form im Blut. Wenn sie dann in die verschiedenen Gewebe einwandern, verändern sie ihre Gestalt im Reifeprozess völlig. REM 2500 : 1

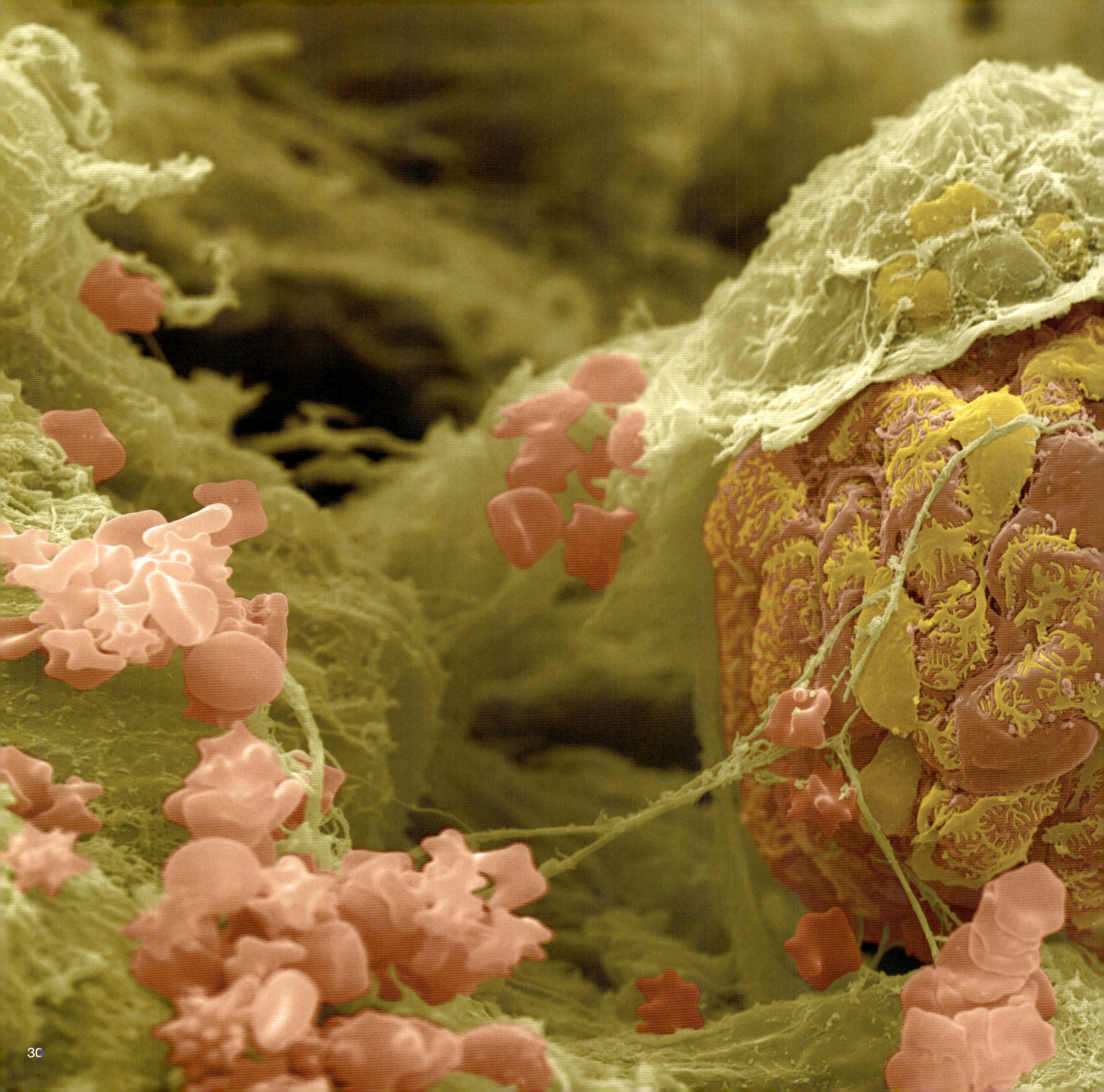

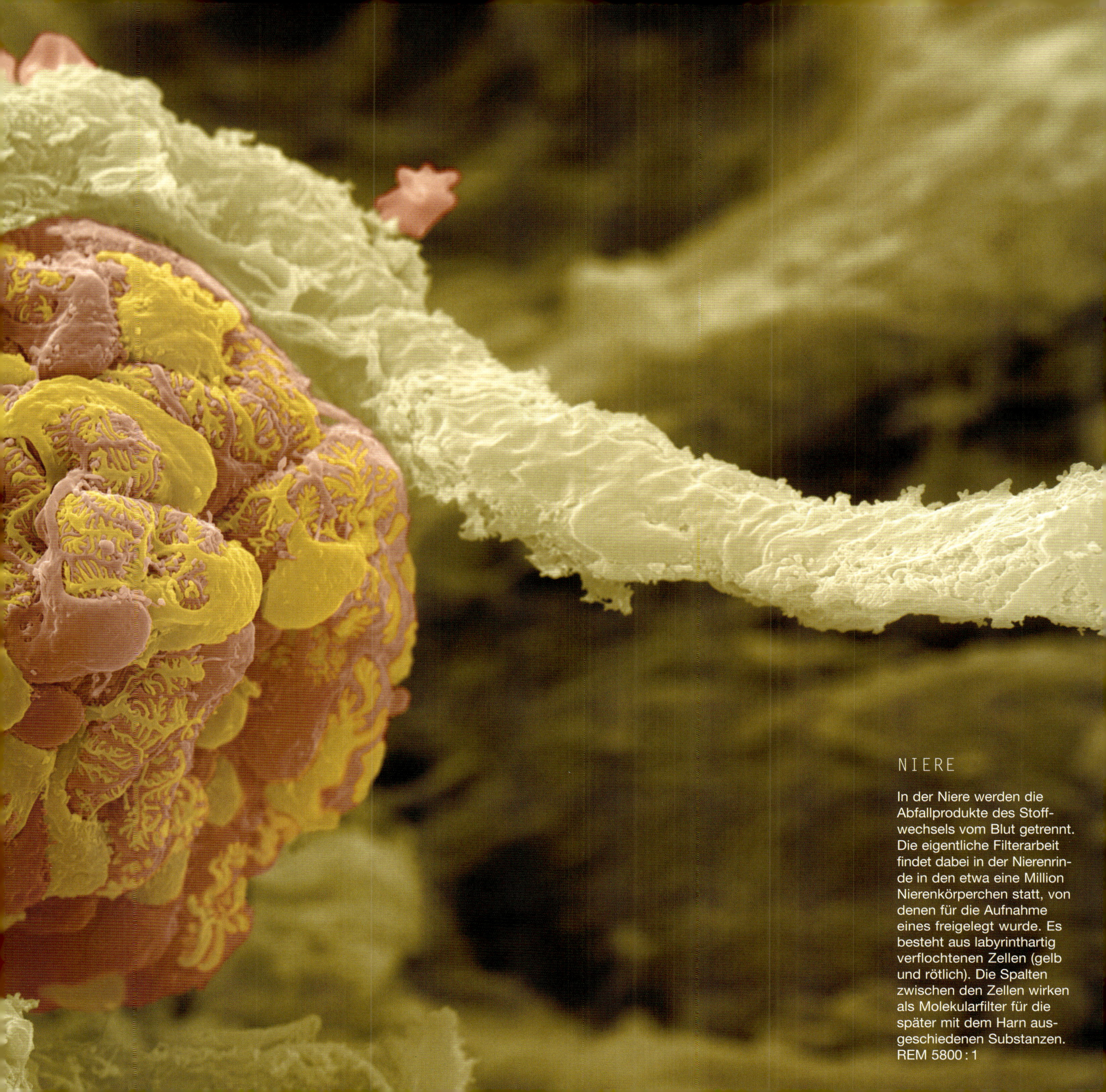

NIERE

In der Niere werden die Abfallprodukte des Stoffwechsels vom Blut getrennt. Die eigentliche Filterarbeit findet dabei in der Nierenrinde in den etwa eine Million Nierenkörperchen statt, von denen für die Aufnahme eines freigelegt wurde. Es besteht aus labyrinthartig verflochtenen Zellen (gelb und rötlich). Die Spalten zwischen den Zellen wirken als Molekularfilter für die später mit dem Harn ausgeschiedenen Substanzen. REM 5800 : 1

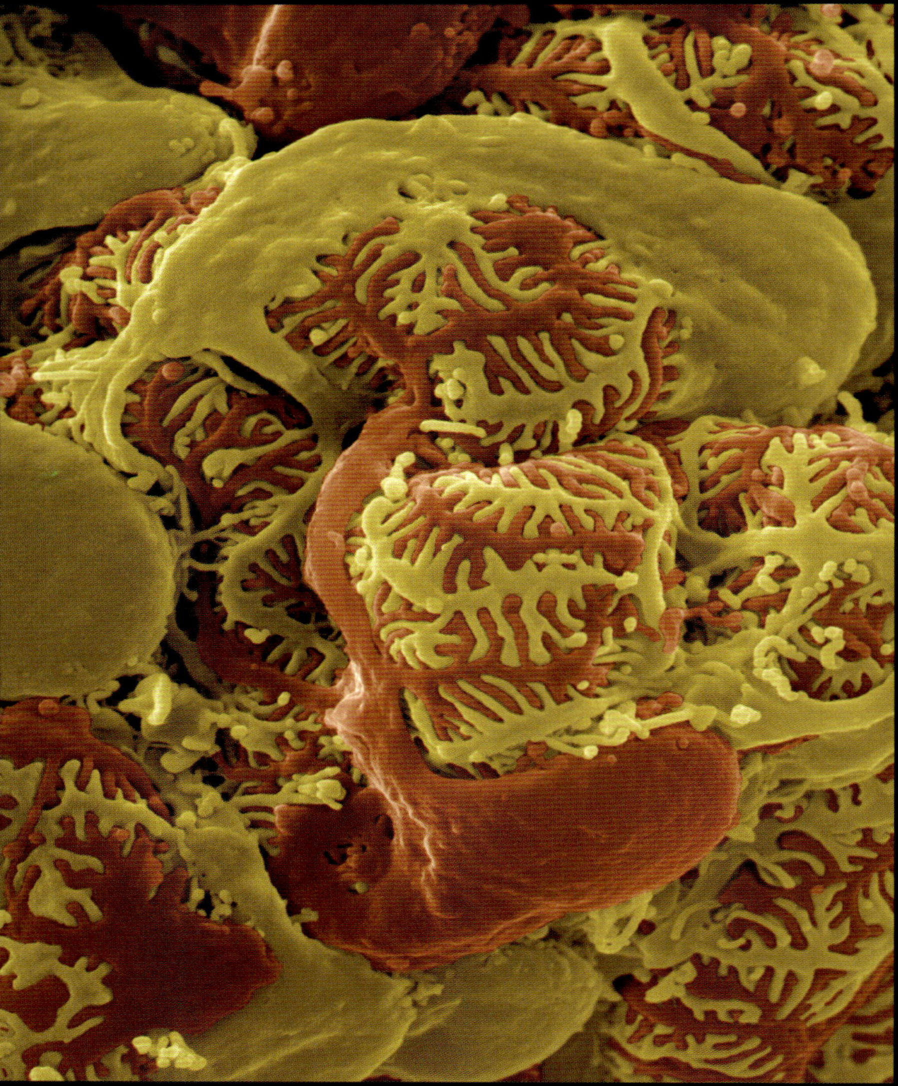

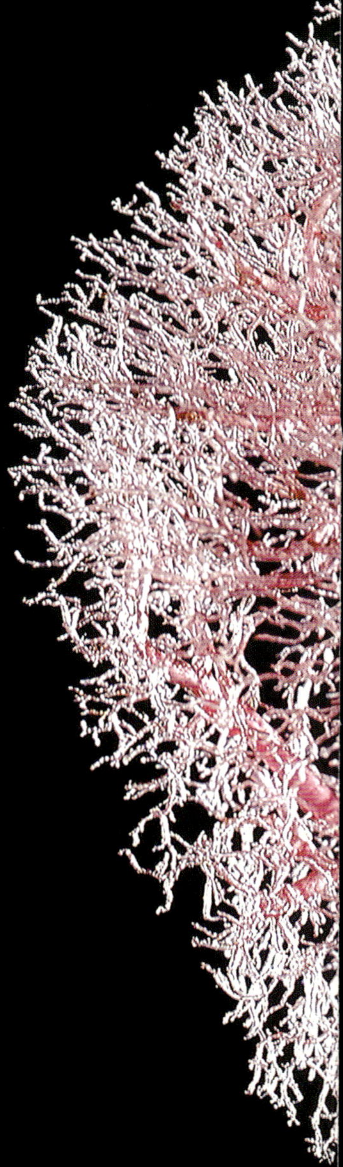

NIERE

In den feinsten Gefäßschlingen der Nierenkörperchen (oben ein Ausschnitt) werden die Harnsubstanzen aus dem Blut gefiltert. Eine ganze Niere ist rechts in einem Ausgusspräparat dargestellt. Dazu wurde das Gefäßsystem eines isolierten Organs mit einem Epoxidharz ausgegossen und nach dem Aushärten die ganze Niere abgeätzt.
REM 9200 : 1 (oben);
Makroaufnahme ca. 4 : 1 (rechts)

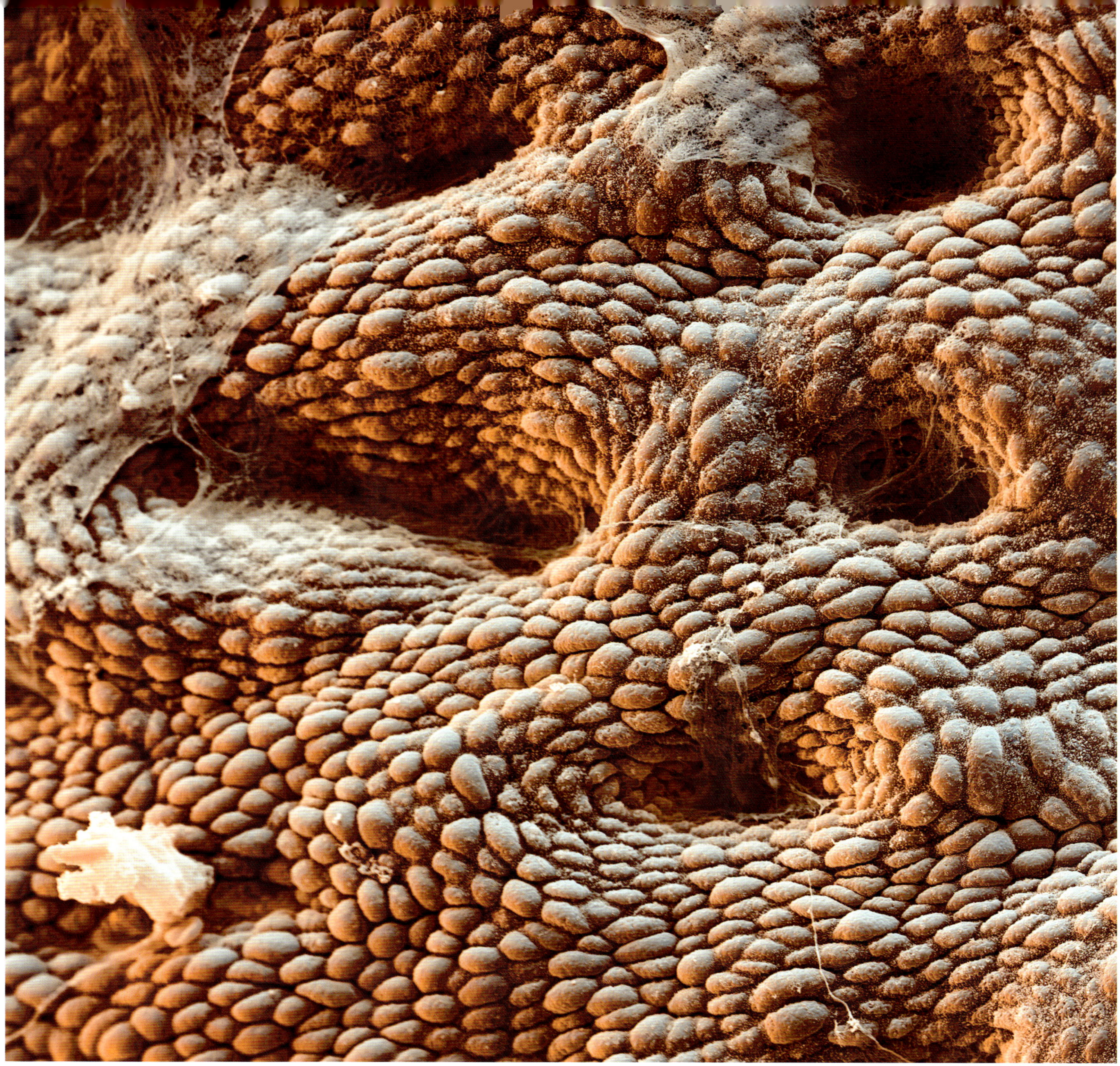

MAGEN

Der gekaute und mit Speichel durchmischte Nahrungsbrei wird im Magen, einem mit Schleimhaut ausgekleideten Muskelsack, weiter aufbereitet. Die Aufnahme zeigt die Magenschleimhaut. In den Gruben sitzen die Zellen, die den Magensaft aus Salzsäure, Eiweiß spaltenden Enzymen und Schleim produzieren. Durch Muskelkontraktionen wird die Nahrung mit dem Magensaft durchmischt. In kleinen Schüben gelangt sie zur eigentlichen Verdauung in den Dünndarm. REM 1400 : 1

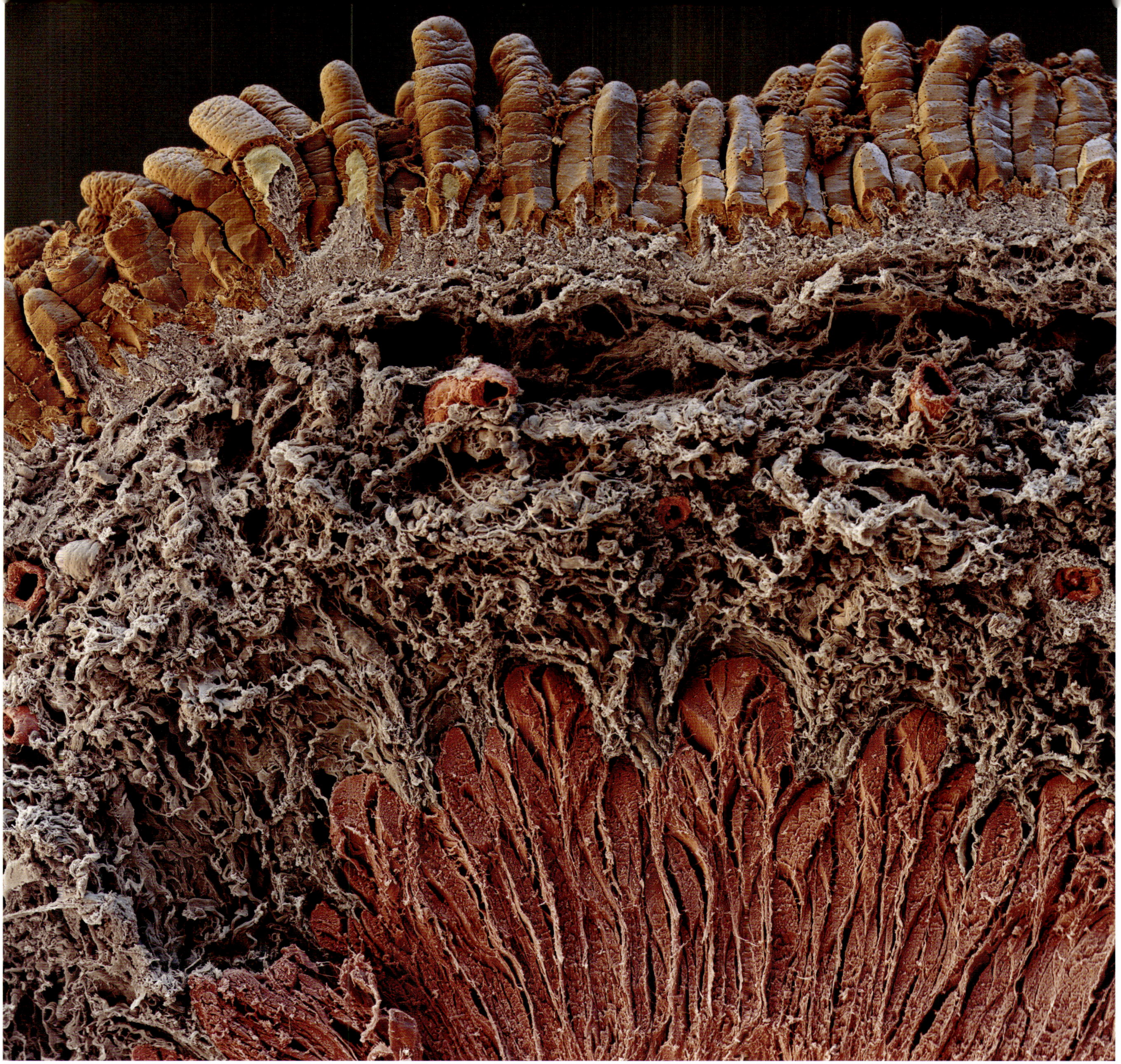

DÜNNDARM

Auf dem Schnitt durch die Dünndarmwand zeichnen sich – von oben nach unten – drei Schichten ab: die Schleimhaut mit den fingerförmigen Darmzotten, die Unterschleimhaut (grau) mit Fettzellen sowie quer angeschnittenen Blut- und Lymphgefäßen und als kompakte Masse das den ganzen Darmschlauch einhüllende Muskelgewebe (rot). Während Bewegungen der Darmmuskeln den Nahrungsbrei weiterbefördern, resorbieren die Zotten mit ihrer großen Oberfläche die aufgeschlossenen Nahrungsstoffe. REM 80 : 1

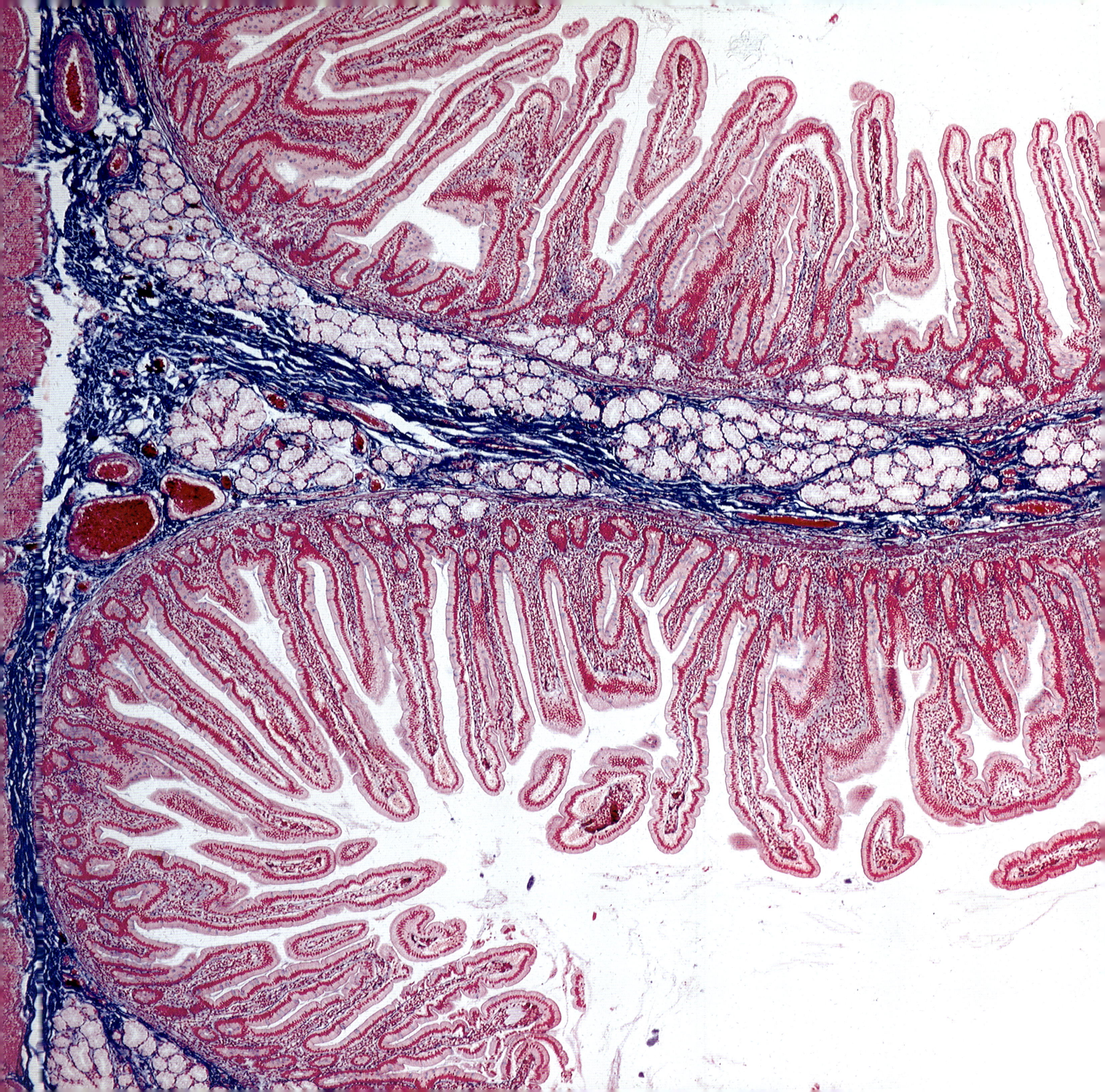

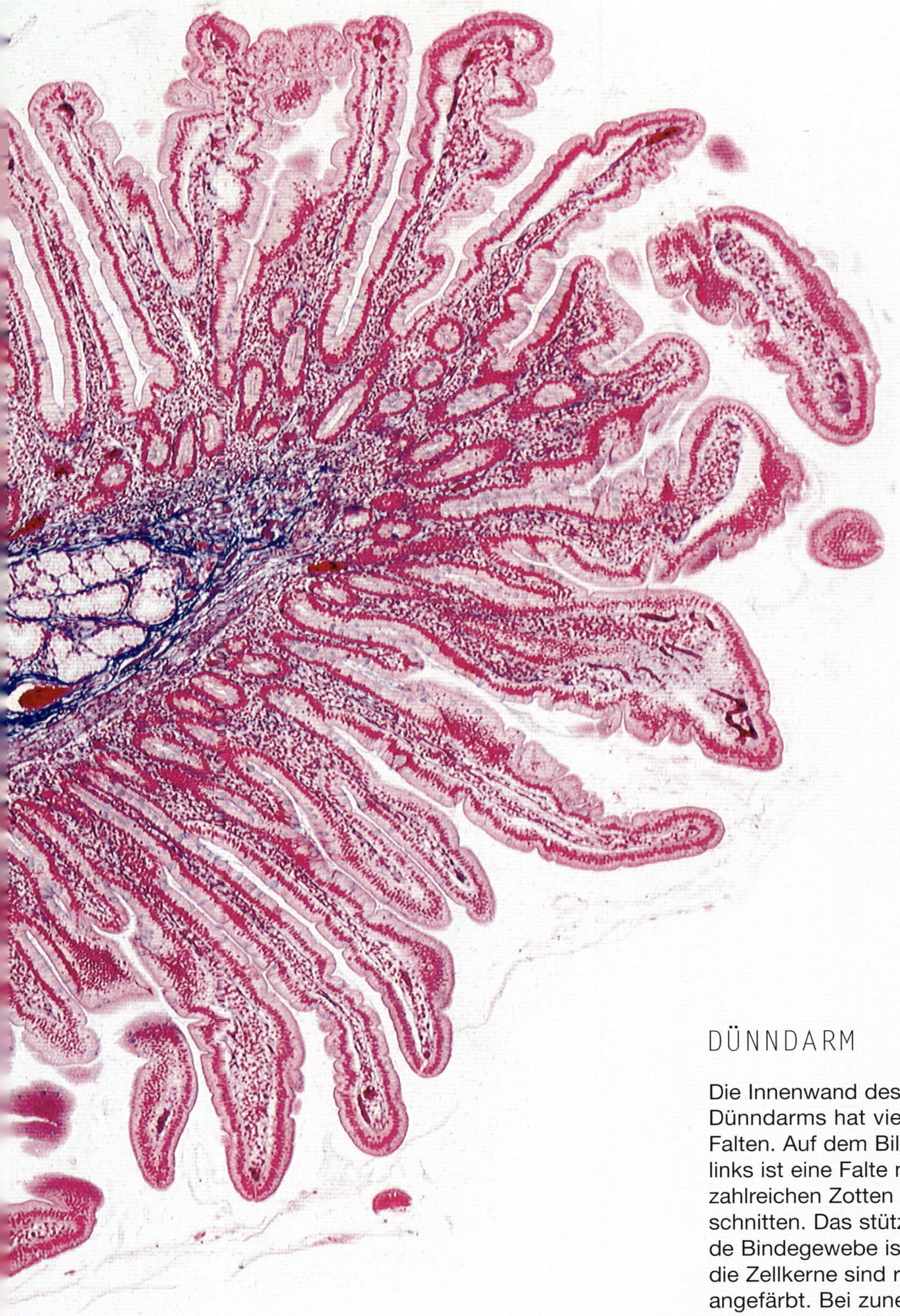

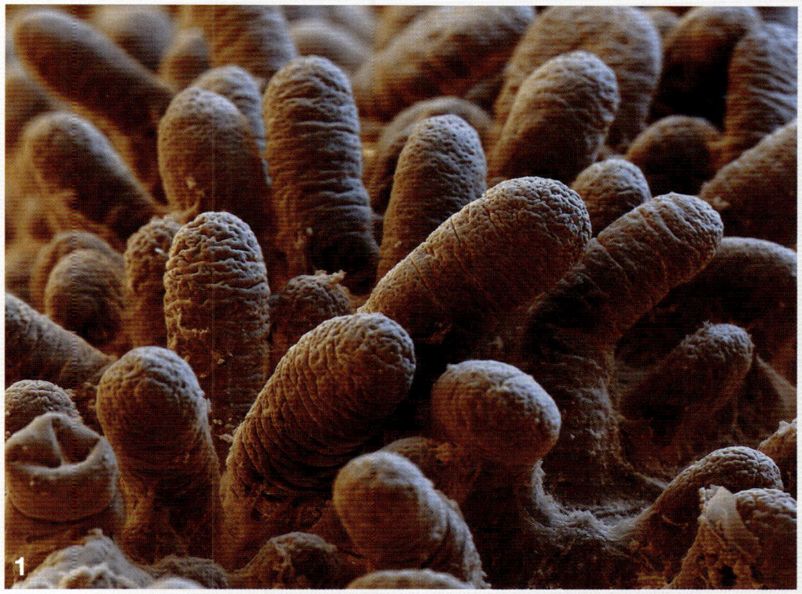

1

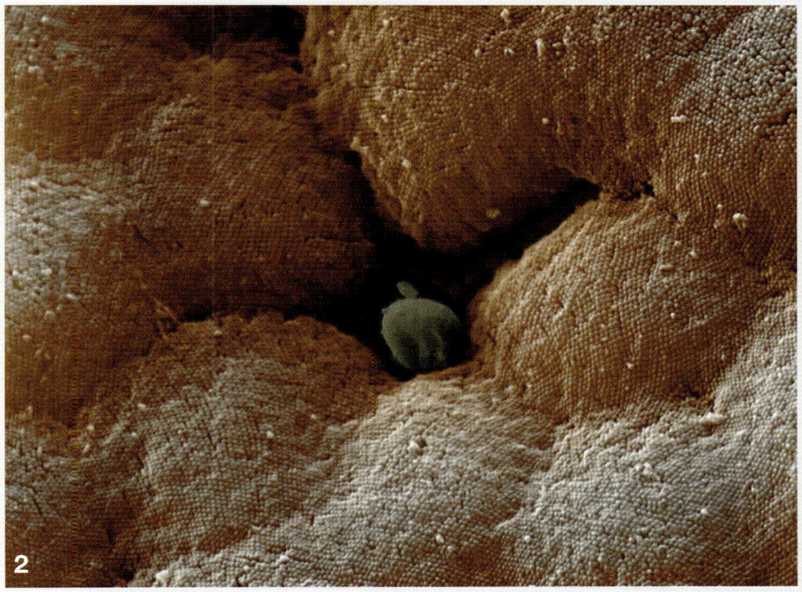

2

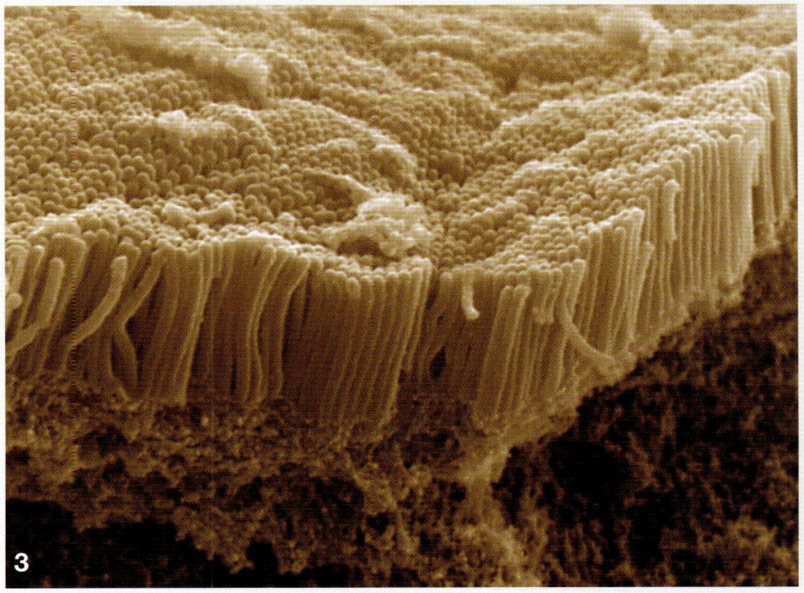

3

DÜNNDARM

Die Innenwand des Dünndarms hat viele Falten. Auf dem Bild links ist eine Falte mit zahlreichen Zotten angeschnitten. Das stützende Bindegewebe ist blau, die Zellkerne sind rot angefärbt. Bei zunehmender Vergrößerung sind in der Zottenlandschaft (1) eine Becherzelle, die Schleim absondert (2), sowie Flimmerhärchen (3), die den Nahrungsbrei weitertransportieren helfen, zu erkennen. Lichtmikroskop, Hellfeld, Azanfärbung 160 : 1 (links); REM 80 : 1 (1); REM 6000 : 1 (2); REM 16 000 : 1 (3)

DICKDARM

Im Dickdarm werden dem Nahrungsbrei Wasser und Salze entzogen. Im gesunden Darm (ganz rechts) besteht die Oberfläche aus kissenartigen Zellen mit feinen Flimmerhärchen. In Vertiefungen (Krypten) sitzen Becherzellen, die Schleim produzieren. Schleim und Flimmerhärchen fördern den Transport des Darminhalts. Die degenerierte Darmschleimhaut (rechts) in der Nachbarschaft einer Krebsgeschwulst hingegen, die mit der Geschwulst entfernt wurde, lässt keine Krypten erkennen, die Oberfläche ist glatt, die Funktion eingeschränkt.
REM 1200 : 1 (rechts);
REM 1000 : 1 (ganz rechts)

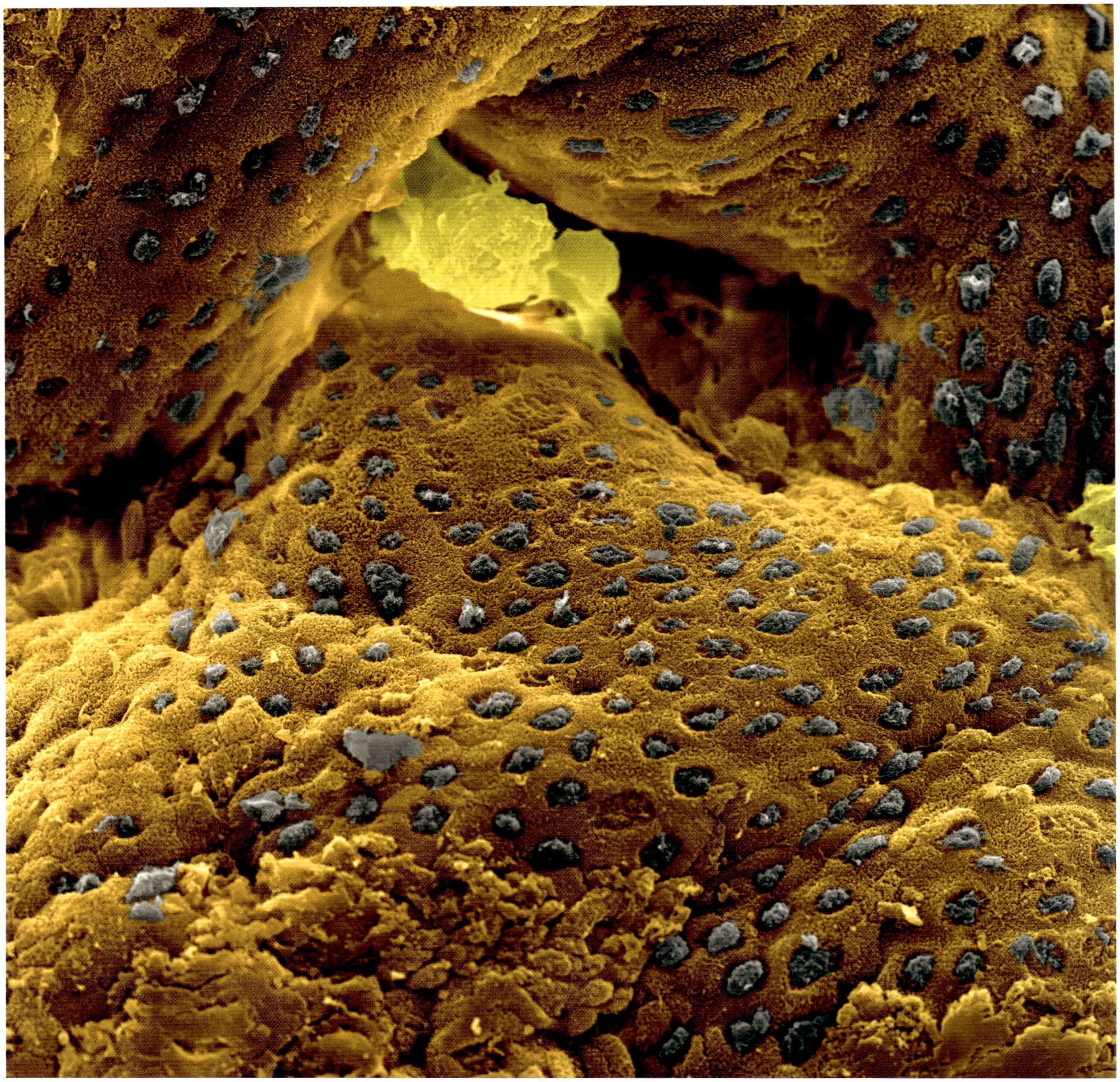

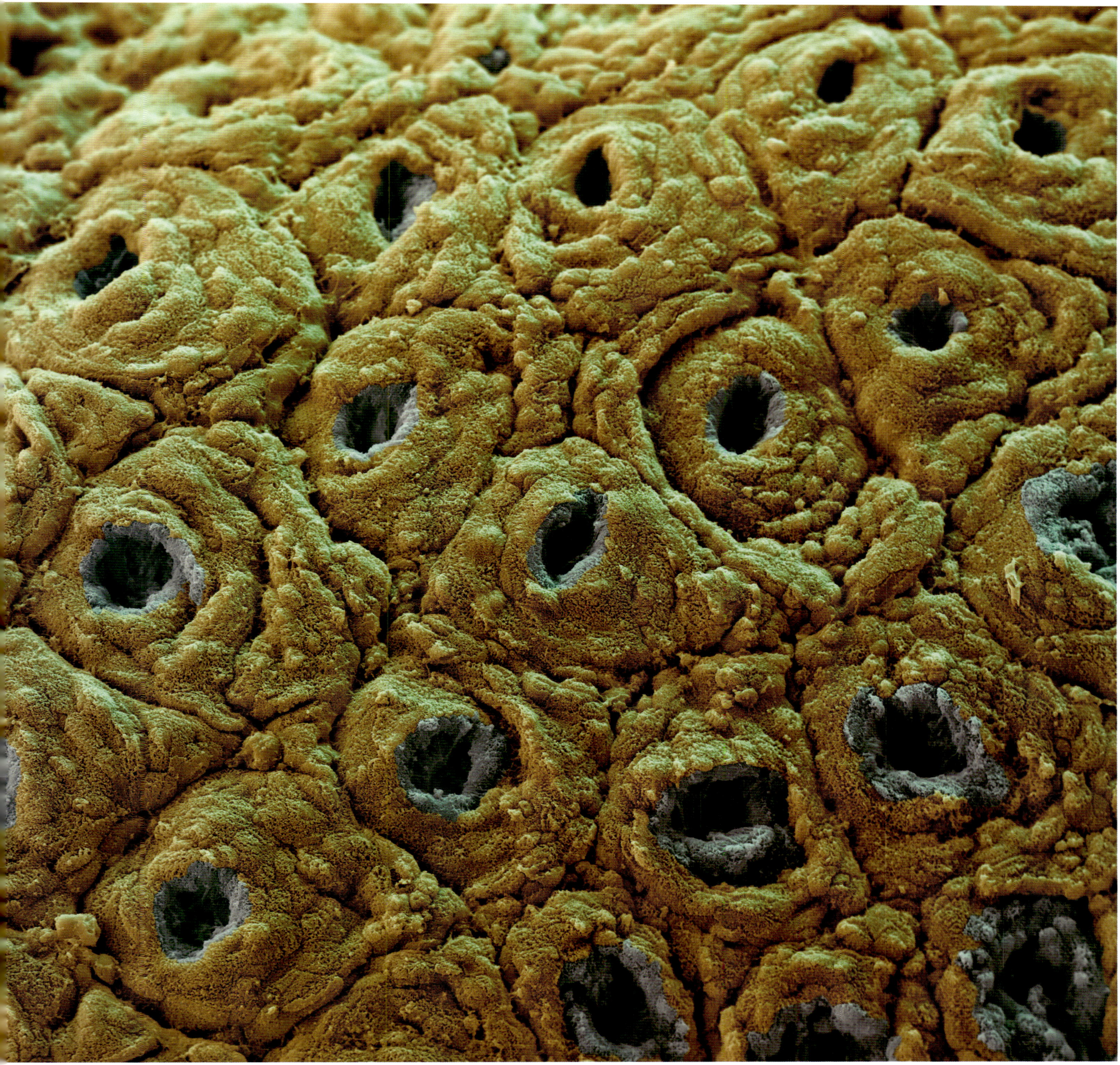

MUSKELFASERN

Anatomen unterscheiden glatte und quergestreifte Muskeln. Glatte Muskeln arbeiten, von uns unkontrolliert, im Körperinnern, während quergestreifte willkürlich bewegt werden können. Eine Ausnahme ist das Herz, ein quergestreifter Muskel, der nicht unserem Willen unterworfen ist. Auf dem Bild wurde die durch die Mikrostruktur bewirkte Querstreifung von Muskelfasern, die am Skelett ansetzen, durch eine Färbung sichtbar gemacht. Die eiförmigen Strukturen sind zwei angeschnittene Venen und eine kleine Arterie. Oben rechts ist Knorpelgewebe zu sehen.
Lichtmikroskop, Hellfeld, 440 : 1

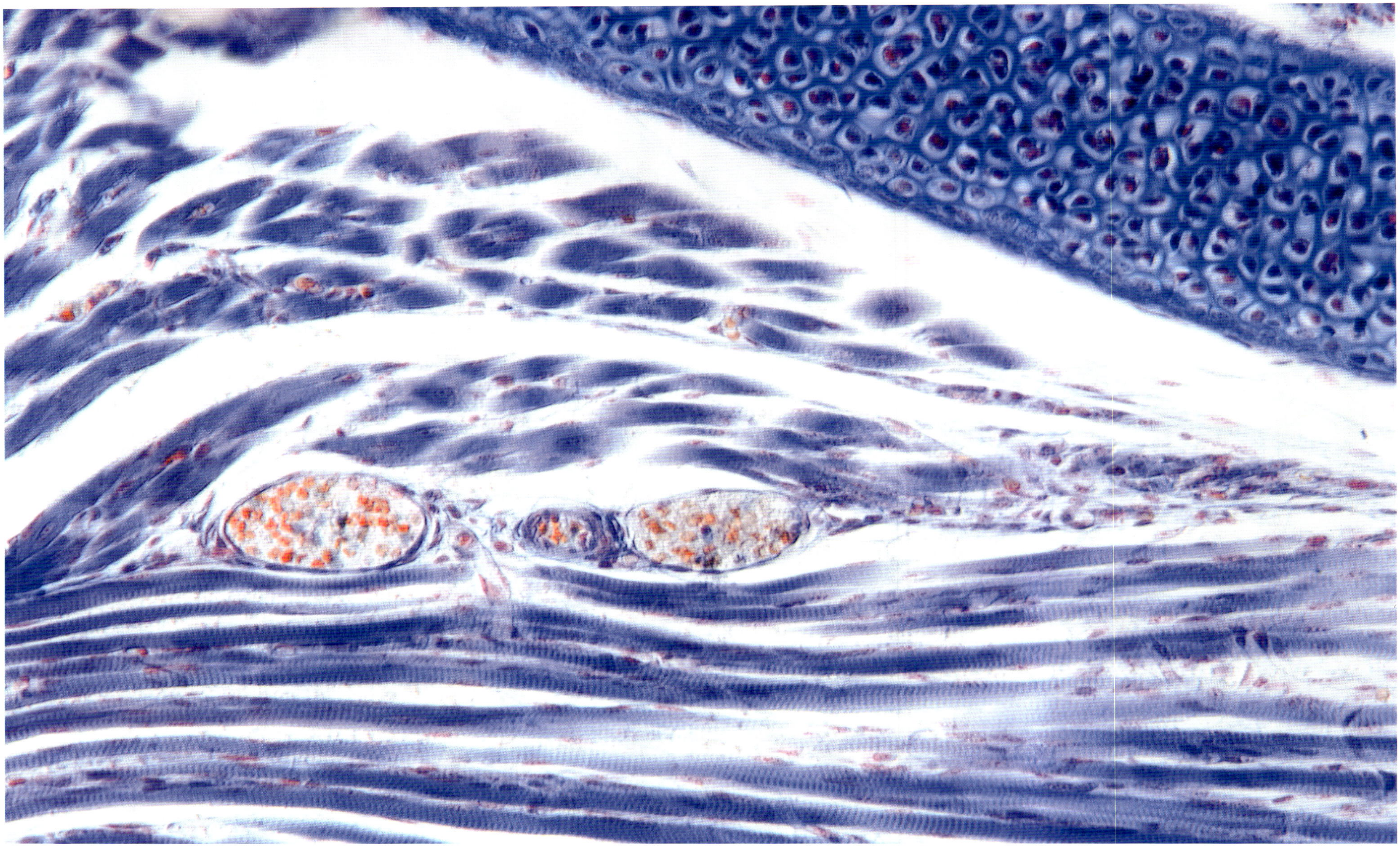

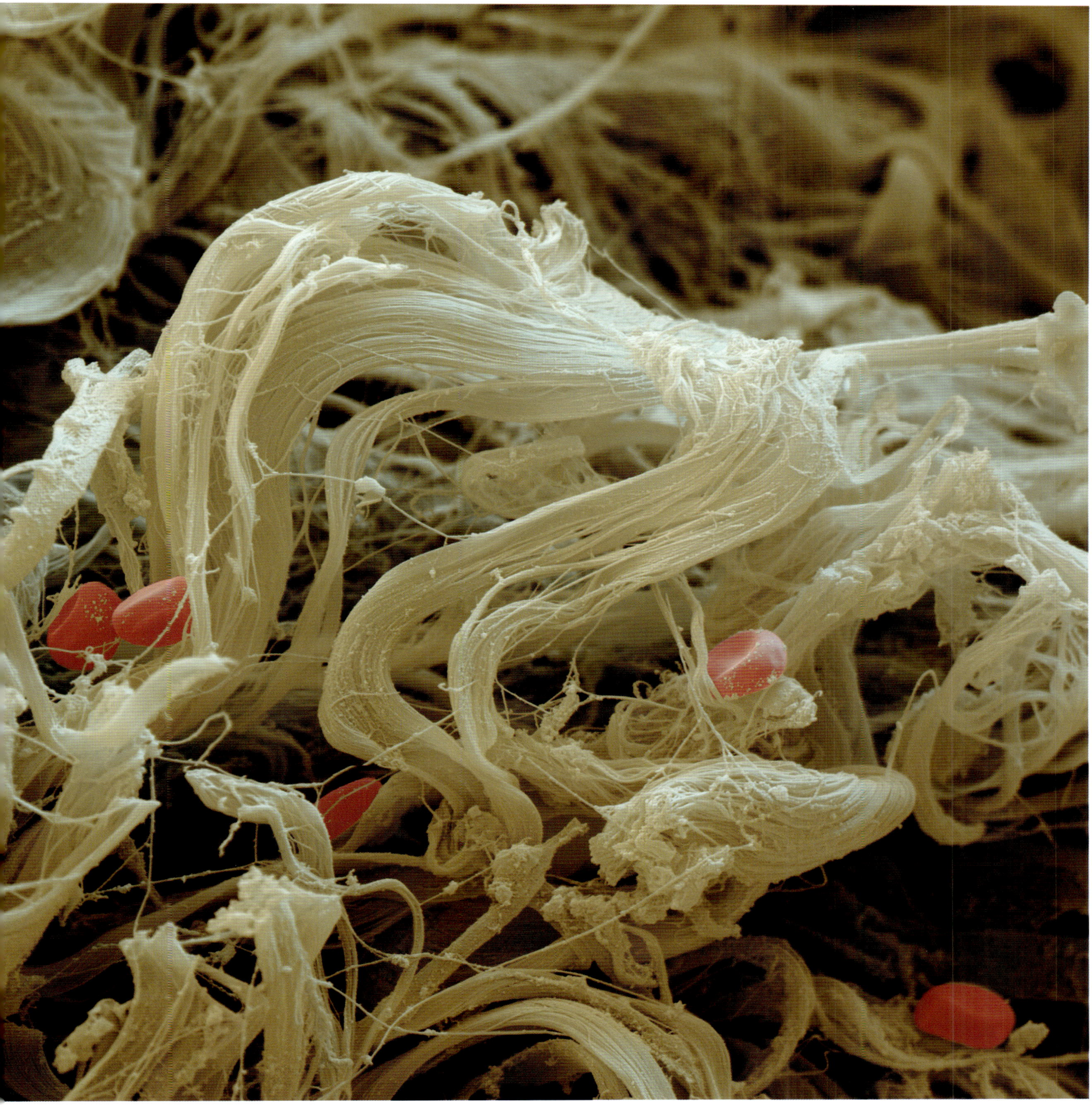

BINDEGEWEBE

Im ganzen Körper verteilt, stützt das Bindegewebe alle Organe, umhüllt sie und bettet sie in ihre Umgebung ein. Es verbindet die Haut elastisch mit den darunter liegenden Muskeln und hält in Form von Bändern und Sehnen die einzelnen Knochen zum Skelett zusammen. Die Aufnahme zeigt Bindegewebsfasern im Bauch, die den Darm an seinem Platz fixieren. REM 4400 : 1

HAUT

Die äußere Schicht der Haut, wie samtweich gepflegt auch immer, besteht aus verhornten Zellen. Von dieser zehn bis 20 Zellschichten dicken Hornschicht schilfern ständig Schuppen ab, die von den darunter liegenden Hautschichten nachgeliefert werden.
REM 360 : 1

SCHWEISSPORE

Zwischen zahlreichen abgestorbenen und abblätternden Hautzellen an der Oberfläche eines Fingers liegt der Krater einer Schweißpore. Die tieferliegende Wachstumsschicht produziert ständig neue Hautzellen.
REM 2400 : 1

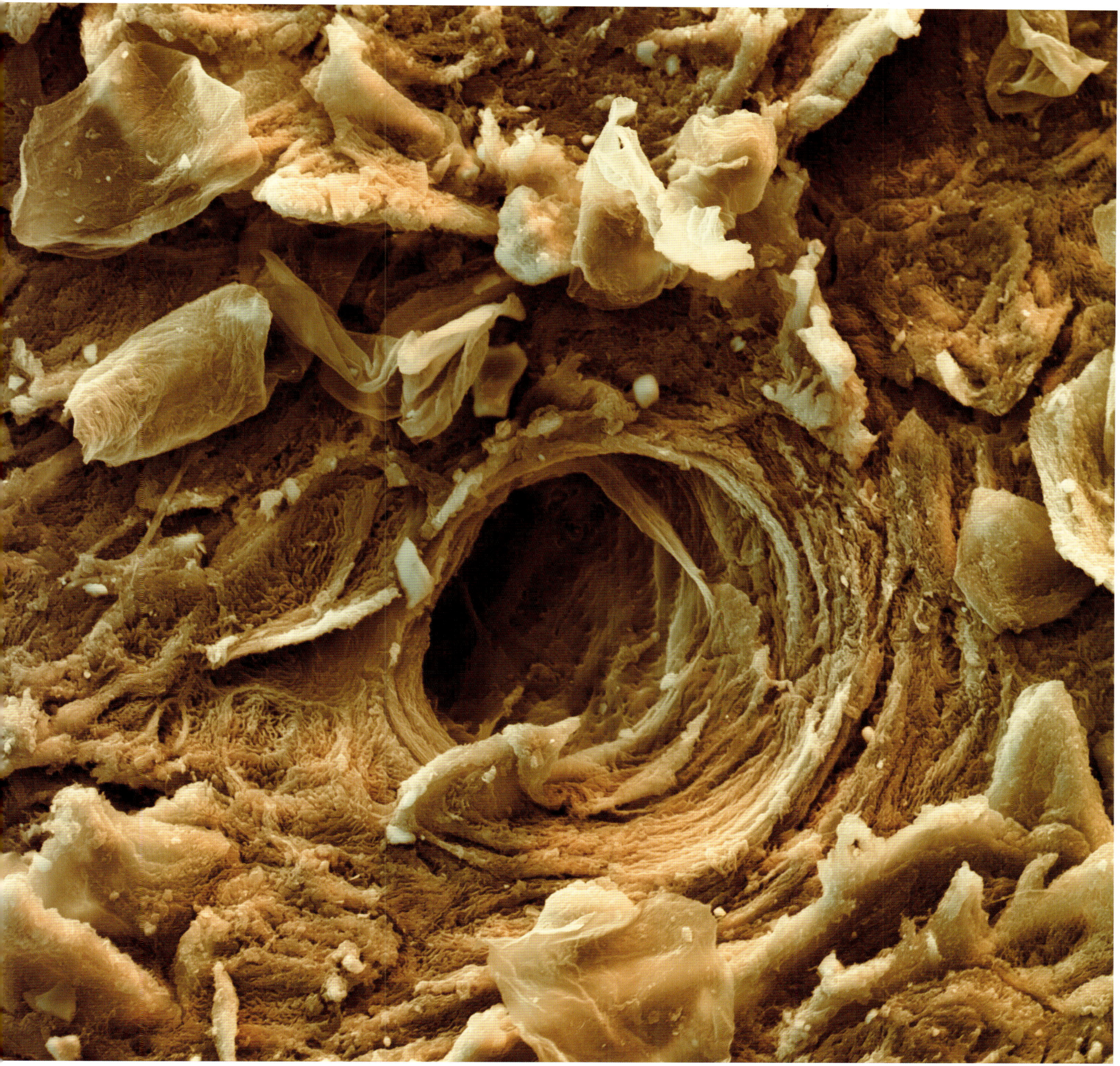

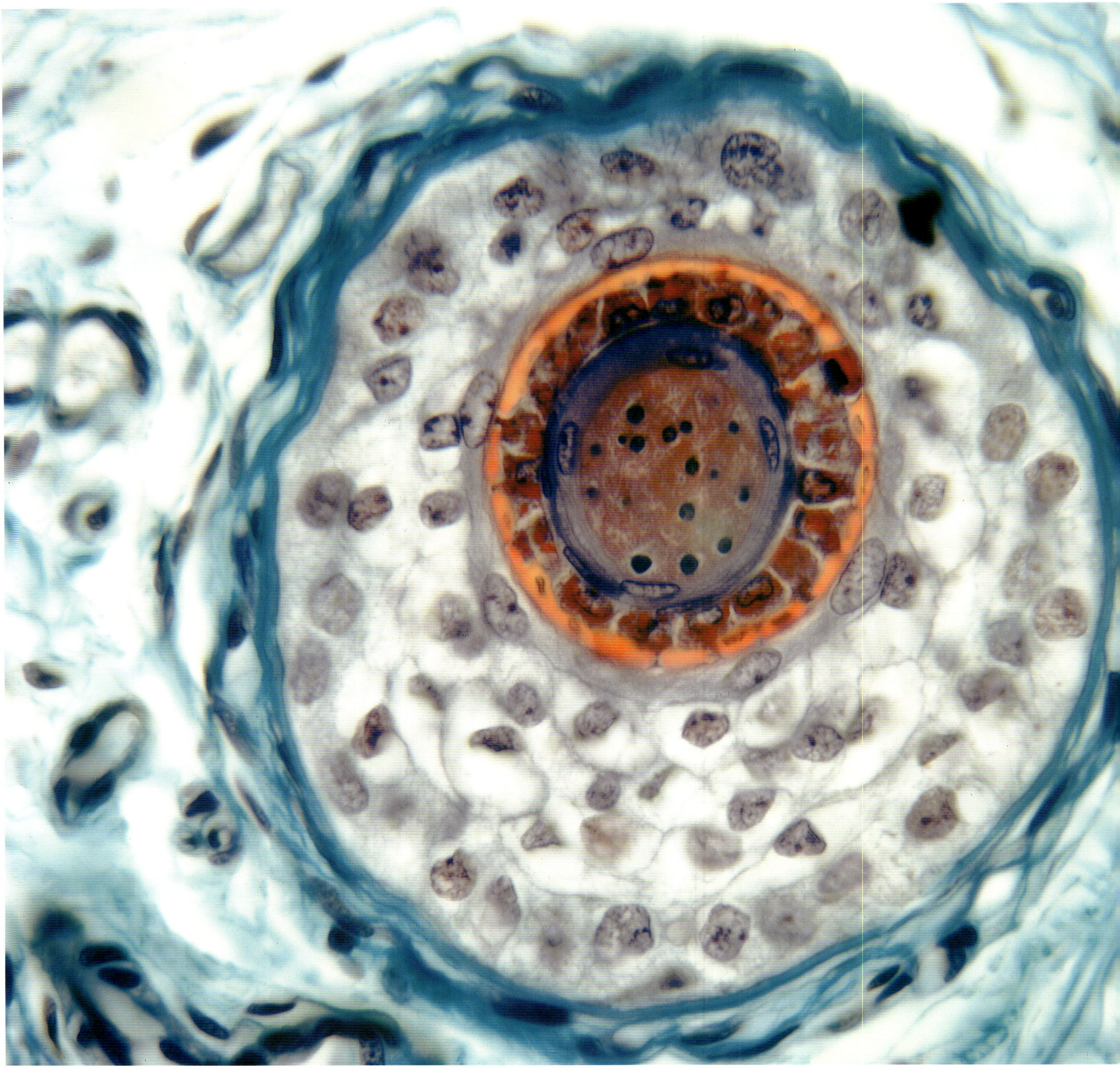

HAARE

Kopfhaare können unterschiedlich dick sein. Bei den abgebildeten Exemplaren kleben vereinzelt Hautschuppen mit Talg auf den selbst gleichmäßig geschuppten Haaren. Der Talg, der an den Wurzeln abgesondert wird, hält das Haar geschmeidig. Ein Haar wächst pro Tag rund 0,2 bis 0,3 Millimeter.
REM 700 : 1

HAARWURZEL

Der flächige Schnitt durch die Kopfhaut führt quer durch eine Haarwurzel. Die Wurzelscheide (grau) umschließt das noch im Aufbau befindliche Haar (orange). Das umgebende Bindegewebe ist türkis angefärbt. Zellkerne sind als graue bis schwarze Flecke zu erkennen.
Lichtmikroskop, Hellfeld, 260 : 1

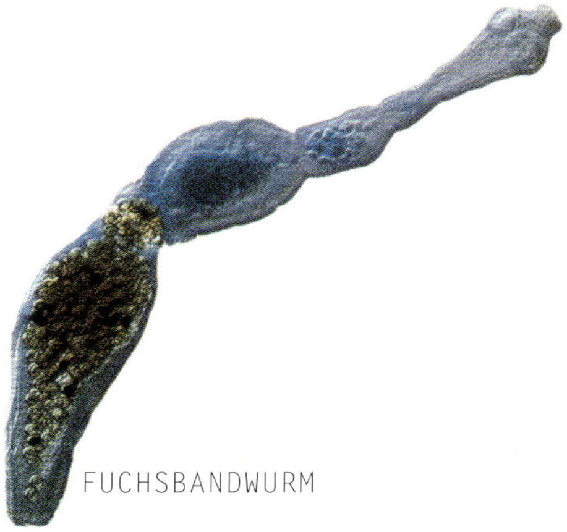

FUCHSBANDWURM

PARASITEN

Sie bohren sich mit Stechwerkzeugen und Saugrüsseln durch die Haut ihrer Wirte, hängen an Darmzotten und Blutgefäßen, nisten sich in der Leber und in Muskelgewebe ein. Manche kommen nur, wenn sie den Drang nach einer Blutmahlzeit verspüren, andere bleiben auf Dauer. Gemeinsam ist allen Parasiten, dass sie von anderen zehren, ohne das heimgesuchte Opfer zu töten – jedenfalls nicht sofort. Auf längere Sicht freilich schwächen die Schmarotzer häufig ihre unfreiwilligen Gastgeber, hemmen deren Wachstum und beeinträchtigen die Chancen zur Fortpflanzung. Manche übertragen Krankheitserreger oder lösen selber Krankheiten aus, an denen die Wirte früher oder später sterben. Kein Wunder, dass Parasiten, von Amöben bis zu Zecken, einen schlechten Ruf haben. Aber interessant sind sie für einen unvoreingenommenen Betrachter allemal. Wer auf Kosten anderer leben will, muss gewitzt sein. Ein auf dem Körper des Wirtsorganismus schmarotzender Ektoparasit muss einer klatschenden Hand oder einem unablässig schlenkernden Tierschweif entgehen, ein im Körper lebender Endoparasit mit dessen Abwehrkräften fertig werden. Und Ausnahmeerscheinungen sind Parasiten keineswegs. Allein schon am und im Menschen haben viele ihr Auskommen.

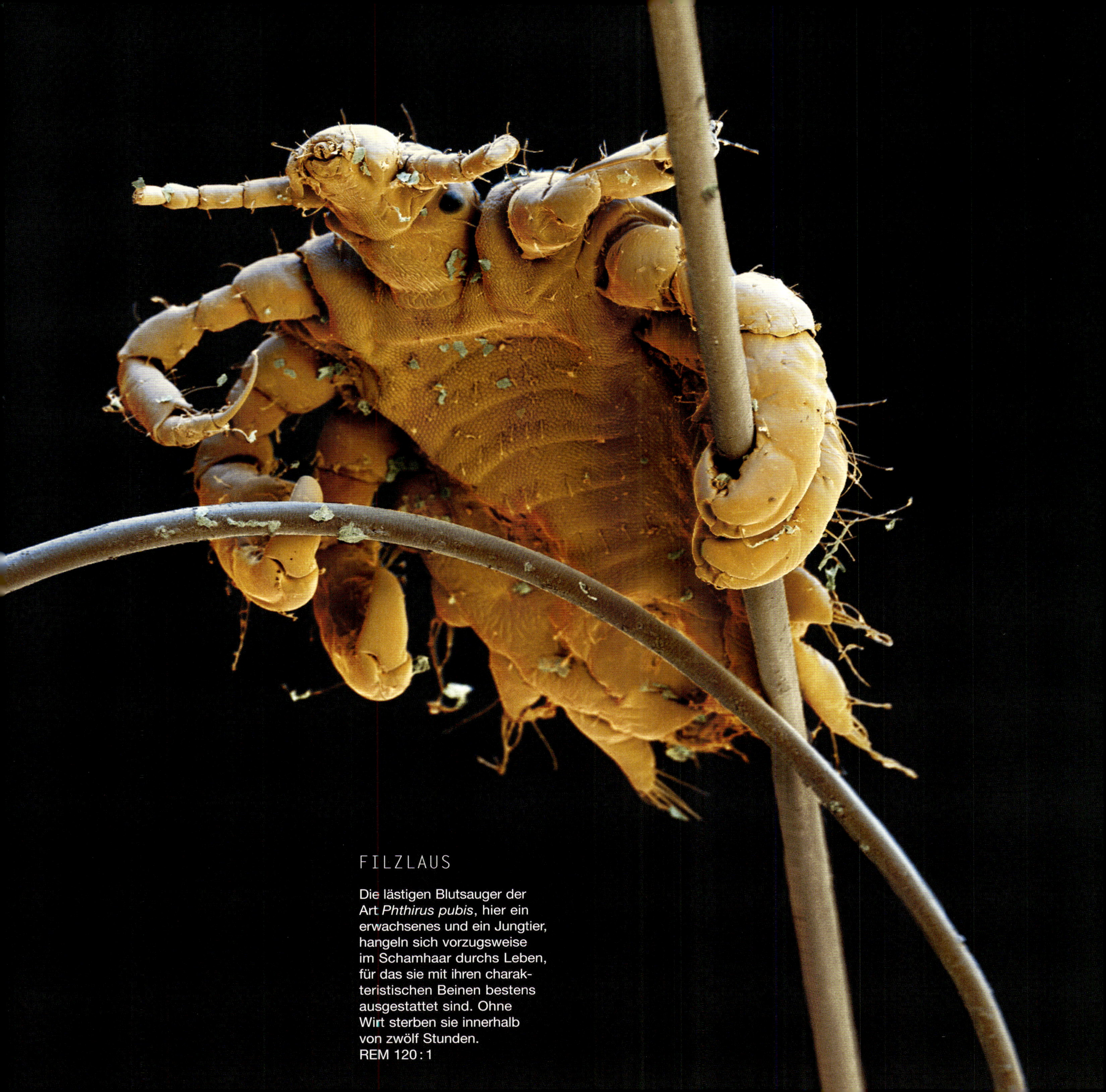

FILZLAUS

Die lästigen Blutsauger der Art *Phthirus pubis*, hier ein erwachsenes und ein Jungtier, hangeln sich vorzugsweise im Schamhaar durchs Leben, für das sie mit ihren charakteristischen Beinen bestens ausgestattet sind. Ohne Wirt sterben sie innerhalb von zwölf Stunden.
REM 120 : 1

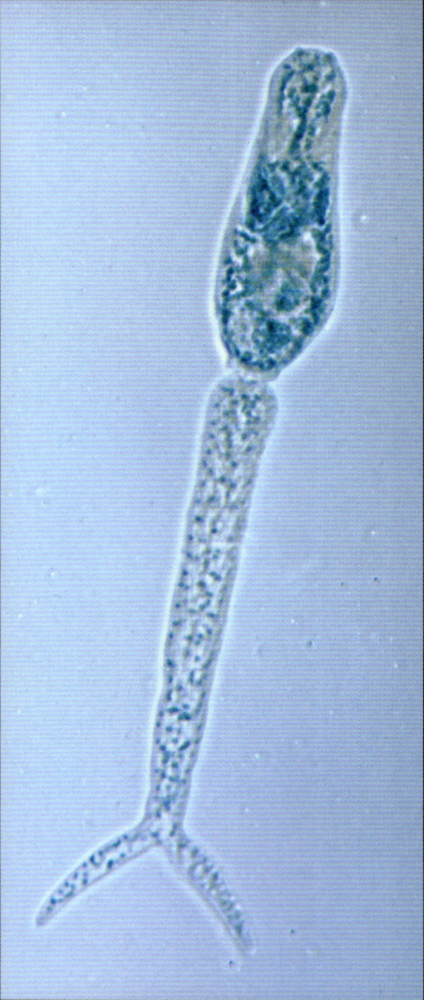

PÄRCHENEGEL

Millionen Menschen in den Tropen und Subtropen leiden an Bilharziose (Schistosomiasis), einer durch Pärchenegel ausgelösten chronischen Infektionskrankheit. Von den drei Arten wird hier der Darm-Pärchenegel *Schistosoma mansoni* vorgestellt. Die im Süßwasser lebenden geschwänzten Larven (Zerkarien, Foto links) bohren sich durch die Haut ihrer Opfer, wandern in den Blutkreislauf und zerstören innere Organe. Als erwachsene Tiere leben die Geschlechter eng zusammen: Das fadenförmige Weibchen liegt in einer Hautfalte des Männchens (großes Foto). Die Eier durchbrechen die Darm- oder Blasenwand und werden mit Kot oder Urin ausgeschieden. Bewimperte Larven, die sich aus den Eiern entwickeln, bohren sich in Schnecken, vermehren sich dort ungeschlechtlich zu Zerkarien, die bald im Wasser auf neue warmblütige Opfer lauern. Lichtmikroskop, Phasenkontrast 240 : 1; Lichtmikroskop, Dunkelfeld 100 : 1

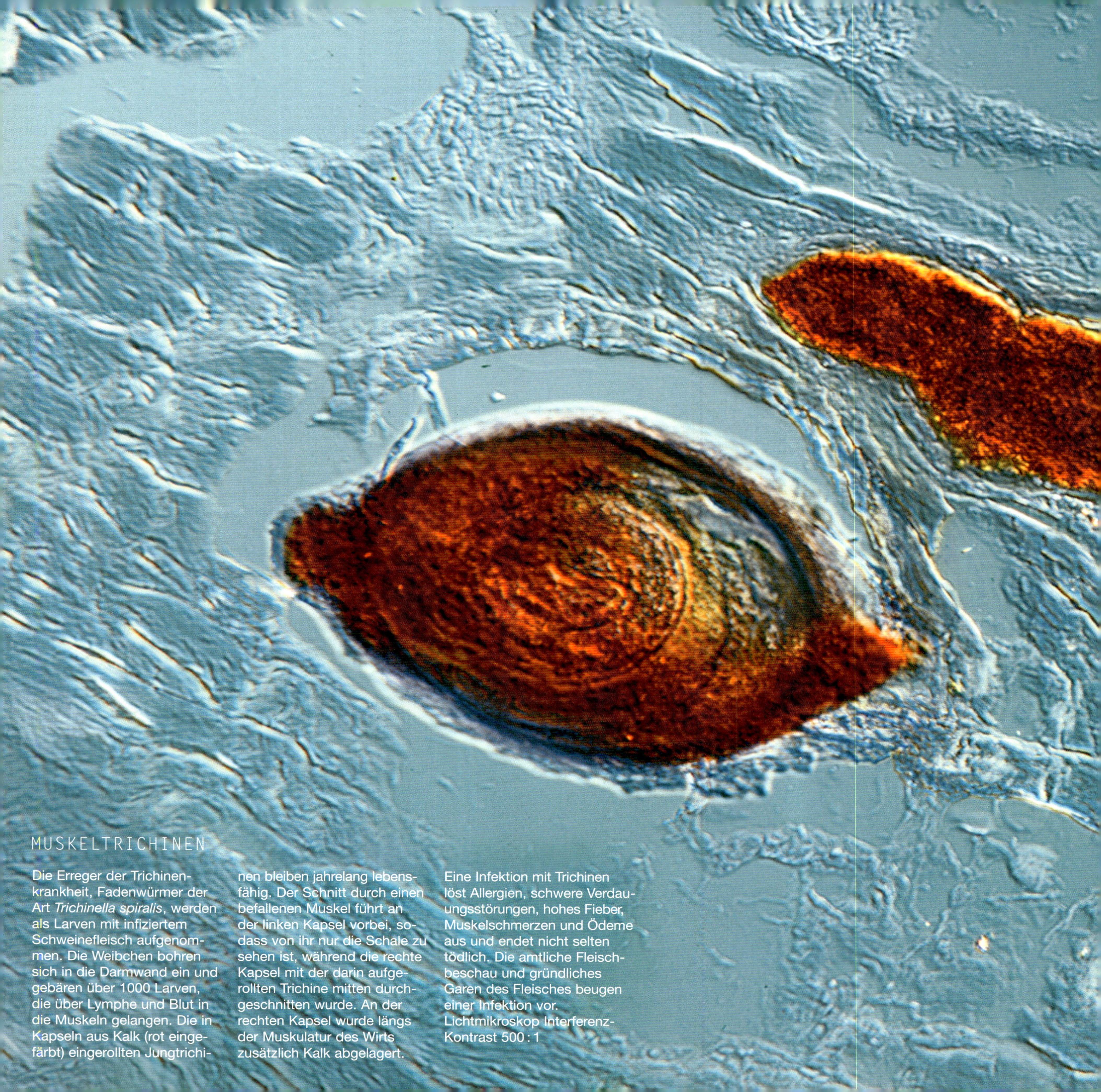

MUSKELTRICHINEN

Die Erreger der Trichinenkrankheit, Fadenwürmer der Art *Trichinella spiralis*, werden als Larven mit infiziertem Schweinefleisch aufgenommen. Die Weibchen bohren sich in die Darmwand ein und gebären über 1000 Larven, die über Lymphe und Blut in die Muskeln gelangen. Die in Kapseln aus Kalk (rot eingefärbt) eingerollten Jungtrichinen bleiben jahrelang lebensfähig. Der Schnitt durch einen befallenen Muskel führt an der linken Kapsel vorbei, sodass von ihr nur die Schale zu sehen ist, während die rechte Kapsel mit der darin aufgerollten Trichine mitten durchgeschnitten wurde. An der rechten Kapsel wurde längs der Muskulatur des Wirts zusätzlich Kalk abgelagert. Eine Infektion mit Trichinen löst Allergien, schwere Verdauungsstörungen, hohes Fieber, Muskelschmerzen und Ödeme aus und endet nicht selten tödlich. Die amtliche Fleischbeschau und gründliches Garen des Fleisches beugen einer Infektion vor. Lichtmikroskop Interferenz-Kontrast 500 : 1

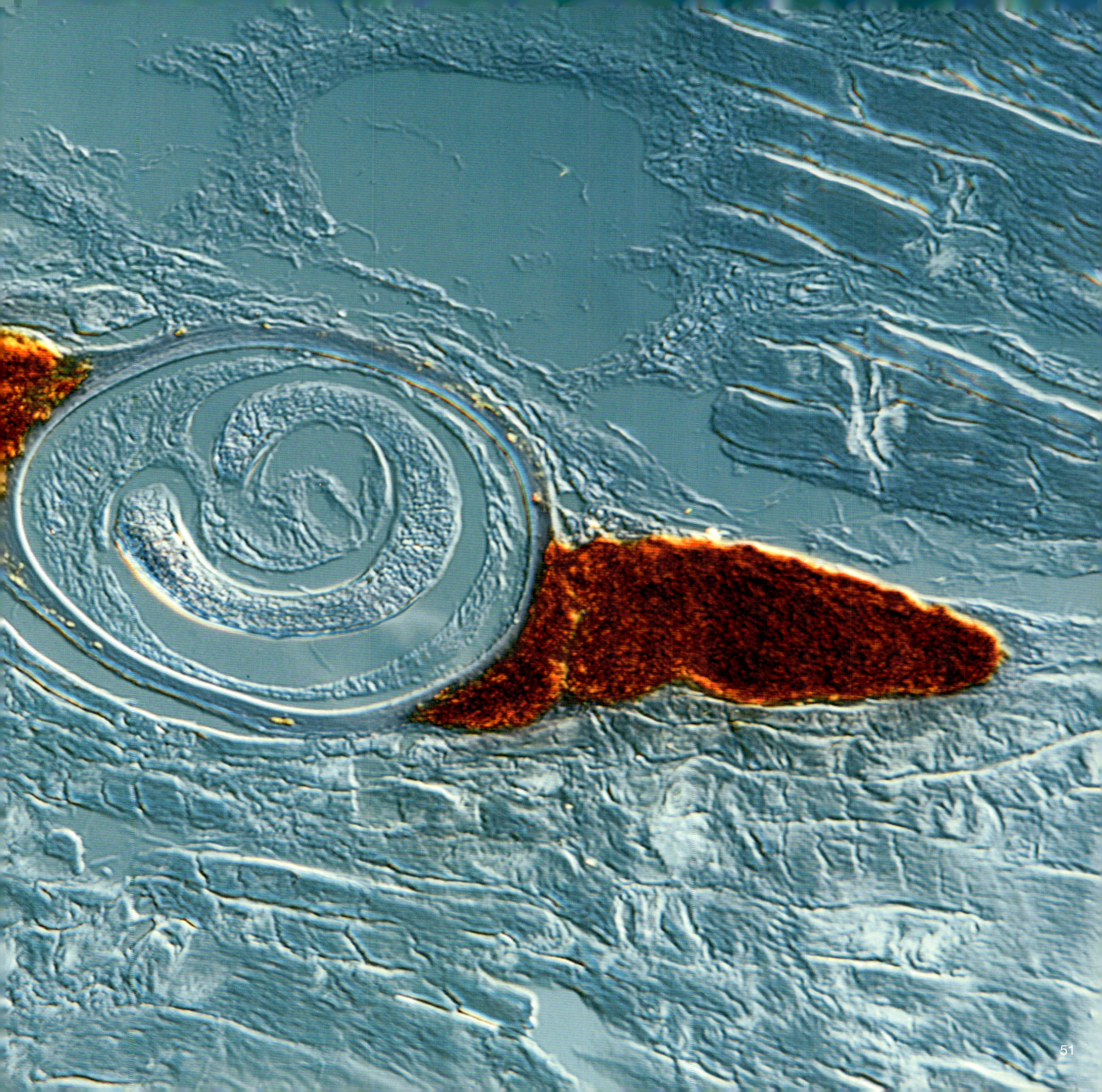

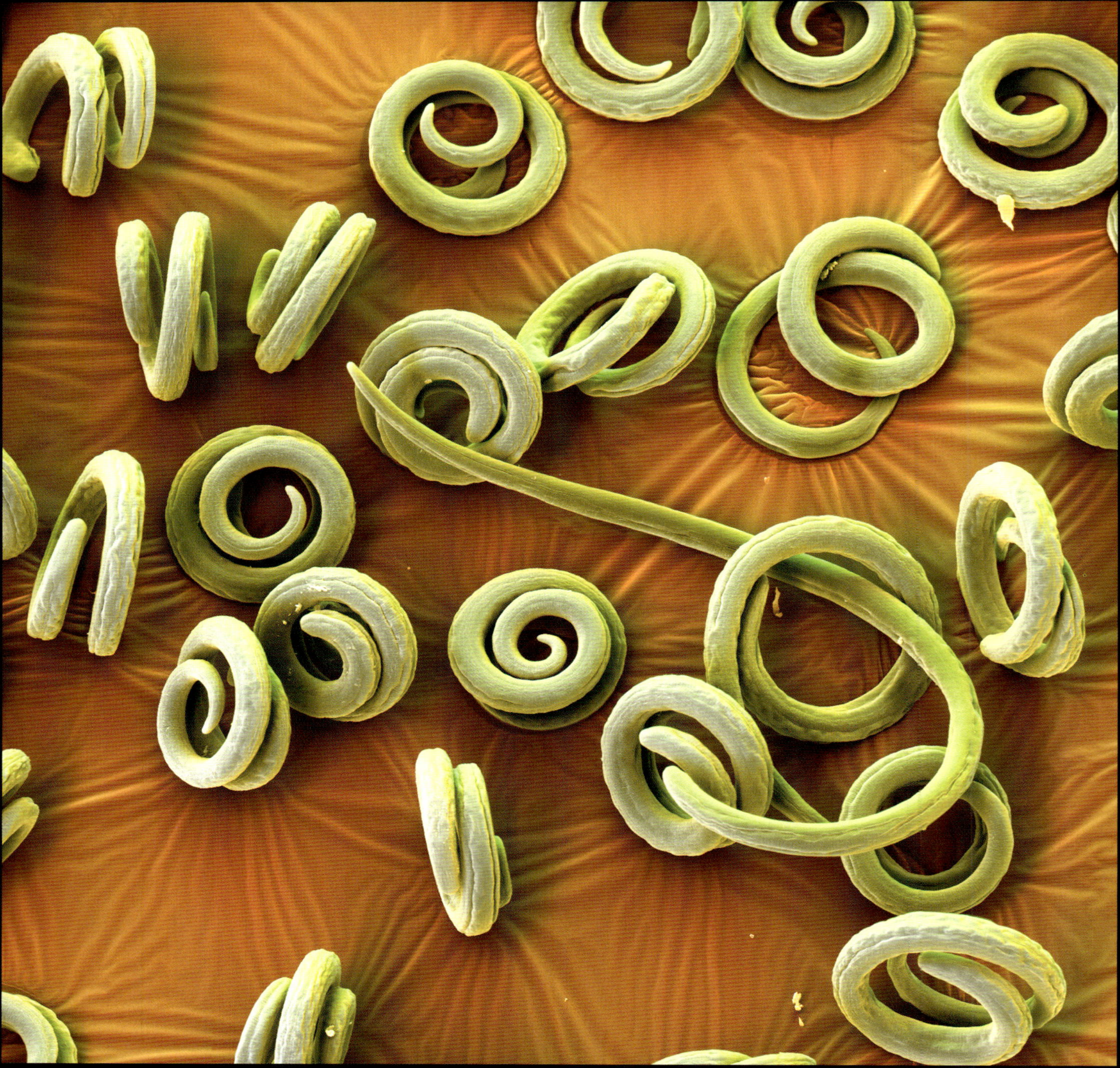

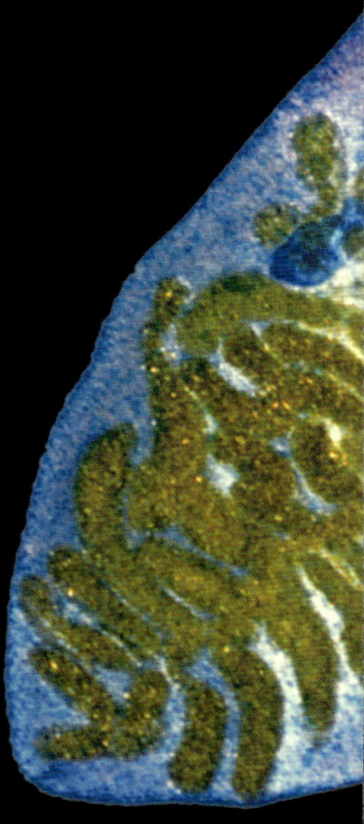

MUSKELTRICHINEN

Um die Wurmlarven (vgl. vorhergehende Doppelseite) besser zu zeigen, wurden sie für diese Aufnahme aus den Kapseln freipräpariert. Der gemusterte Untergrund ist ein bei der Vorbereitung der Aufnahme ästhetisch geschrumpfter Klebstoff.

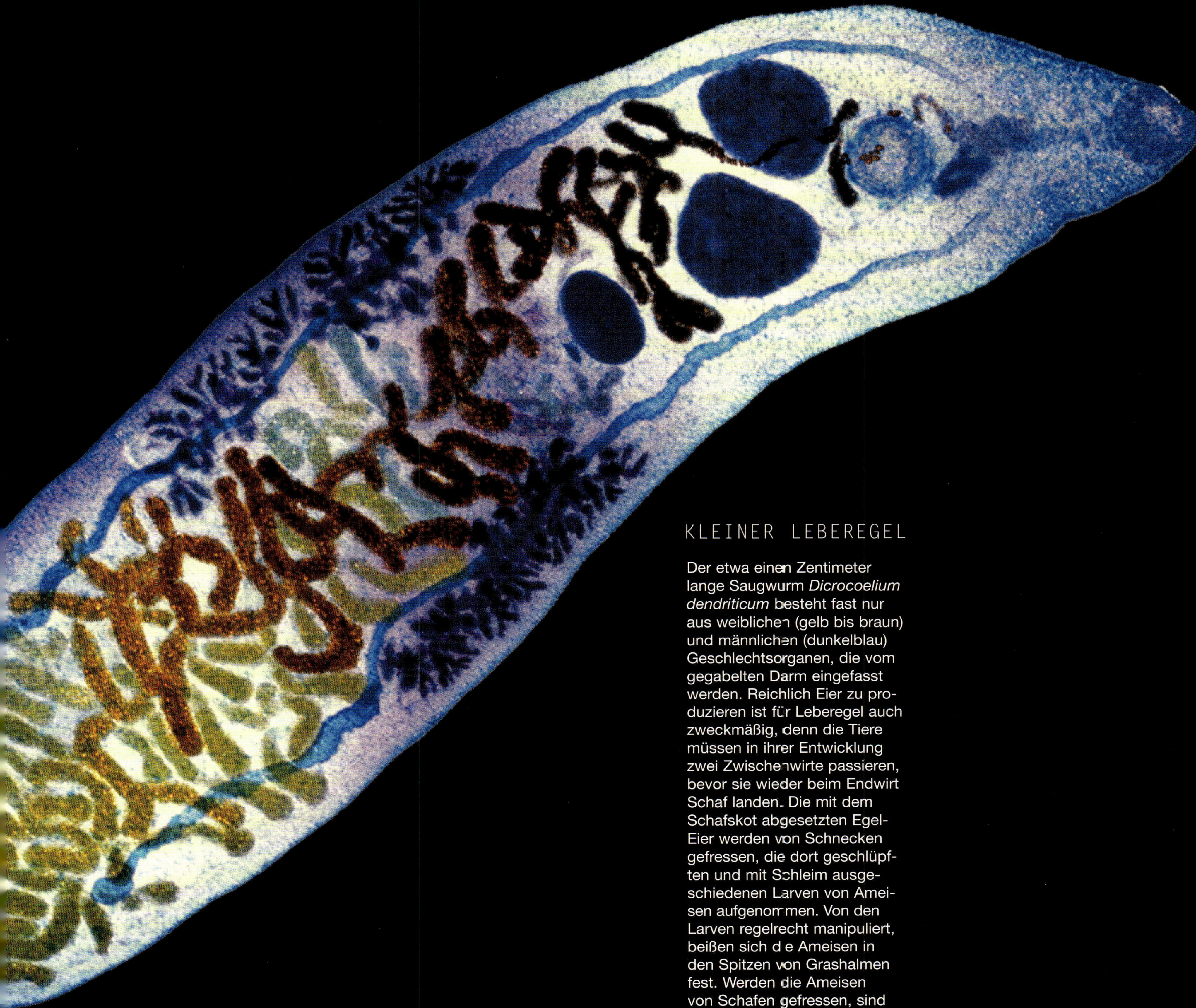

KLEINER LEBEREGEL

Der etwa einen Zentimeter lange Saugwurm *Dicrocoelium dendriticum* besteht fast nur aus weiblichen (gelb bis braun) und männlichen (dunkelblau) Geschlechtsorganen, die vom gegabelten Darm eingefasst werden. Reichlich Eier zu produzieren ist für Leberegel auch zweckmäßig, denn die Tiere müssen in ihrer Entwicklung zwei Zwischenwirte passieren, bevor sie wieder beim Endwirt Schaf landen. Die mit dem Schafskot abgesetzten Egel-Eier werden von Schnecken gefressen, die dort geschlüpften und mit Schleim ausgeschiedenen Larven von Ameisen aufgenommen. Von den Larven regelrecht manipuliert, beißen sich die Ameisen in den Spitzen von Grashalmen fest. Werden die Ameisen von Schafen gefressen, sind die Larven bald am Ziel: der Leber ihres Wirts.
Lichtmikroskop Dunkelfeld 50 : 1

TSETSE-FLIEGE

Mehrere Stechfliegen-Arten der Gattung *Glossina* übertragen in den afrikanischen Tropen die Schlafkrankheit. Die Erreger der ohne Behandlung tödlich verlaufenden Seuche, Geißeltierchen der Gattung *Trypanosoma*, werden dem Opfer mit dem Speichel der Tsetse-Fliege beim Blutsaugen injiziert. Das Foto ganz unten zeigt den Einzeller zusammen mit einem roten Blutkörperchen.
REM 25 : 1;
REM 14 000 : 1

STECHMÜCKE

Die Quälgeister der Gattung *Aedes* sind weltweit verbreitet. Von den rund 800 Arten leben 25 in Mitteleuropa. Berüchtigt sind die Rheinschnaken. Nur weibliche Stechmücken saugen Blut. Dabei können, vor allem in den Tropen, Erreger gefährlicher Krankheiten übertragen werden, etwa von Gelbfieber oder Denguefieber.
REM 150 : 1

BETTWANZEN

Tagsüber versteckt sich *Cimex lectularius* in engen Ritzen oder hinter losen Tapeten, um nachts an schlafenden Menschen oder anderen Warmblütern Blut zu saugen. Die Entwicklung der abgeplatteten und praktisch flügellosen Schmarotzer verläuft über fünf Larvenstadien. Vor jeder Häutung braucht eine heranwachsende Wanze eine Blutmahlzeit.
REM 80 : 1

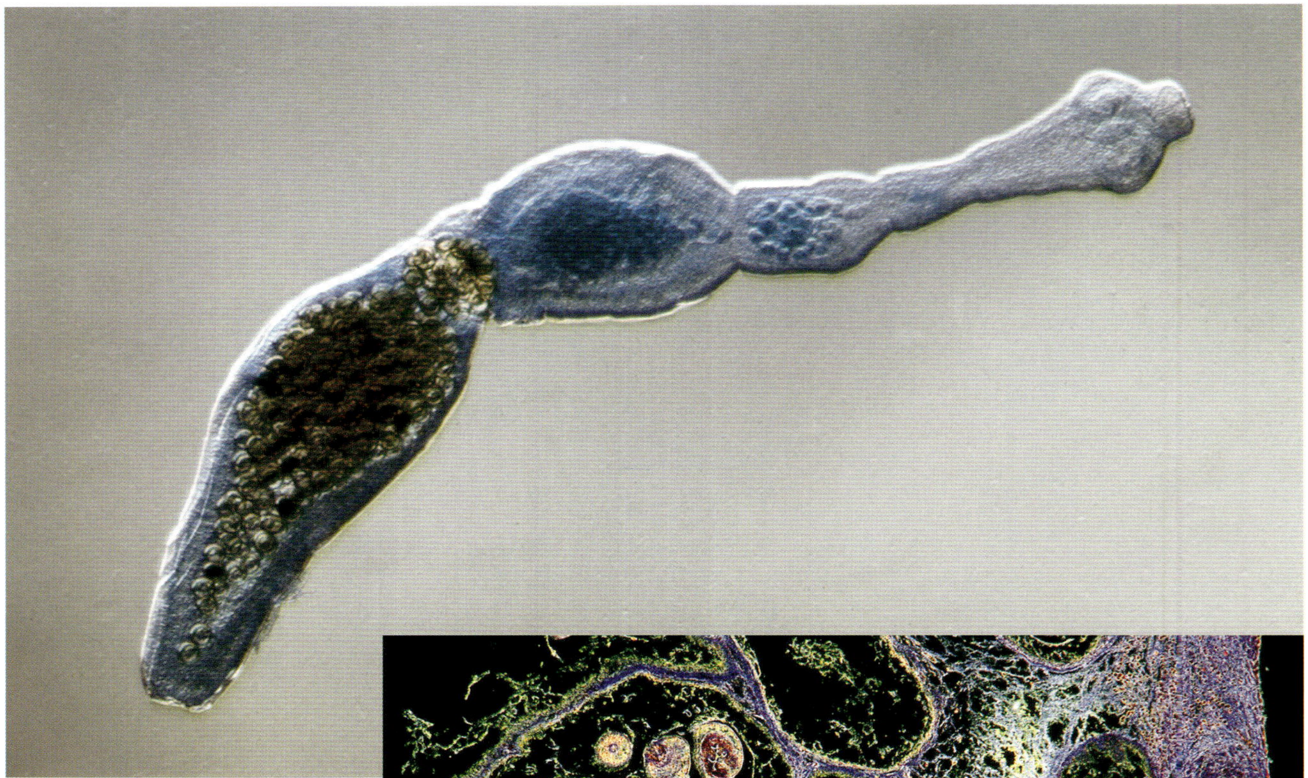

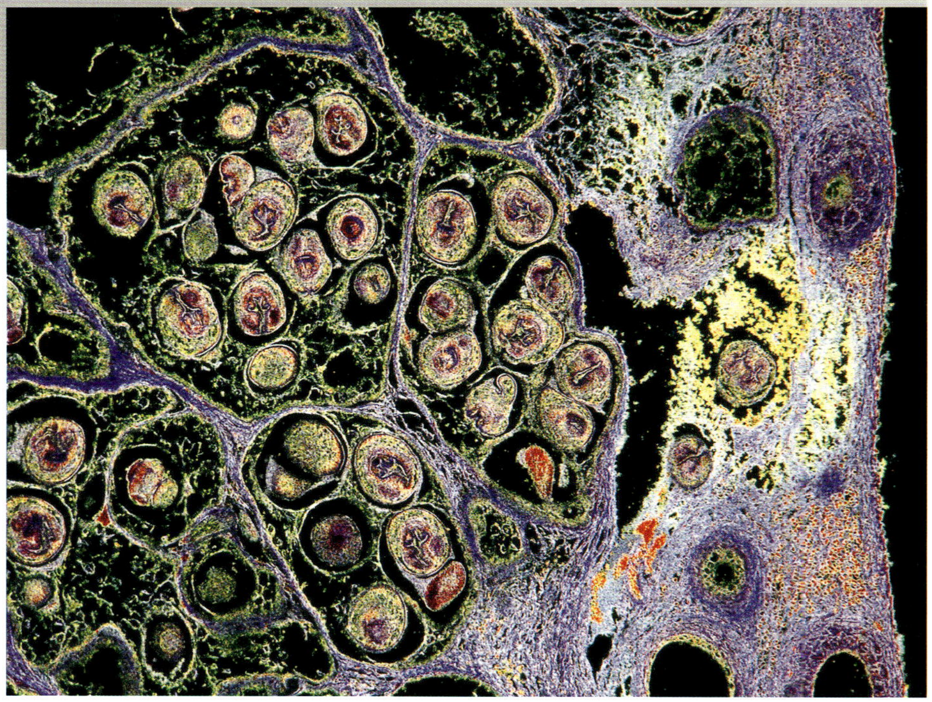

FUCHSBANDWURM

Wenn die Eier im letzten Körperglied des nur wenige Millimeter großen *Echinococcus multilocularis* mit dem Kot des Fuchses ausgeschieden worden sind, müssen sie von einem Zwischenwirt, meist einer Maus, aufgenommen werden. Dort siedeln sich die geschlüpften Larven in der Leber an und vermehren sich durch Knospung.
Das Bild rechts zeigt Larven (»Finnen«) in einer Mäuseleber. Frisst ein Fuchs das infizierte Tier, entwickeln sich die Larven in dessen Darm zu Würmern.
Lichtmikroskop, schräge Beleuchtung 80 : 1;
Lichtmikroskop, Dunkelfeld 50 : 1

KATZENBANDWURM

Im Darm des Endwirtes angelangt, lebt *Taenia taeniformis* wie im Schlaraffenland. Umspült von Nahrung, die er wie alle Bandwürmer durch die Haut aufnimmt, braucht er keinen Mund und keinen Verdauungstrakt. Was wie Augenhöhlungen aussieht, sind Saugnäpfe, mit denen sich der Schmarotzer an der Darmwand festhält. Auch der Hakenkranz, der den Kopf krönt, dient der Verankerung. Zwischenwirte für den Katzenbandwurm sind Mäuse und Ratten.
REM 150 : 1

BLUTEGEL

Lange Zeit in der Heilkunde hochgeschätzt wurde *Hirudo medicinalis*, der »medizinische Blutegel«. An jedem Körperende mit einer Saugscheibe versehen, lebt der etwa 15 Zentimeter lange Blutsauger in flachen, stehenden Gewässern und befällt Warm- wie auch Kaltblüter. Mit den auf den kleinen Fotos freigelegten Mundwerkzeugen schneidet er Wunden in Form eines Mercedes-Sterns. Sein Speichel enthält Substanzen, die das Wundgebiet örtlich betäuben, durch Erweiterung der Gefäße den Blutfluss verstärken und die Gerinnung hemmen. Blutegel wurden jahrhundertelang zum Aderlass genutzt und werden in besonderen Fällen auch heute noch medizinisch eingesetzt.
REM 140 : 1 (links oben);
REM 850 : 1 (links unten);
REM 100 : 1 (rechts)

MALARIAMÜCKE

Etwa 50 *Anopheles*-Arten können den Malaria-Erreger *Plasmodium falciparum* übertragen. In einem komplizierten Lebenszyklus vermehren sich die Einzeller in roten Blutkörperchen ungeschlechtlich (kleines Foto, gelbliche Ausbeulungen) und reifen schließlich, ebenfalls in roten Blutkörperchen, zu Geschlechtsformen heran (großes Foto, gelb), die nun von Mücken weiter verbreitet werden.
REM 70 : 1 (oben);
REM 18 000 : 1 (rechts);
REM 18 000 : 1 (ganz rechts)

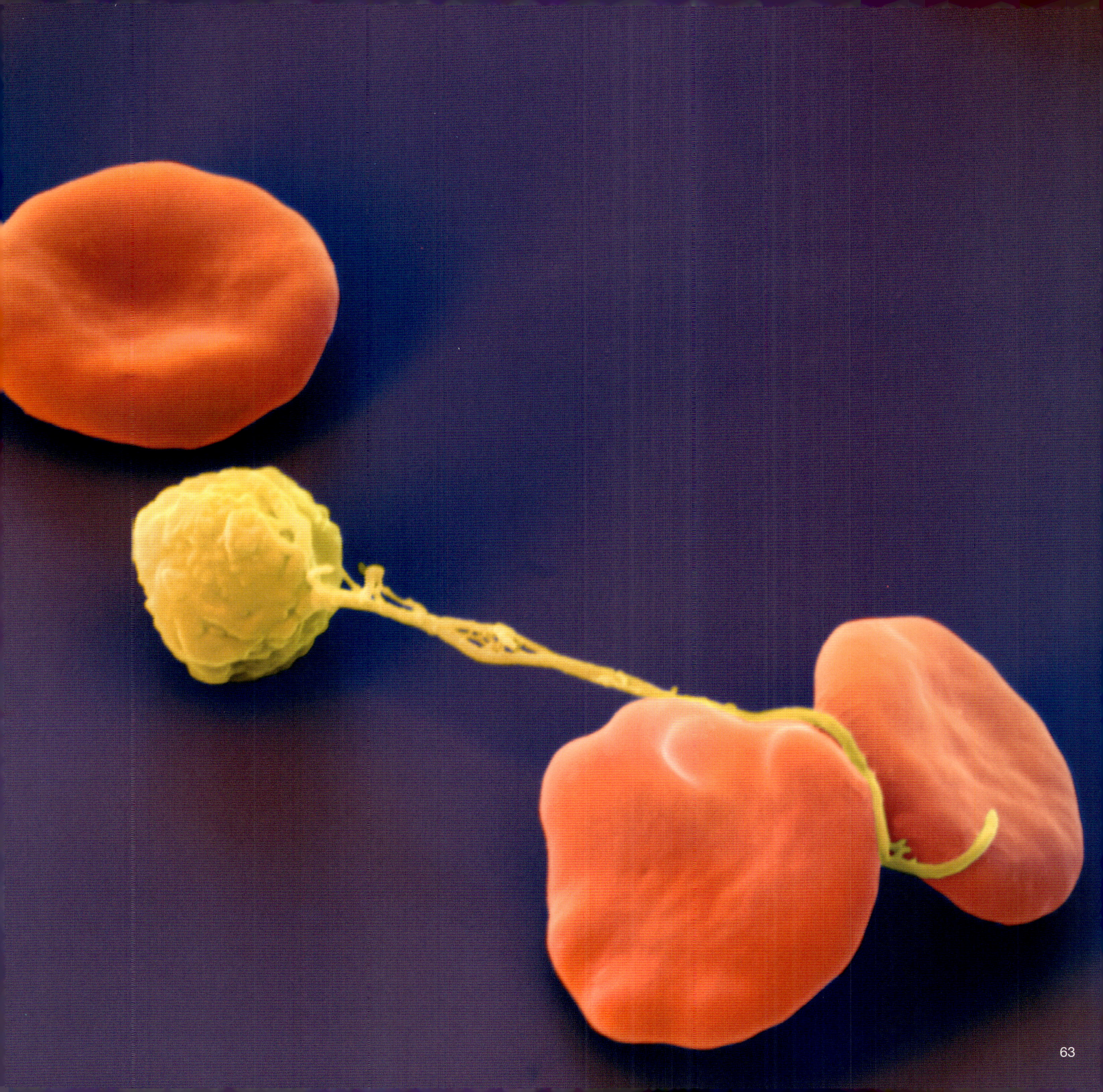

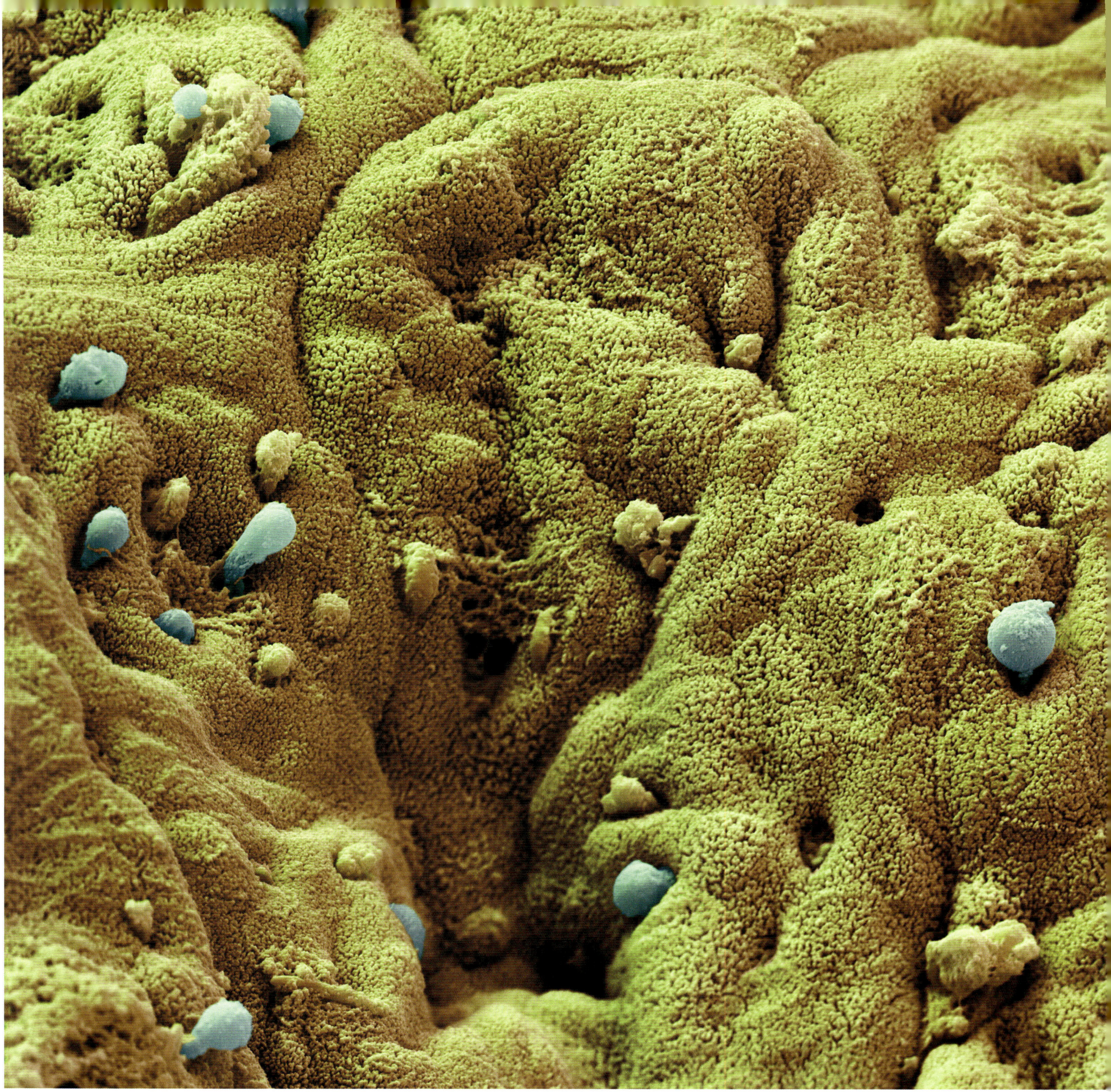

RUHR-AMÖBEN

Vor allem in den Tropen und Subtropen ist mit *Entamoeba histolytica* zu rechnen. Die Erreger der Amöbenruhr, hier grün koloriert im Dickdarm, können zwei bis vier Wochen nach der Infektion schwere Entzündungen der Dickdarmschleimhaut mit Geschwürbildung und extremem Durchfall, mitunter Darmdurchbrüchen und Leberabszessen auslösen. Unbehandelt kann die Amöbenruhr tödlich enden.
REM 6000 : 1

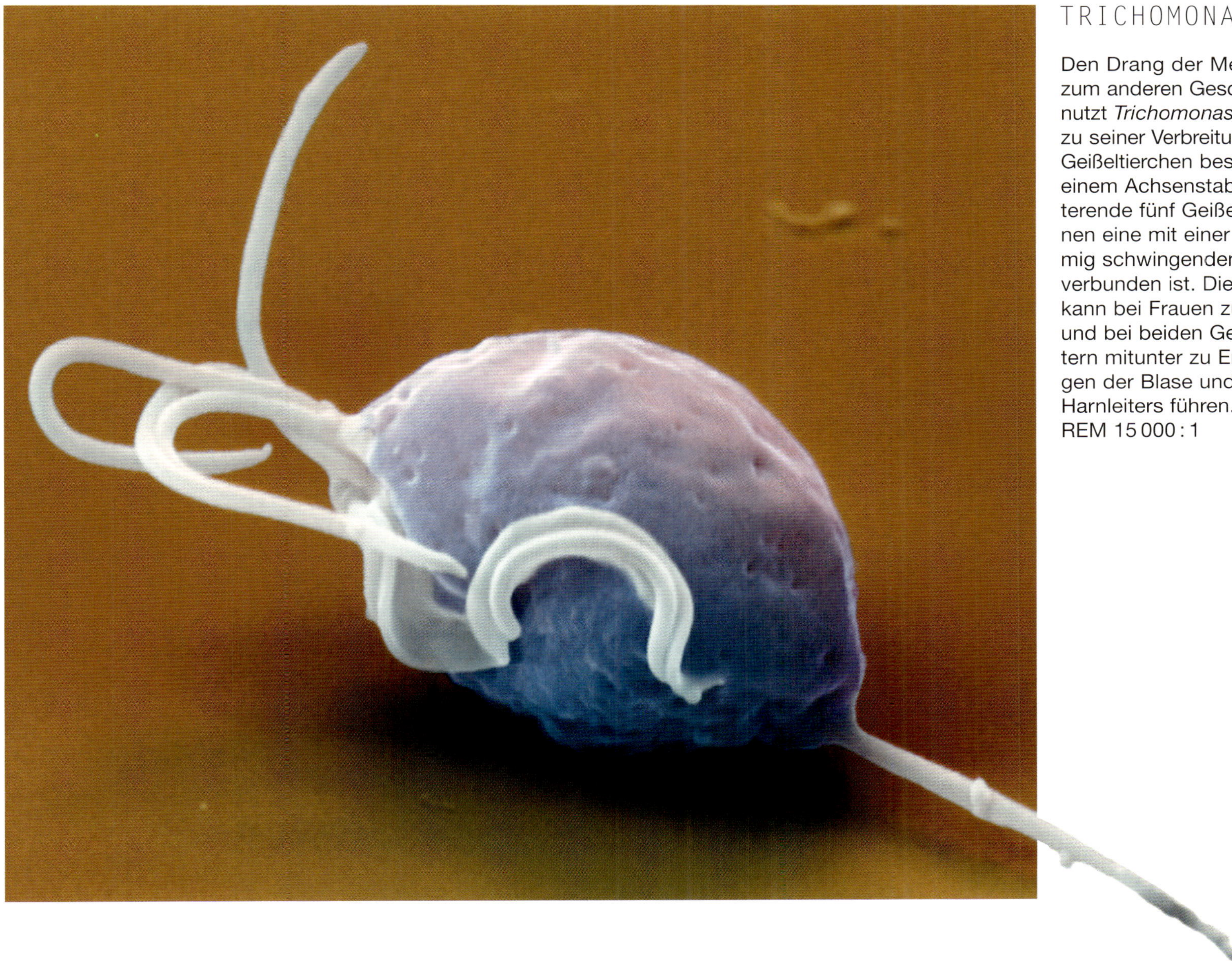

TRICHOMONADE

Den Drang der Menschen zum anderen Geschlecht nutzt *Trichomonas vaginalis* zu seiner Verbreitung. Das Geißeltierchen besitzt neben einem Achsenstab am Hinterende fünf Geißeln, von denen eine mit einer wellenförmig schwingenden Membran verbunden ist. Die Infektion kann bei Frauen zu Ausfluss und bei beiden Geschlechtern mitunter zu Entzündungen der Blase und des Harnleiters führen.
REM 15 000 : 1

REGENBREMSE

Ihre gerühmt schönen Augen machen die einheimische *Chrysozona pluvialis* aus der Familie der Bremsen oder Viehfliegen nicht unbedingt sympathisch: Die Weibchen stechen gemein und saugen Blut. Besonders an warmen, schwülen Tagen sind sie eine Plage. Die Männchen hingegen ernähren sich von Nektar und Pollen.
REM 45 : 1

KATZENFLOH

Katzenblut ist ihm zwar am liebsten, aber *Ctenocephalides felis* ist nicht besonders wählerisch: Als Blutspender willkommen sind auch Hunde, Füchse, Mungos, Opossums und im Notfall Menschen, von denen die Blutsauger jedoch bald wieder ablassen. Durch die Stiche können Bakterien (Rickettsien) übertragen werden, die verschiedene Infektionskrankheiten auslösen. Zudem dienen Katzen- wie auch Hundeflöhe Bandwürmern als Zwischenwirte.
REM 400 : 1

INSEKTEN

KRIEBELMÜCKE

Mit knapp einer Million beschriebener und vermutlich mehreren Millionen noch unentdeckter Arten hat man die Insekten oder Kerbtiere die heimlichen Herrscher der Erde genannt. Die »Eingeschnittenen« – so die Übersetzung der nach dem lateinischen *insectum* benannten Tierklasse – stellen über 80 Prozent aller heute bekannten Tiere. Sie besiedeln nahezu alle Lebensräume auf den Kontinenten und im Süßwasser, oft in überwältigender Fülle. Zu ihren charakteristischen Merkmalen zählen: der Aufbau des Körpers aus Segmenten, die Kopf, Brust und Hinterleib bilden; drei Bein- und in der Regel zwei Flügelpaare; ein starrer Chitinpanzer, der beim Wachsen im Larvenstadium Häutungen nötig macht; die Atmung durch das Röhrensystem der Tracheen; die Facettenaugen. Durch die Unzahl der Arten und Individuen ist ihre Bedeutung im Haushalt der Natur kaum zu überschätzen. Insekten spielen eine wichtige Rolle beim Abbau organischer Substanzen und damit bei der Freisetzung der Rohstoffe für neues Leben, sind Glieder vieler Nahrungsketten, schaffen durch die Bestäubung zahlreicher Blütenpflanzen die Voraussetzung zur Entwicklung von Samen und Früchten. Mit dem Menschen geraten sie leicht in Konflikt: Viele Insekten wollen an seine Nahrung, manche an sein Blut, andere übertragen Krankheiten. Und nicht wenige sind schlicht lästig.

TERMITEN

Wie die Ameisen, mit denen sie nicht verwandt sind, leben Termiten in Staaten mit ausgeprägten Kasten. Neben den Soldaten mit ihren kräftigen Vorderkiefern, hier der Art *Coptotermes niger*, gibt es Geschlechtstiere und Arbeiter. Soldaten und Arbeiter sind steril, ungeflügelt und blind. Sie orientieren sich überwiegend durch ihren Geruchssinn. Die meisten Termiten leben in den Tropen und Subtropen und ernähren sich von Holz. Wegen dieser Vorliebe, die vor Möbeln oder ganzen Gebäuden nicht Halt macht, sind einige Arten sehr gefürchtet.
REM 70 : 1

FEUERAMEISE

Ihren Namen tragen die räuberisch lebenden Ameisen der Gattung *Solenopsis* zu Recht: Die Stiche der nur wenige Millimeter großen, wegen ihrer Angriffslust gefürchteten Insekten, die vor allem in Südamerika leben, sind sehr schmerzhaft. Mit ihrem Gift können Feuerameisen kleine Wirbeltiere töten. REM 120 : 1

SCHMEISSFLIEGE

Wie andere Schmeißfliegen ist die einheimische *Protophormia* eine schillernde Schönheit mit unappetitlichen Manieren. Grünlich metallisch glänzend, tummelt sie sich auf Abfällen, Aas und Exkrementen, lässt sich aber auch gern auf Lebensmitteln oder unserer Haut nieder. Dabei kann sie Krankheitserreger übertragen.
REM 40 : 1

SCHMEISSFLIEGEN-EI

Ins offene Fleisch von Aas oder in Wunden lebender Tiere legt *Protophormia* ihre Eier ab, jeweils rund 100 auf einmal und im Laufe ihres Lebens bis zu 1000. Die Aufnahme zeigt ein gerade aufgebrochenes Ei, in dem sich eine Made zum Schlüpfen anschickt.
REM 400 : 1

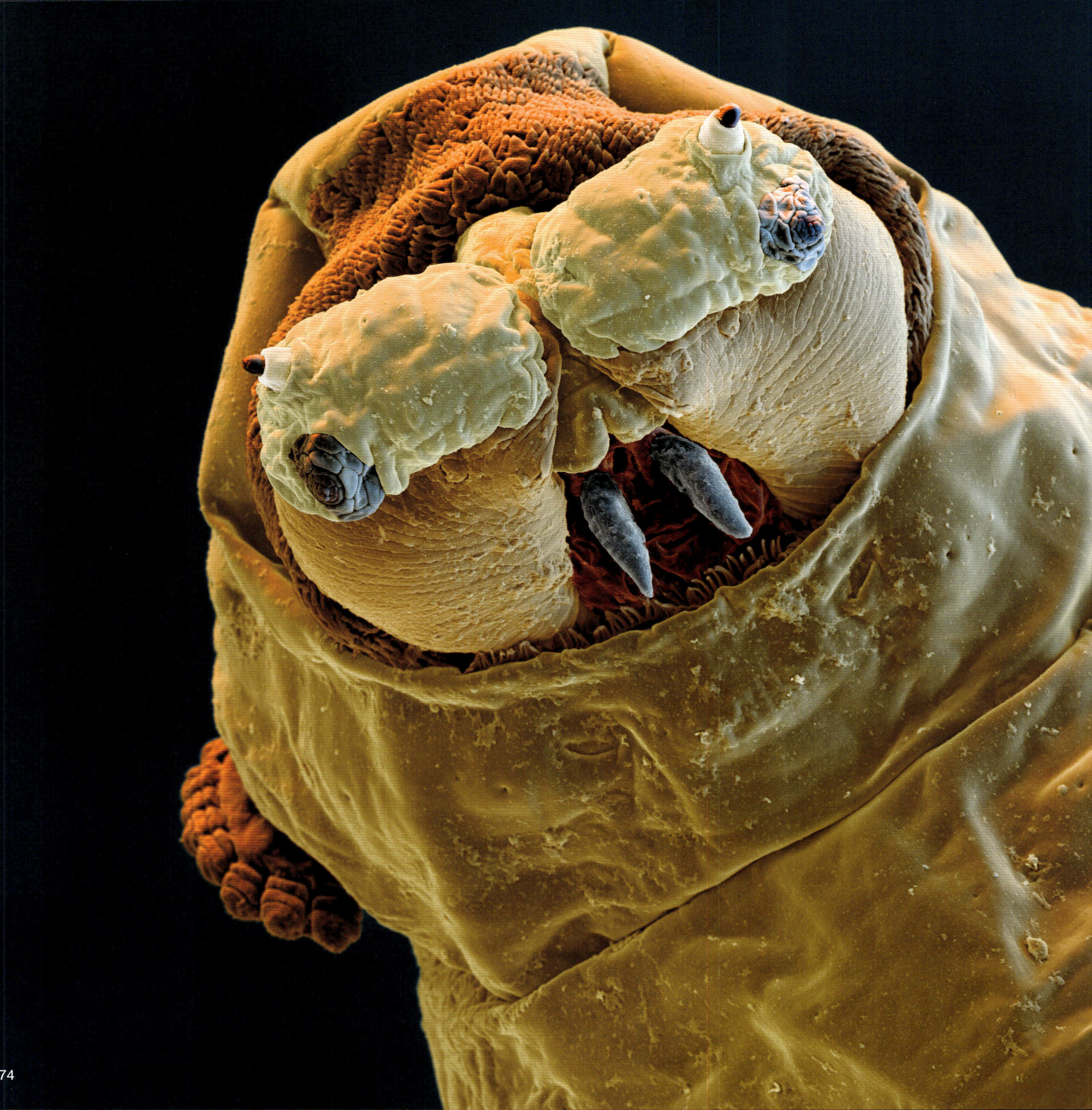

SCHMEISSFLIEGEN-MADE

Das Porträt lässt zwei Haken (blau) erkennen, mit denen sich die Made im Fleisch ihres Geburtsortes festhält. Die Nahrung nimmt sie in flüssiger Form durch die Haut auf. Für diese Lebensweise besitzt sie kiemenartige Organe (rot) beiderseits des Kopfes. Schmeißfliegen-Maden (unten das ganze Tier) wurden im Mittelalter und werden heute wieder zur Behandlung von schlecht heilenden Wunden eingesetzt, so an der Universitätsklinik Heidelberg. Die steril aufgezogenen und in Mullpäckchen untergebrachten Larven beseitigen faulendes, eiterndes und bereits abgestorbenes Gewebe.
REM 400 : 1 (links);
REM 60 : 1 (unten)

SCHMETTERLINGS-SCHUPPEN

Die Vielfalt der Farben und Muster auf den Flügeln der Schmetterlinge wird von winzigen Schuppen bewirkt, die wie Dachziegel angeordnet sind. Ursache der schillernden Farbenpracht sind neben zahlreichen Pigmenten auch Mikrostrukturen der Schüppchen, durch die das Licht auf mannigfache Weise effektvoll gebrochen wird. REM 1200 : 1

TAUBENSCHWÄNZCHEN

In der Ordnung der Schmetterlinge zählt *Macroglossum stellatarum* zu den Schwärmern, für die lang gestreckte, schmale Vorderflügel und kräftige Körper kennzeichnend sind. Im Profil (links) sind der für Schmetterlinge typische eingerollte Saugrüssel, ein Facettenauge und ein Fühler zu sehen. In ganz Europa verbreitet, legen Taubenschwänzchen weite Strecken zurück und saugen zwischendurch Nektar, dabei wie Kolibris vor den Blüten schwirrend. Das Bild rechts zeigt die Spitze des Rüssels, der auf ganzer Länge mit Sensoren für Berührungen und Duftstoffe besetzt ist. Aus den Eiern, die ein Schmetterling auf einem Himbeerblatt abgelegt hat (oben), sind die Raupen bereits geschlüpft.
REM 45 : 1 (links);
REM 36 : 1 (oben);
REM 700 : 1 (rechts)

BOMBARDIERKÄFER

Bei Bedrohung attackieren die meist bunt gefärbten Laufkäfer der Gattung *Brachynus* die Angreifer mit einem ätzenden Gas. Die Grundstoffe, Wasserstoffperoxid und Hydrochinon-Verbindungen,werden von speziellen Drüsen erzeugt und in Kammern gespeichert. Werden die Käfer gereizt, fließen die Chemikalien in die Reaktionskammer. Wenn die Stoffe miteinander reagieren, zischt das heiße Gas explosionsartig aus dem Hinterleib. REM 130:1

BLATTLAUS

Viele der weltweit 3600 Arten in der Unterordnung *Aphidina* sind als Pflanzenschädlinge gefürchtet. Der Trumpf der einzeln eher schutzlosen Tiere ist ihre ungeheure Fähigkeit, sich zu vermehren. In komplizierten Entwicklungszyklen wechseln geschlechtliche und ungeschlechtliche, geflügelte und ungeflügelte Generationen. Blattläuse schaden den Pflanzen, indem sie Saft aus jungen Blättern und Trieben saugen, die dadurch verkümmern. Obendrein übertragen Blattläuse dabei auch Krankheiten, und der von ihnen ausgeschiedene Zuckersaft fördert die Ansiedlung von Pilzen auf den Pflanzen und führt damit zu weiteren Schäden.
REM 170 : 1

TAUFLIEGE

Der Charakterkopf gehört der auch als Essig- oder Obstfliege bekannten *Drosophila melanogaster*, einer etwa zwei Millimeter kleinen Fliege, die im Sommer vorwiegend von faulen und gärenden Früchten angelockt wird. Weil die Larven in den Speicheldrüsen so genannte Riesenchromosomen haben und bei den Tieren vielfältige Mutationen auftreten, sind Taufliegen seit fast einem Jahrhundert beliebte Versuchsobjekte der Genetiker.
REM 340 : 1

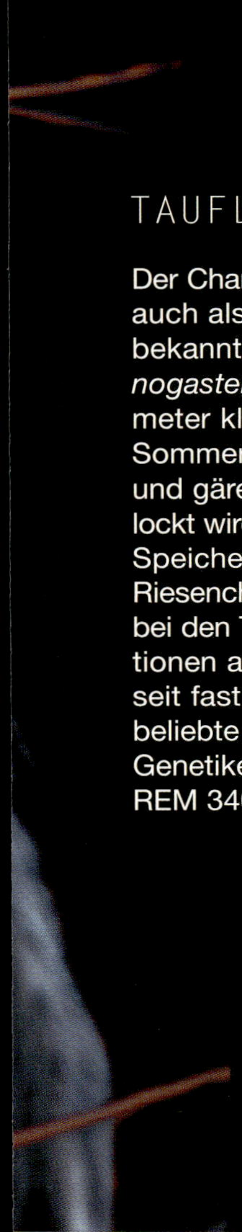

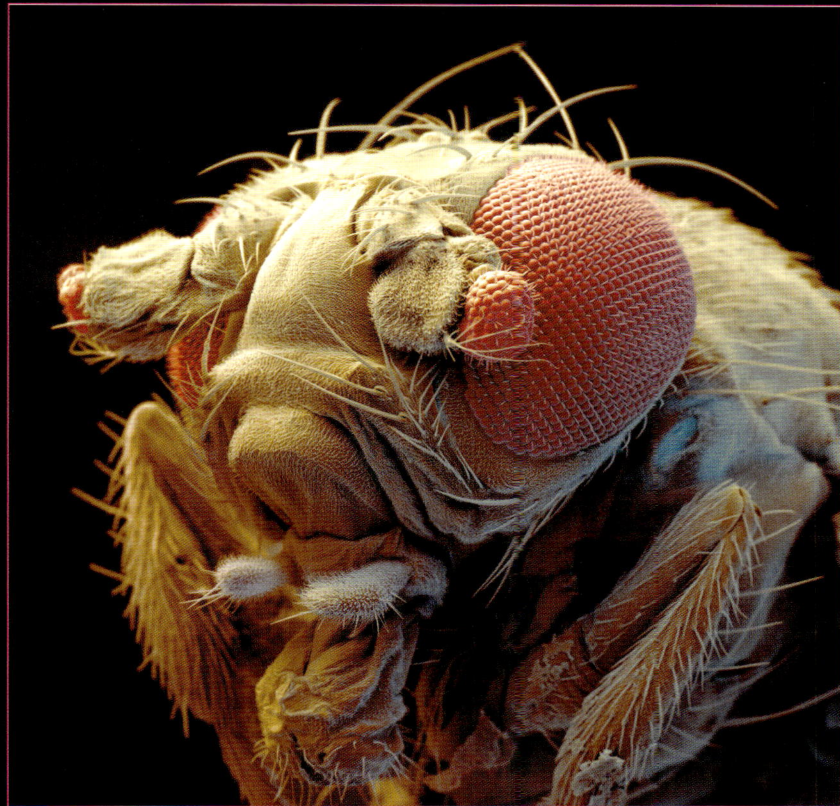

MUTATIONEN

Durch Genmanipulation bei *Drosophila melanogaster* ist es Forschern gelungen, in verschiedenen Chromosomenbereichen »Schalter für das Auge« einzubauen. So besitzt das Tier oben Augen an der Basis der Fühler. Bei der Taufliege unten haben sich anstelle der Fühler Beine entwickelt.
REM 140 : 1 (oben);
REM 140 : 1 (unten)

SILBERFISCHCHEN

An dunklen und feuchten Stellen in Kellern, Küchen und Badezimmern anzutreffen, gehört *Lepisma saccharina* zu den flügellosen Ur-Insekten, der ältesten Insektengruppe. Mit ihren langen, fadenförmigen Fühlern, die mit feinen Sinneshaaren besetzt sind, fahnden sie nach Zucker, Mehl oder anderen Kohlehydraten, von denen sie sich ernähren.
REM 65 : 1

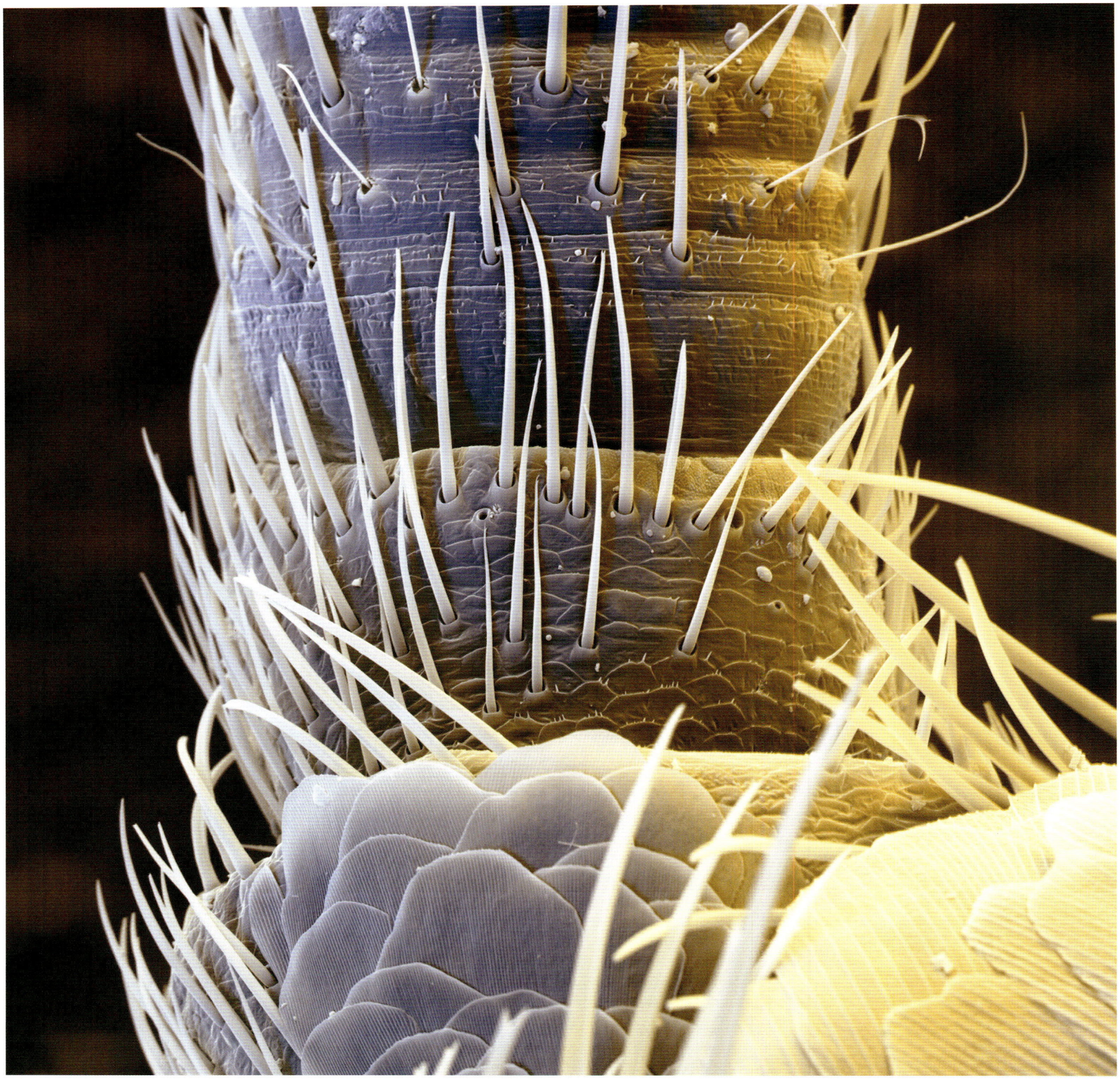

SILBERFISCHCHEN

Während der lateinische Name *Lepisma saccharina* auf die Vorliebe für Zucker anspielt, verweist die deutsche Bezeichnung auf die silbrigen Schüppchen, die den Körper bedecken. Die Fotos zeigen den Übergangsbereich vom Kopf zu einem Fühler (oben) und die typischen Schuppen im Detail (rechts).
REM 800:1 (oben);
REM 1200:1 (rechts)

ZECKE

MILBEN

Der spektakuläre Auftritt ist ihre Sache nicht. Kein Dichter lässt sich von ihnen wie von Schmetterlingen, Käfern oder anderen Insekten inspirieren. Kein Museum lockt mit sehenswerten Sammlungen. Würde nicht immer wieder vor Zeckengefahren gewarnt, ahnten viele Menschen vielleicht überhaupt nichts von der riesigen Tiergruppe der Milben, zu denen die Zecken zählen. Milben sind keine Insekten, sondern bilden zusammen mit Spinnen, Skorpionen, Weberknechten (Schneidern) und einigen anderen Ordnungen von weniger bekannten Krabblern die Klasse der Spinnentiere. Diese unterscheiden sich von den Insekten durch ihren äußeren und inneren Körperbau, haben vier anstatt nur drei Beinpaare, einfache Augen anstatt Facettenaugen und unterliegen in ihrer Entwicklung keinen so wundersamen Wandlungen wie die Insekten. 35 000 bekannte und auf 450 000 geschätzte noch unentdeckte Arten von Milben bewohnen, häufig in großer Anzahl, alle Lebensräume von den Tropenwäldern bis zur antarktischen Eiswüste. An den Hängen des Mount Everest in 5000 Meter Höhe wurden sie ebenso gefunden wie im Nordpazifik in 5200 Meter Tiefe. Ähnlich vielseitig ist ihre Lebensweise als Räuber, Pflanzen- und Abfallfresser sowie als Schmarotzer, die Pflanzensäfte oder Blut saugen.

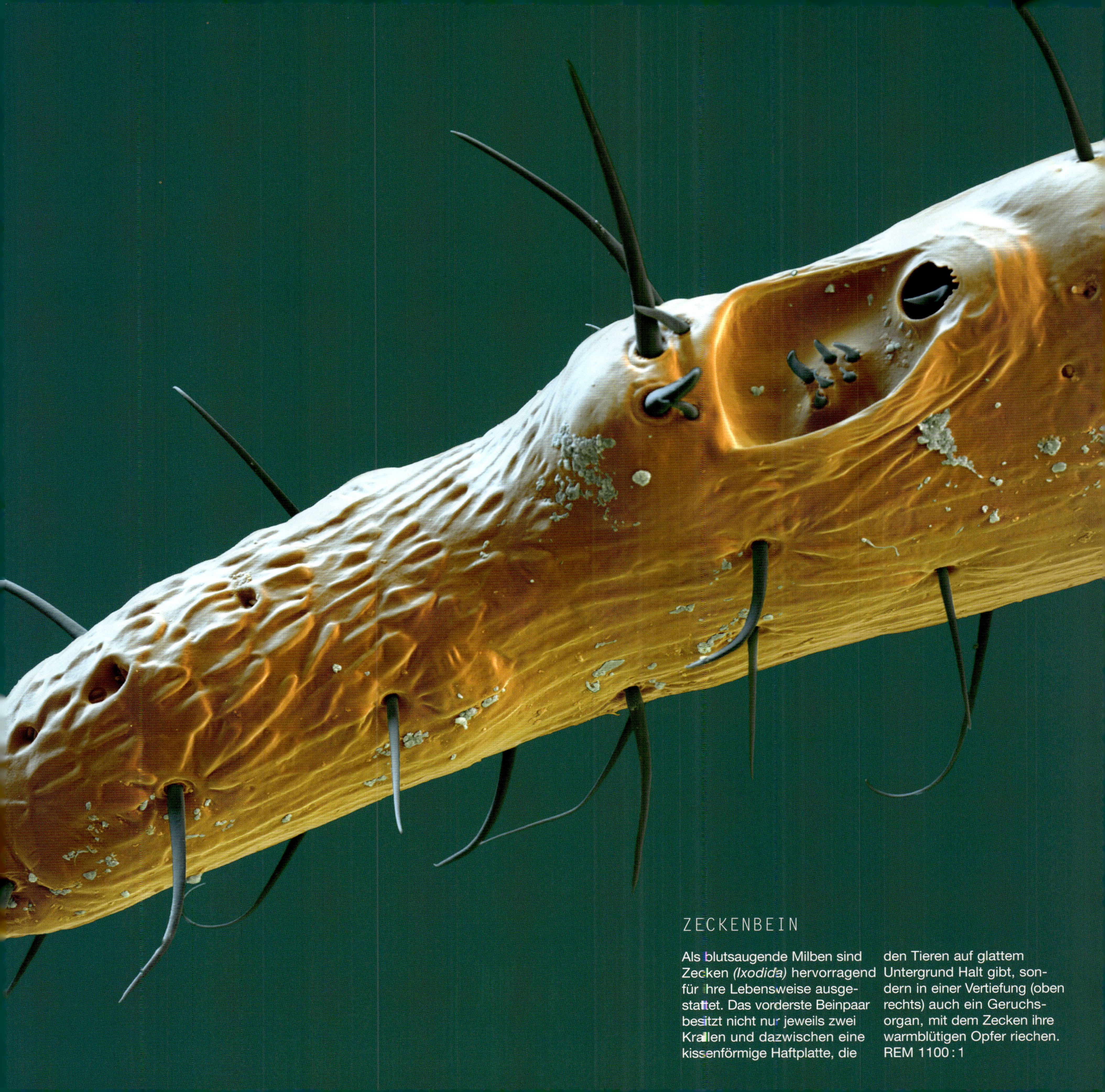

ZECKENBEIN

Als blutsaugende Milben sind Zecken *(Ixodida)* hervorragend für ihre Lebensweise ausgestattet. Das vorderste Beinpaar besitzt nicht nur jeweils zwei Krallen und dazwischen eine kissenförmige Haftplatte, die den Tieren auf glattem Untergrund Halt gibt, sondern in einer Vertiefung (oben rechts) auch ein Geruchsorgan, mit dem Zecken ihre warmblütigen Opfer riechen. REM 1100 : 1

HOLZBOCK

Die weltweit verbreitete und auch in Deutschland heimische Waldzecke *Ixodes ricinus* (oben) bohrt sich mit einer gezähnten Stechborste in die Haut ihres Opfers. Das Bild unten zeigt ein Detail des raffinierten Bohrwerkzeugs eines Jungtiers. Verschiedene daran haftende Bakterien können beim Blutsaugen übertragen werden und beim geschröpften Opfer Krankheiten auslösen. REM 240 : 1 (oben); REM 1100 : 1 (unten)

AMERIKANISCHE ZECKE

Martialisch nehmen sich die Mundwerkzeuge einer erwachsenen Rocky-Mountain-Waldzecke (*Dermacentor andersoni*) von unten gesehen aus. Hat sich eine Zecke in der Haut eines Tieres oder Menschen eingenistet, saugt sie tagelang, bis sie sich nach der ausgiebigen Blutmahlzeit, die Voraussetzung für einen weiteren Entwicklungsschritt oder – beim geschlechtsreifen Tier – die Eiablage ist, gesättigt fallen lässt. REM 350 : 1

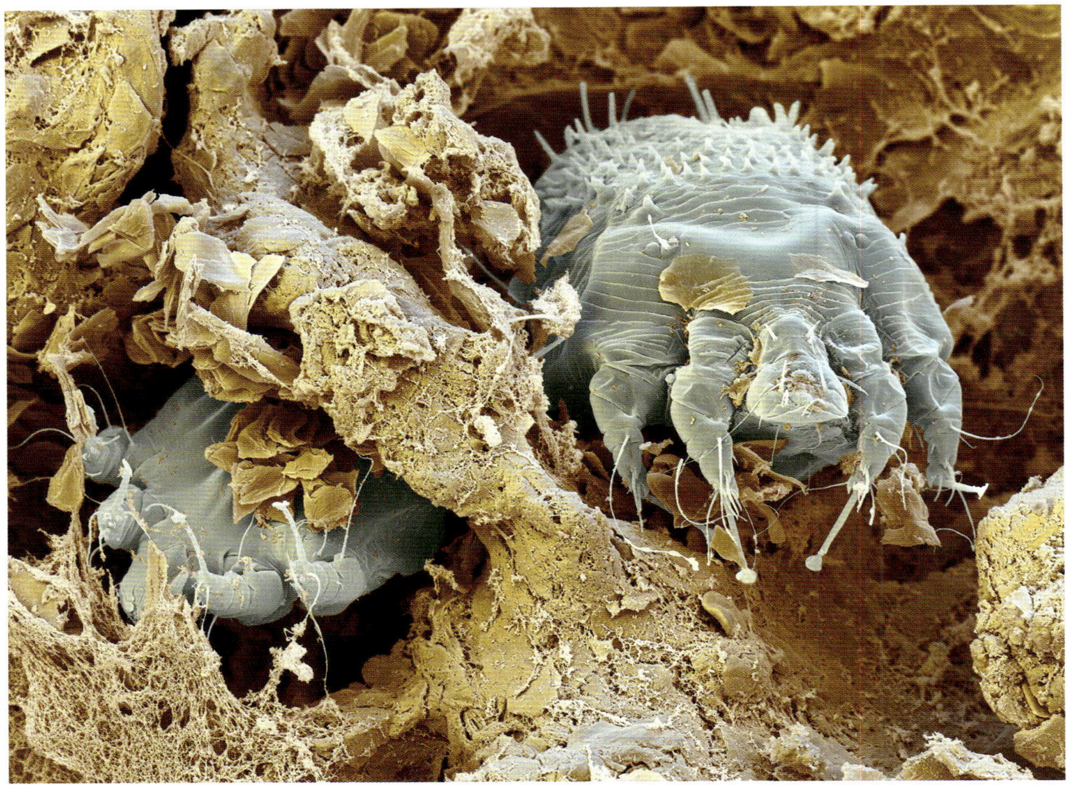

KRÄTZMILBEN

Die Weibchen von *Sarcoptes spec.* bohren sich in die menschliche Haut und fressen bis etwa einen Zentimeter lange Gänge, in denen sie ihre Eier ablegen. Die Folge ist heftig juckender Ausschlag, der zwischen den Fingern, an Ellbogen, Fußgelenken, Füßen und den Genitalien auftritt.
REM 320 : 1

SCHILDKRÖTENMILBEN

Ihren deutschen Namen haben die im Kompost hausenden Milben der Familie *Uropodidae* nach dem schildkrötenartigen Panzer. Die Tiere, hier in den Überresten einer Kürbisschale, ernähren sich von Fadenwürmern, anderen Milben, Fliegenlarven, toten Insekten.
REM 60 : 1

PFLAUMENMILBE

Als weit verbreitete Vorratsmilbe ernährt sich *Lepidoglyphus destructor* mit den dekorativ aufgestellten Haaren von Mehl und Reis, aber auch von Schimmelpilzen. Diese Art gedeiht am besten bei einer Temperatur von 25 Grad Celsius und hoher Luftfeuchtigkeit. Wie die im Hausstaub lebenden Milben können auch Vorratsmilben Allergien auslösen.
REM 670 : 1

WIMPERTIERCHEN

EINZELLER

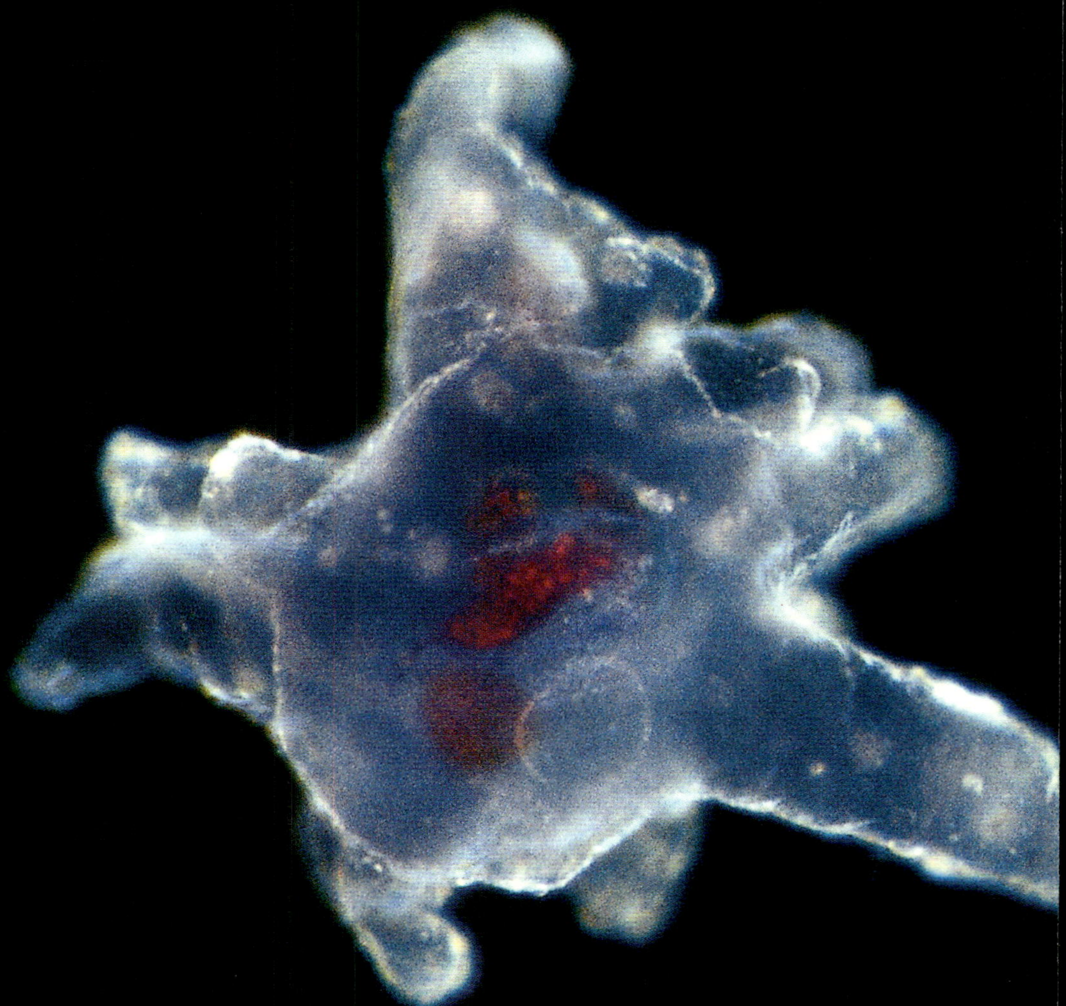

Zugegeben: Der Titel zu diesem Kapitel ist mehrdeutig. Im normalen Sprachgebrauch sind Einzeller Lebewesen, die aus einer einzigen Zelle bestehen. In der biologischen Systematik jedoch – und auch in diesem Kapitel – zählen als »Einzeller« (Protisten) nur einzellige Organismen mit Zellkern. Die weniger weit entwickelten Bakterien, deren Erbsubstanz nicht in einem Kern konzentriert, sondern in der Zelle verteilt ist, gehören nicht dazu. Ihnen ist ab Seite 144 ein eigenes Kapitel gewidmet. Die systematische Gruppe der Protisten ist unter Biologen allerdings umstritten, vereint sie doch eine Vielfalt von einzelligen Organismen, die Eigenschaften von Tieren, Pflanzen oder beiden, aber auch von Pilzen aufweisen. Die Unsicherheit resultiert daraus, dass die verwandtschaftlichen Verhältnisse zwischen den unterschiedlichen Gruppen einerseits, den Protisten und höheren Organismen andererseits vielfach noch ungeklärt sind. Die Auseinandersetzungen darüber können jedoch getrost den Experten überlassen bleiben. Hier kann ohnehin nur eine Auswahl von Motiven, präsentiert werden. Variationen über das Leben als Zelle.

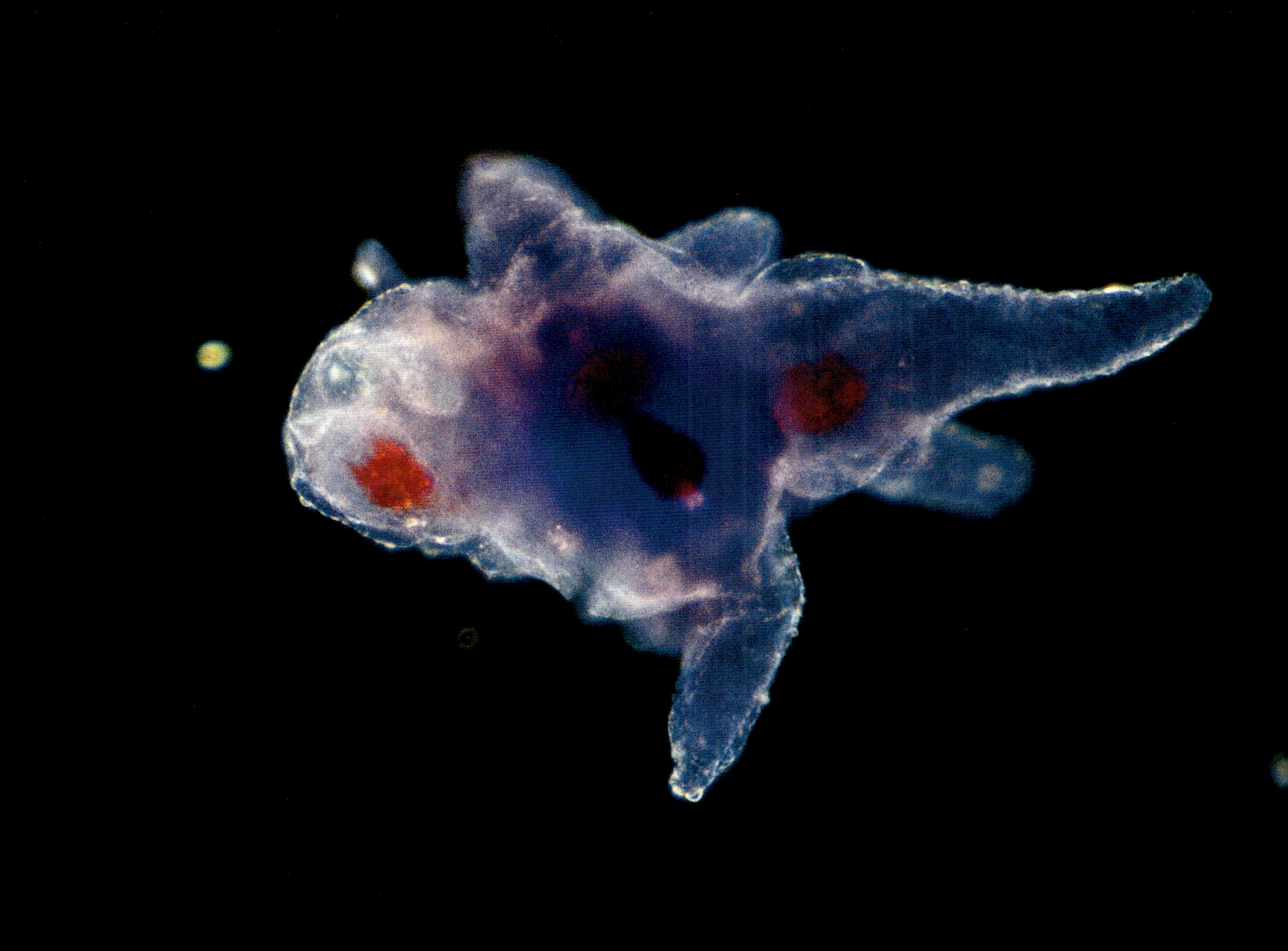

AMÖBEN

Das Zellplasma von *Amoeba proteus* ist von keiner festen Hülle umgeben. Indem die Amöben ihr Plasma in Form von Scheinfüßchen (Pseudopodien) ausstrecken, verändern sie nicht nur ständig ihre Gestalt, sondern bewegen sich auf diese Weise auch voran und umfließen Bakterien, die ihnen als Nahrung dienen. Lichtmikroskop, Dunkelfeld 400 : 1

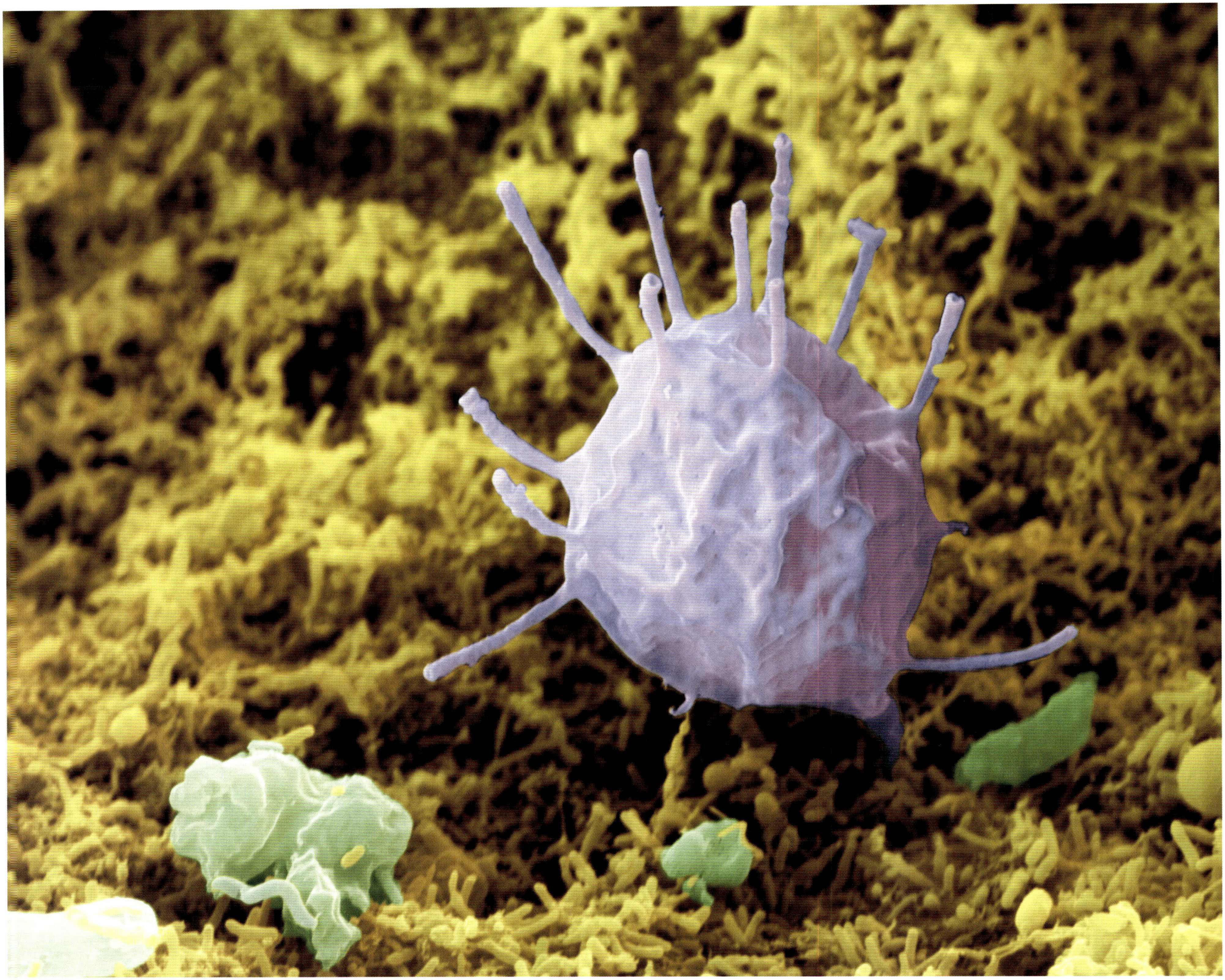

SAUGTIERCHEN

Dieser Einzeller aus der Ordnung *Suctoria* ist ein Räuber, der in einem Komposthaufen haust und mit seinen Saugtentakeln Wimpertierchen fängt. Mit seinem Fuß ist er im Untergrund verankert, der fast nur aus Bakterien besteht.
REM 7200 : 1

WIMPERTIERCHEN

Der im Süßwasser lebende Einzeller *Colpidium kleinii* ernährt sich von Bakterien. Mit den Wimpern (Cilien) strudelt er sie sich in den Zellmund, der auf dem Bild deutlich zu erkennen ist. Die koordiniert schlagenden Wimpern bringen den Einzeller auch im Wasser voran. REM 4200 : 1

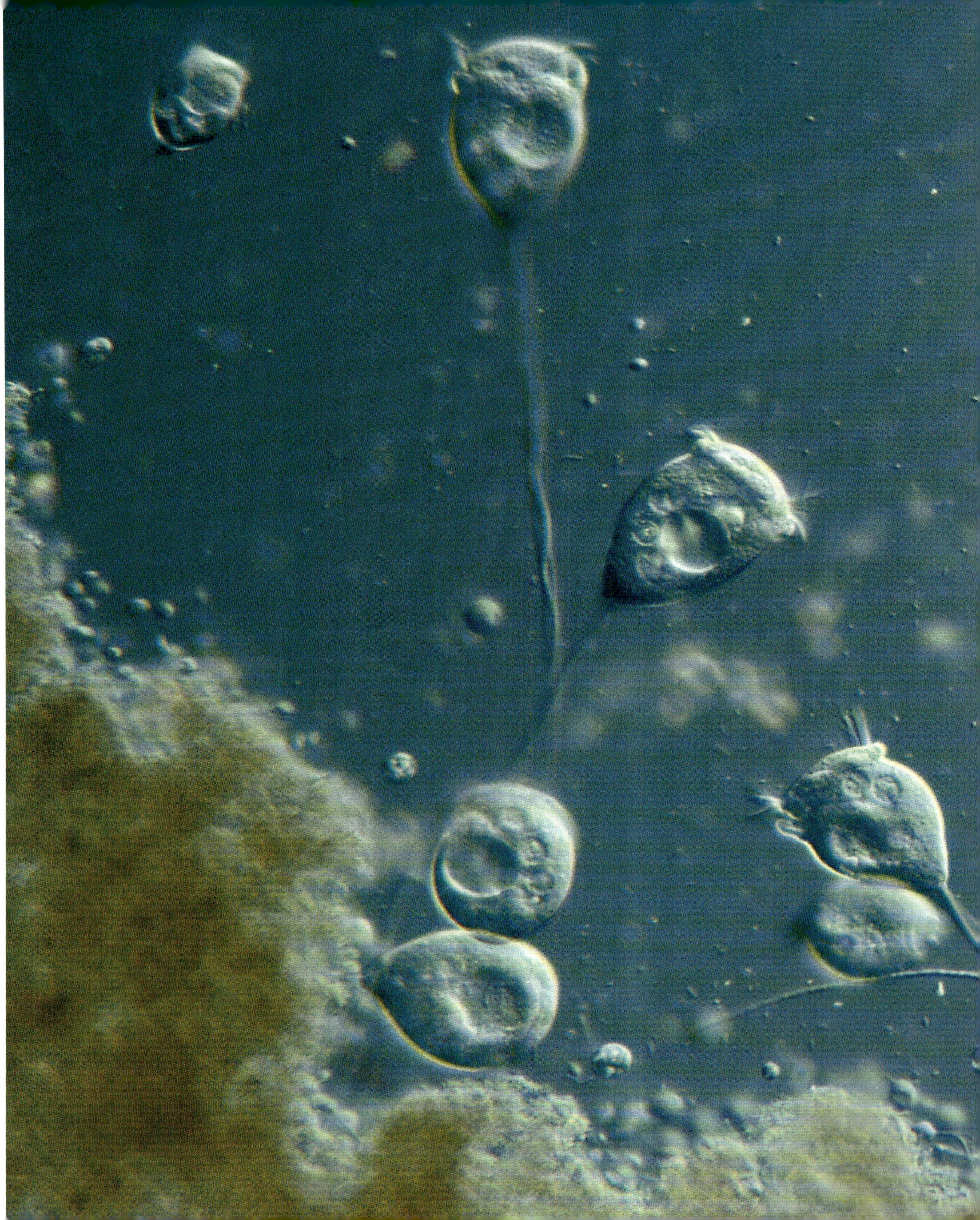

GLOCKENTIERCHEN

Der glockenförmige Körper von *Zoothamnium* schwebt im Wasser auf einem langen Stiel, der sich bei Erschütterungen oder Berührungsreizen blitzschnell schraubenförmig zusammenzieht. Das aufgenommene Ensemble stammt aus dem Becken einer biologischen Kläranlage. Lichtmikroskop, Interferenz-Kontrast 800 : 1

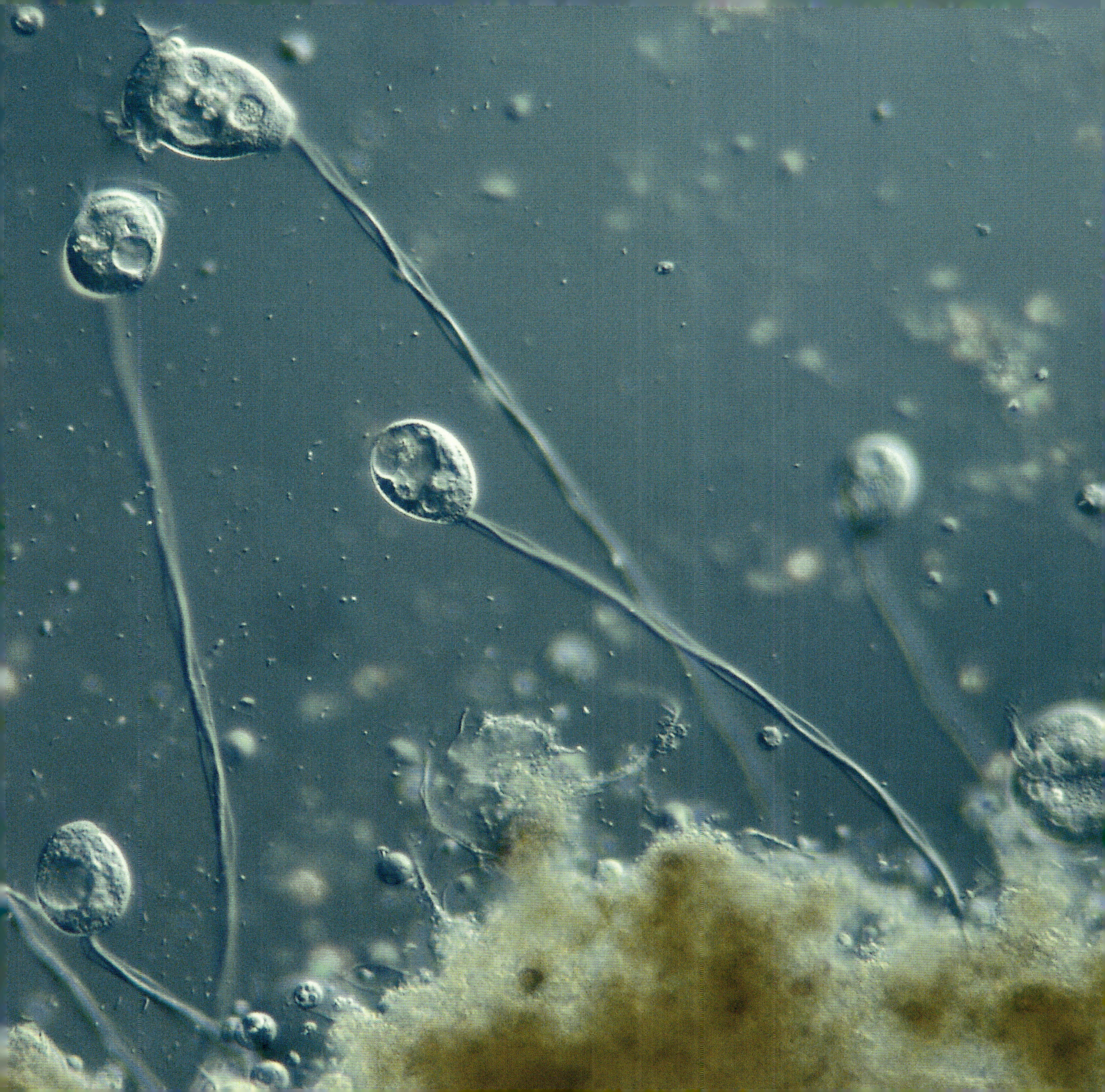

GLOCKENTIERCHEN

In besonders feuchten Bereichen eines Komposthaufens kann man *Vorticella* mit seinem Stiel am Untergrund angeheftet finden. Spezielle Wimpern in der Mundöffnung strudeln Nahrung, vor allem Bakterien, herbei. REM 6000 : 1

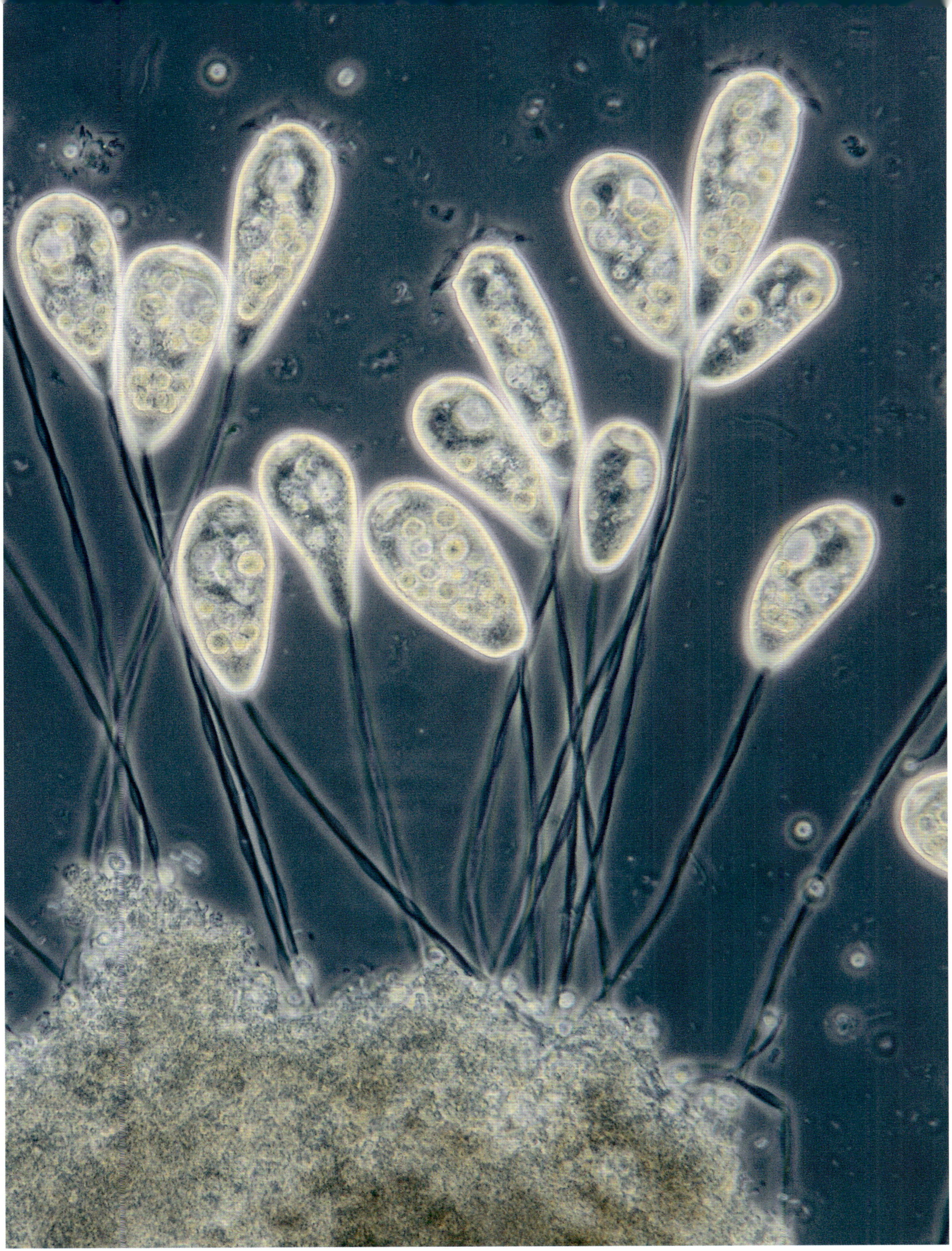

GLOCKENTIERCHEN

Eine *Vorticella*-Kolonie aus der Kläranlage wurde hier mit einem anderen Verfahren aufgenommen, das besonders gut die Organellen, die Zellorgane im Innern der Glockentierchen, erkennen lässt. Viele der jeweils von einer Membran umschlossenen und mit Flüssigkeit gefüllten Bläschen sind Vakuolen, in denen die aufgenommene Nahrung verdaut wird. Lichtmikroskop, Phasenkontrast 1000 : 1

NASENTIERCHEN

Didinium nasutum mit zwei charakteristischen Wimperbändern und einer – hier nicht sichtbaren – nasenförmigen Ausstülpung jagt hauptsächlich Pantoffeltierchen, die größer sind als der Jäger selbst. Auf dem Bild verschlingt ein Nasentierchen (blau) ein Pantoffeltierchen (grün), welches es mit einem Gift getötet hat. Das Pantoffeltierchen hat die meisten Wimpern, mit denen sein ganzer Körper bedeckt war, verloren. Dadurch wird das sonst unter Wimpern verborgene Stützgerüst mit »Waffelstruktur« sichtbar.
REM 2200 : 1

PANTOFFELTIERCHEN

Auf der Suche nach Bakterien streift *Paramecium*, Schulbuch-Beispiel eines Einzellers, im Süßwasser zwischen Algen und Sedimentteilchen umher. Seinen deutschen Namen verdankt es der äußeren Form.
Lichtmikroskop, Interferenz-Kontrast 400 : 1

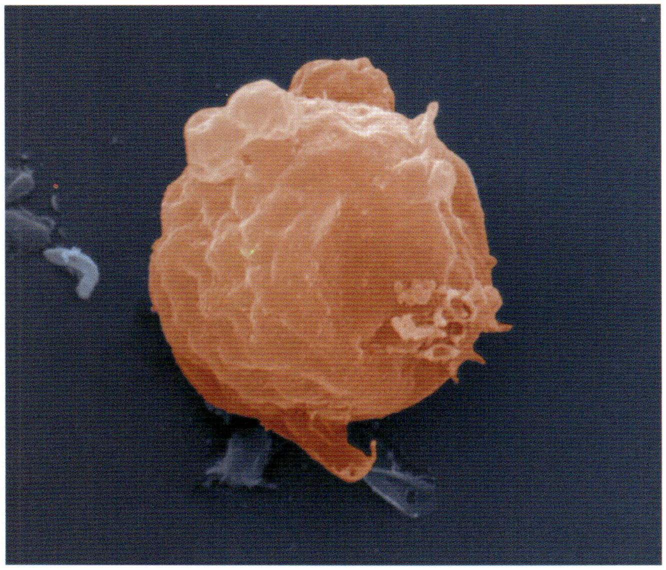

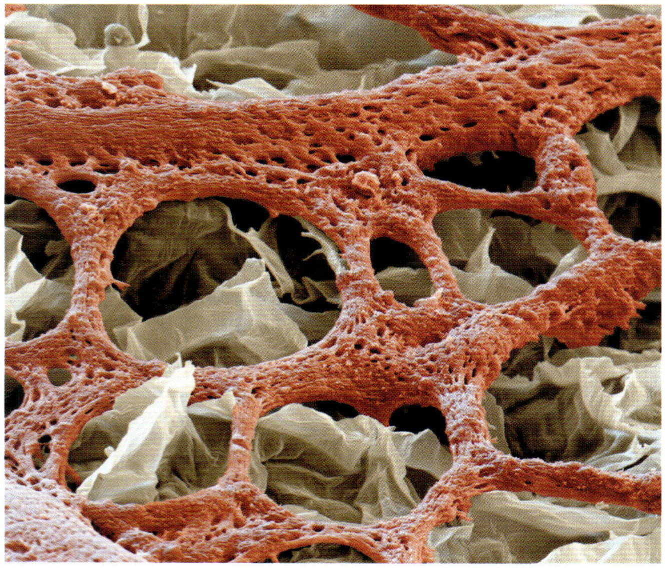

SCHLEIMPILZE

Als isolierte Gruppe von Lebewesen tragen die etwa 1000 Arten der *Myxomycetes* Züge von Einzellern wie von Pilzen. In ihrem Entwicklungszyklus reifen in den Fruchtkörpern (rechts, hier der Art *Trichia var. olivacea*) Sporen heran, aus denen eine oder mehrere amöbenähnliche Zellen, Myxamöben, schlüpfen. In der Folge entwickelt sich daraus eine sich fließend bewegende Plasma-Masse mit Millionen Zellkernen, das Plasmodium. Aus dem Plasmodium entstehen schließlich die Fruchtkörper. Die Abbildungen links zeigen (von oben nach unten) Stadien der Art *Lycogala epidendrum*: eine gerade aus der Sporenhülle (beige) geschlüpfte Myxamöbe, eine inzwischen gewachsene Myxamöbe sowie einen Ausschnitt aus einem korallenroten Plasmodium, das sich auf Mandelsplittern ausgebreitet hat.
REM 10 000 : 1 (links oben);
REM 10 000 : 1 (links Mitte);
REM 400 : 1 (links unten);
REM 120 : 1 (rechts)

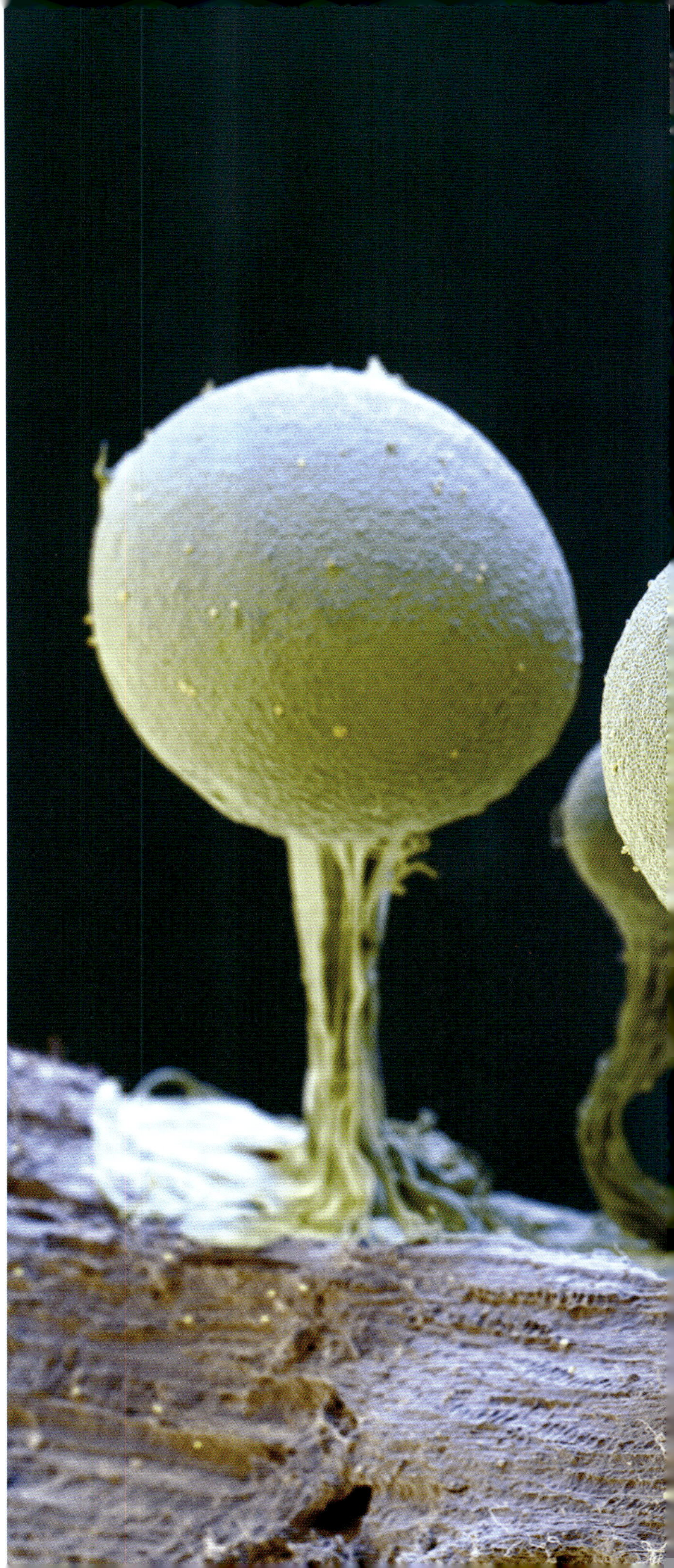

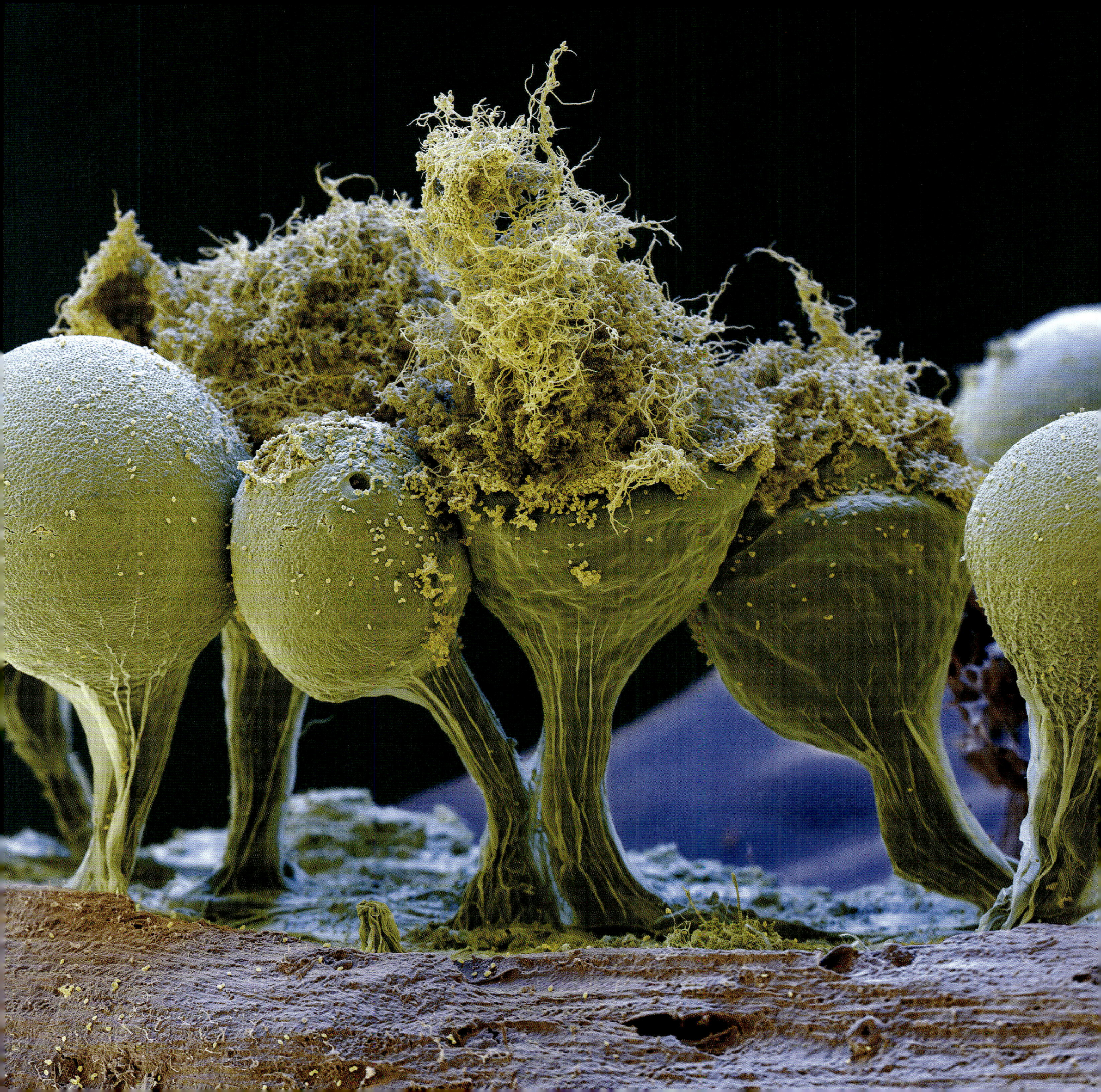

LAVENDEL

PFLANZEN

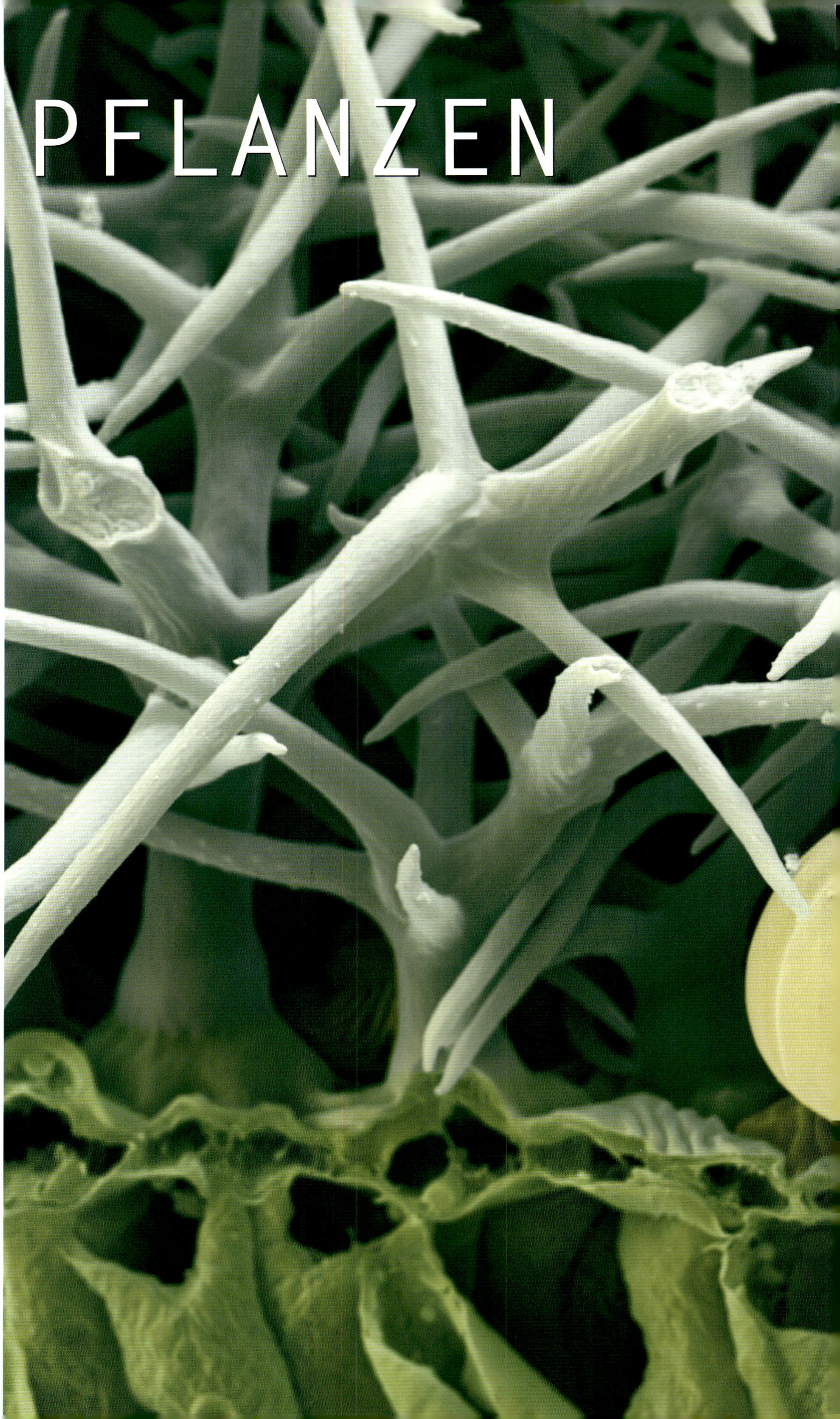

Sie umgeben uns auf Schritt und Tritt: in Gärten und Parks, in Wiesen, Wäldern und Feldern und zu Hause auf der Fensterbank. Pflanzen liefern uns Nahrung, Futter- und Heilmittel, Rohstoffe für unsere Kleidung, unsere Häuser, unsere Wohnungseinrichtungen. Das Entscheidende aber: Ohne sie hätten sich die Tiere wahrscheinlich nie über Einzeller hinaus entwickeln können, und es gäbe auch keine Menschen. Denn unter den vielzelligen Organismen beherrschen nur die Pflanzen den einzigartigen Prozess der Photosynthese, bei dem mithilfe der grünen Blattfarbstoffe aus Kohlendioxid und Wasser energiereiche Kohlenhydrate aufgebaut werden. Dabei verwandeln sie Sonnenlicht in vielseitig verwertbare chemische Energie und schaffen dadurch die Lebensgrundlage für sich und andere. Mehr als 250 000 Pflanzenarten besiedeln in unglaublicher Vielfalt die verschiedenen Lebensräume, angepasst an sehr unterschiedliche Bedingungen, unter denen es allemal gilt, sich gegen ungünstige Witterungsverhältnisse, gefräßige Nutznießer und andere Risiken des Pflanzenlebens zu wappnen und jegliche Chance zur Ausbreitung zu nutzen.

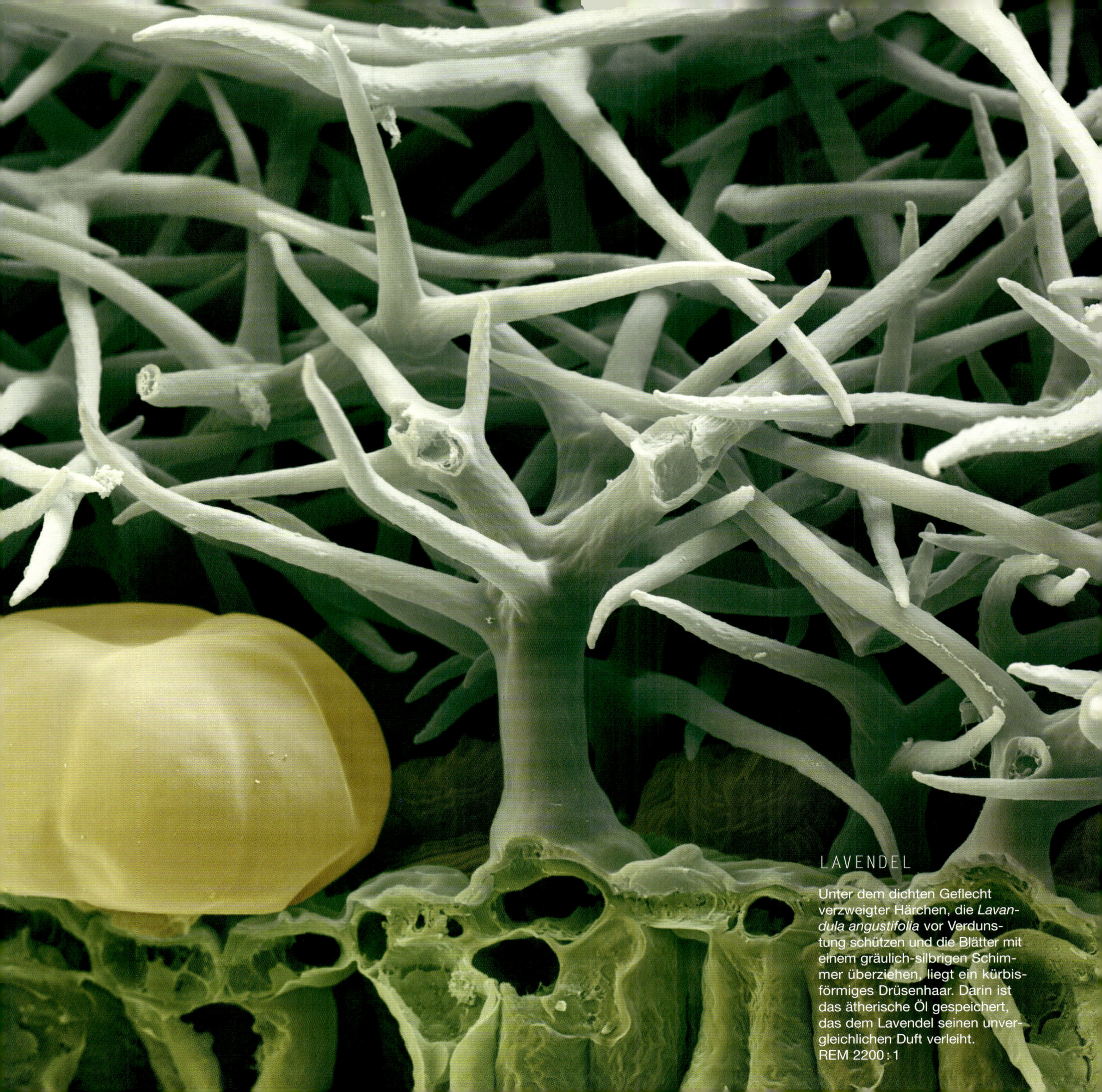

LAVENDEL

Unter dem dichten Geflecht verzweigter Härchen, die *Lavandula angustifolia* vor Verdunstung schützen und die Blätter mit einem gräulich-silbrigen Schimmer überziehen, liegt ein kürbisförmiges Drüsenhaar. Darin ist das ätherische Öl gespeichert, das dem Lavendel seinen unvergleichlichen Duft verleiht. REM 2200 : 1

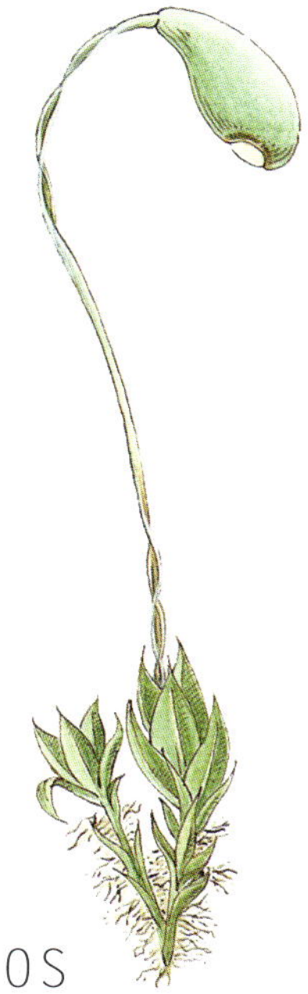

DREHMOOS

Die Sporenkapseln von *Funaria hygrometrica*, dem bei uns heimischen Wetteranzeigenden Drehmoos, sind bei Regen durch einen Zahnkranz verschlossen, der die Öffnung bedeckt. Bei trockenem Wetter klappen die Zähne auseinander, und die Sporen werden aus der Kapsel entlassen.
REM 50 : 1 (links);
REM 300 : 1 (rechts)

EUKALYPTUS

Zum Schutz gegen Austrocknung sind die Blätter von *Eucalyptus coccifera* mit einer Wachsschicht überzogen. Das Bild zeigt die Blattunterseite mit den eingesenkten Spaltöffnungen, durch welche die Pflanze Kohlendioxid aufnimmt und Sauerstoff sowie Wasserdampf zum Schutz vor Überhitzung bei starker Sonneneinstrahlung abgibt. Der Sauerstoff entsteht als Nebenprodukt der Photosynthese. REM 600 : 1

THYMIAN

Das beliebte Gewürzkraut *Thymus vulgaris* aus ungewohnter Perspektive: ein Stück Blattrippe mit Haaren. Der immergrüne Zwergstrauch wird seit alters her als appetitanregend und verdauungsfördernd geschätzt und als Heilpflanze gegen vielerlei Leiden eingesetzt, insbesondere bei Magen-, Darm- und Bronchialerkrankungen. REM 300 : 1

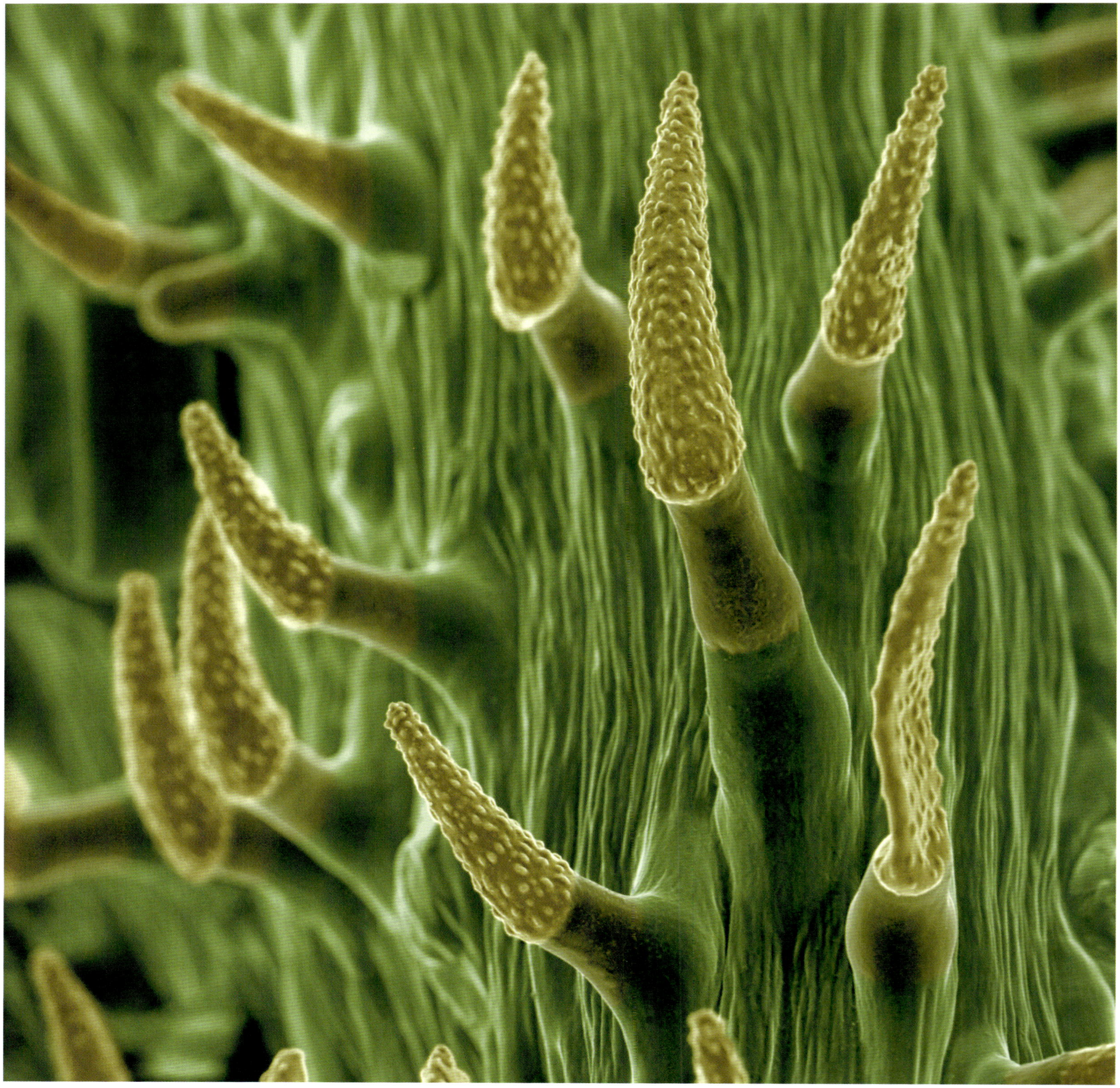

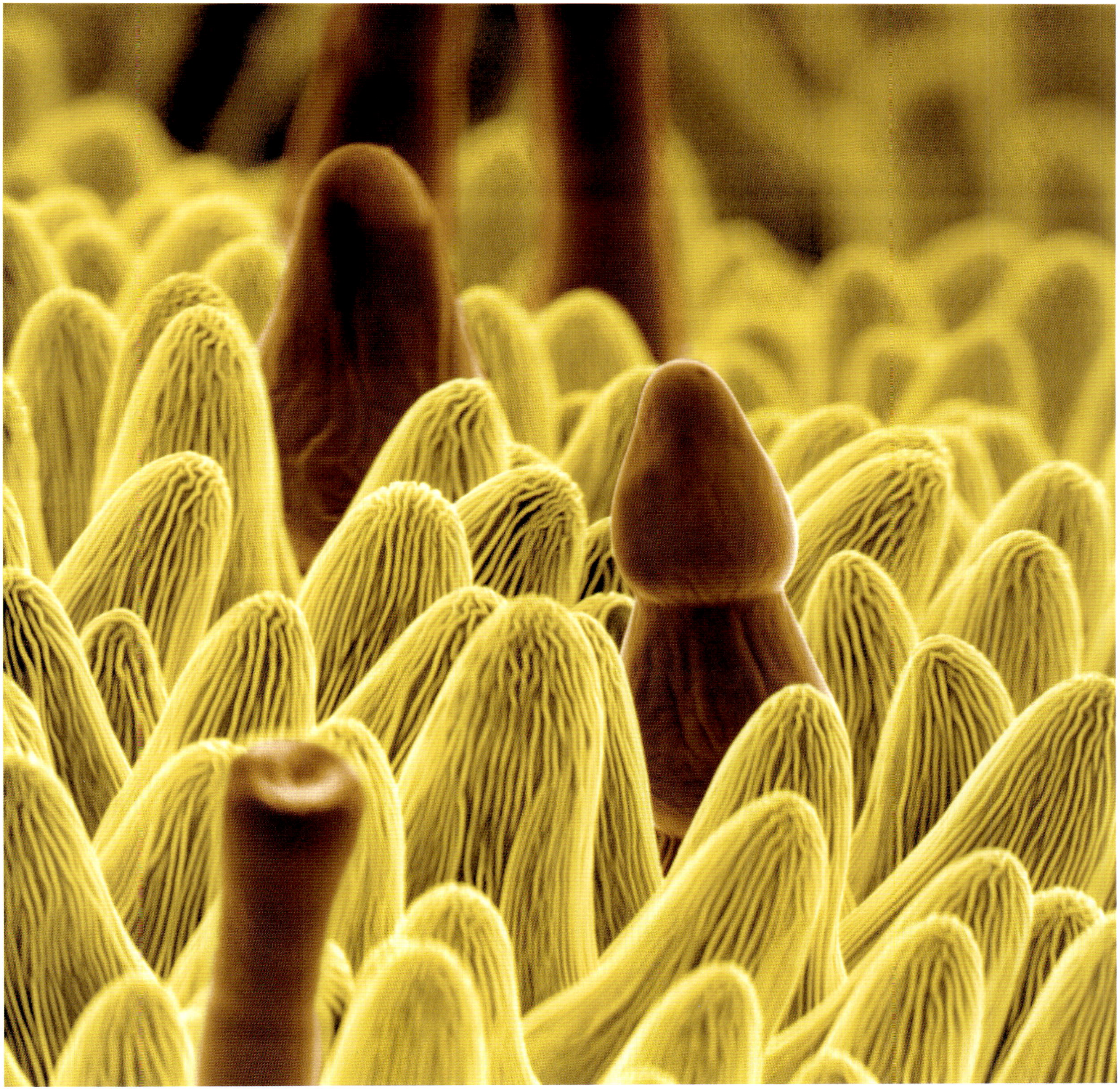

SCHLÜSSELBLUME

Die samtweiche Oberseite eines Blütenblatts von *Primula veris* ist bei näherer Betrachtung dicht an dicht mit kurzen Härchen bedeckt, aus denen Drüsenhaare ragen. Extrakte von Blüten und Wurzelstöcken der Schlüsselblume gelten als schleimlösend. REM 2600 : 1

SEREHGRAS

Die Blätter der Tropenpflanze *Cymbopogon citratus* enthalten ein aromatisches Öl, das als Duftzusatz für Kosmetika und Lebensmittel und in der asiatischen Küche als Gewürz verwendet wird. Auf der Blatt-Außenseite sind neben den Spaltöffnungen für den Gasaustausch Drüsenhaare (gelb) und als große zugespitzte Gebilde Borstenhaare zu erkennen. REM 250 : 1

PELARGONIE

Als bewegte Landschaft stellt sich die Oberfläche von *Pelargonium ignescens* dar, einer nahen Verwandten der Geranien in den Balkonkästen. Drüsenhaare (gelb) speichern Abwehrstoffe zum Schutz der Pflanzen vor Fraßfeinden. Demselben Zweck dienen kleine Stacheln, zwischen denen Spaltöffnungen zu sehen sind. REM 660 : 1

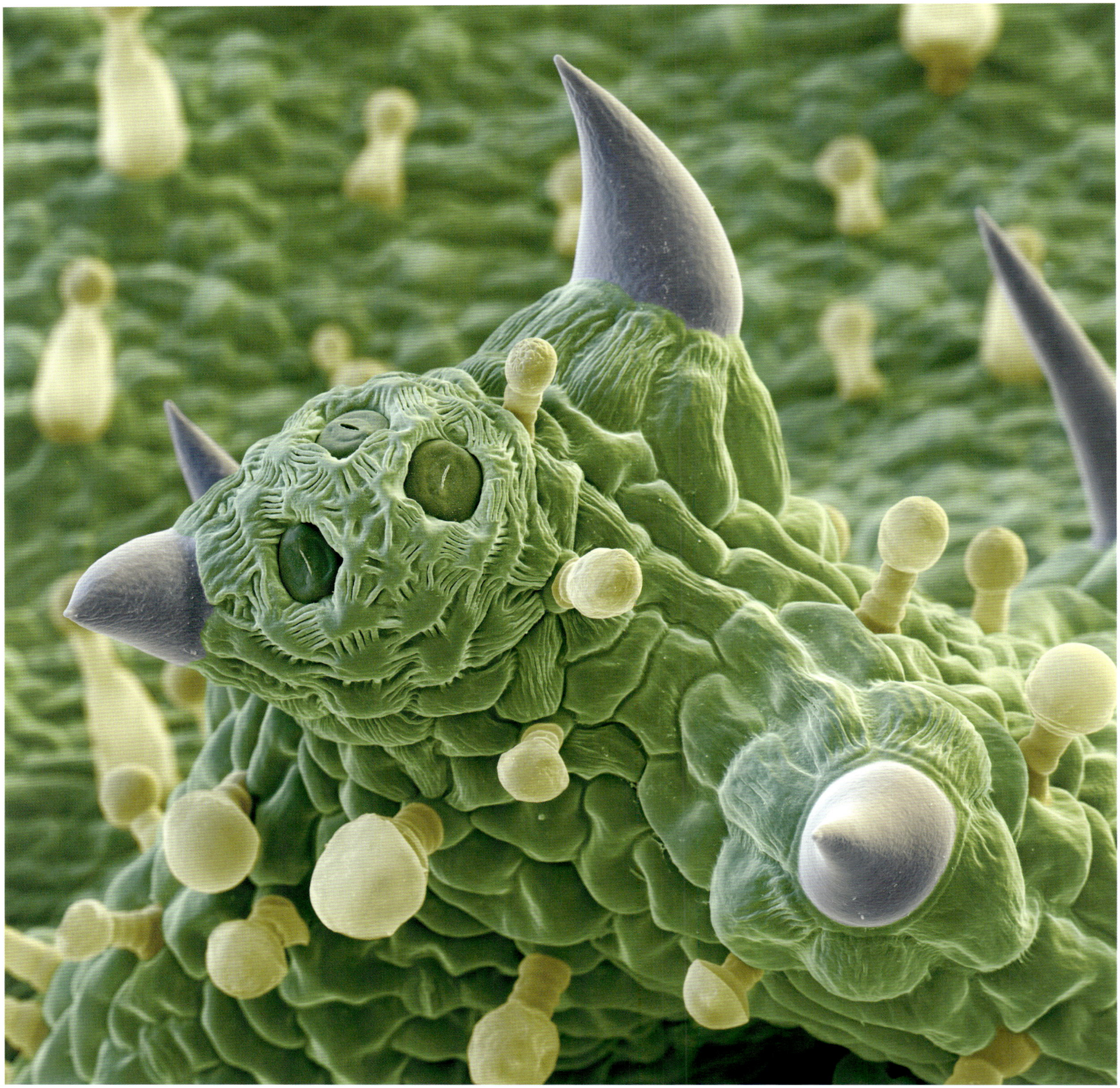

WASSERSCHLAUCH

In nährstoffarmen Gewässern sichert sich *Utricularia vulgaris* eine auskömmliche Existenz durch den Fang kleiner Tiere. In den mit einer Klappe verschlossenen Fangblasen herrscht Unterdruck. Berührt ein Krebschen oder ein Insekt spezielle Borsten, öffnet sich die Klappe. Das Opfer wird in die Blase gesogen, aus der es kein Entrinnen gibt – und verdaut.
REM 110 : 1

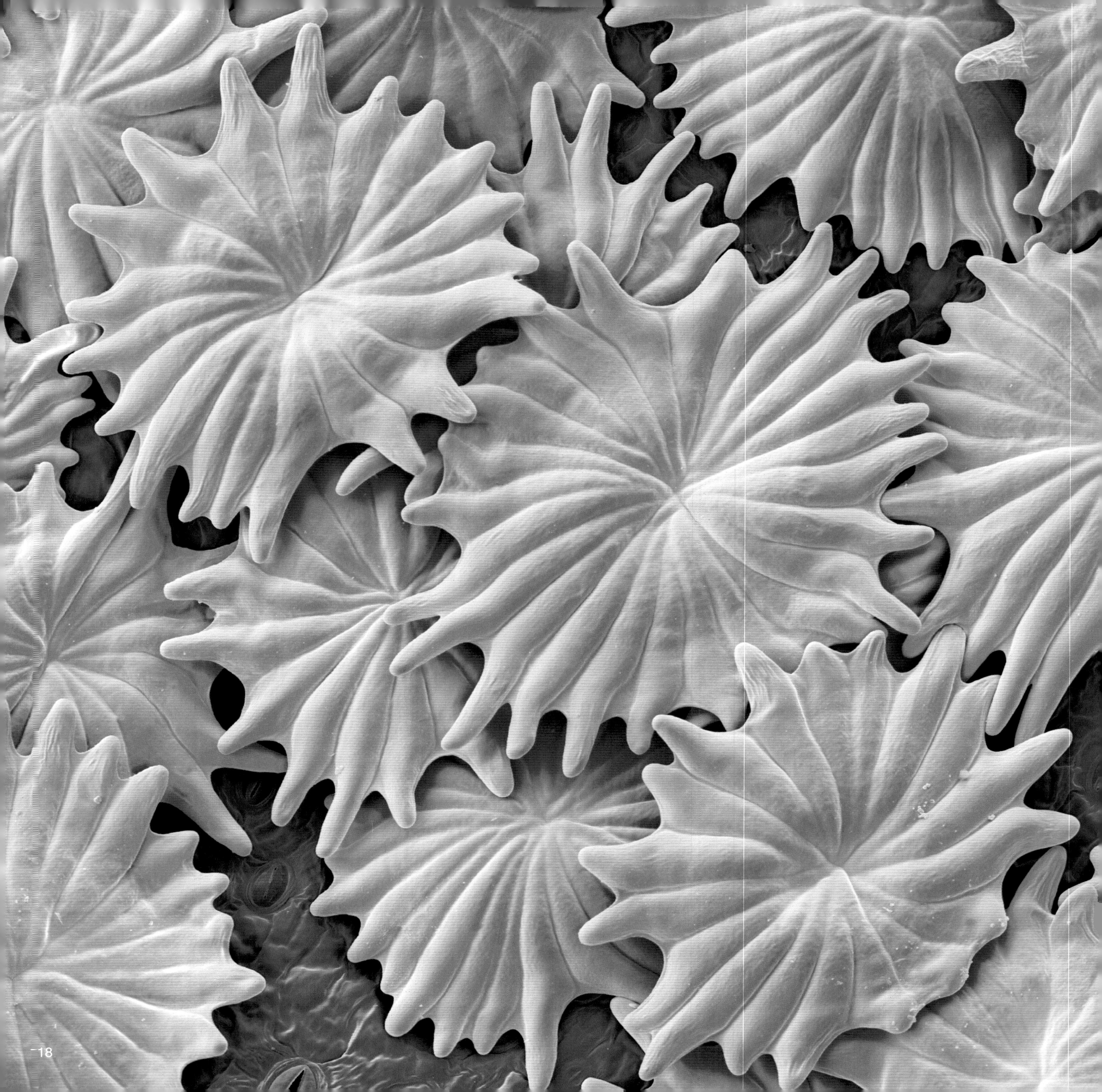

OLIVENBAUM

Die sternförmigen Schuppenhaare auf der Blattunterseite schützen *Olea europaea* vor übermäßiger Verdunstung. Zwischen den mehrzelligen Schuppenhaaren sind vereinzelt die der Atmung und Transpiration dienenden Spaltöffnungen zu erkennen.
REM 960 : 1

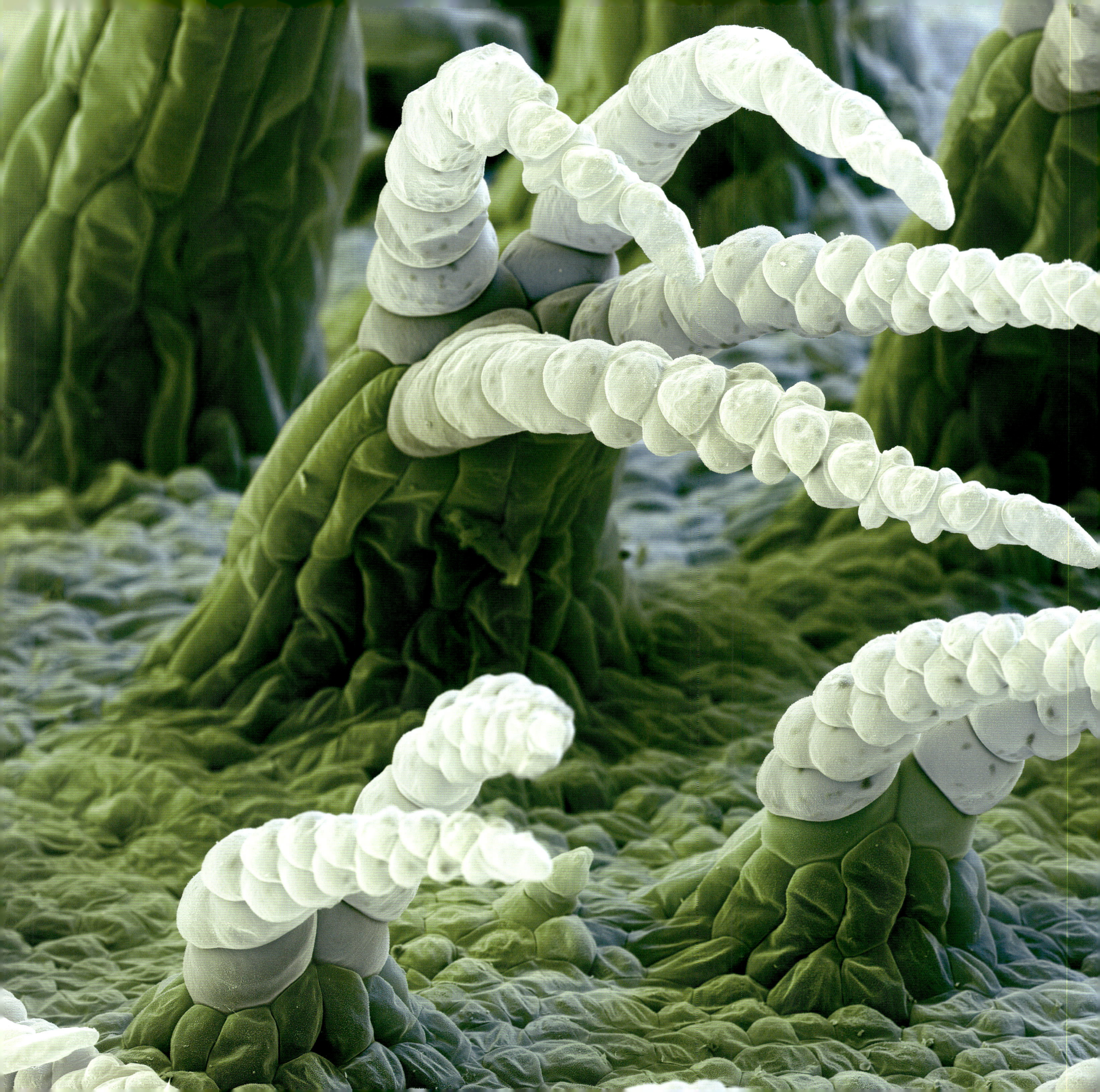

BLUMENNESSEL

Auffällige Blüten und bizarre Brennhaare machen *Loasa xylopodia* zu einer stechenden Schönheit. Der Kontakt mit den in Mittel- und Südamerika heimischen wehrhaften Blumennesseln kann zu heftigen, mitunter tagelang anhaltenden Schmerzen führen. REM 900 : 1

SCHWIMMFARN

Der vom Aussterben bedrohte und daher in Deutschland geschützte Farn *Salvinia natans* schwimmt frei an der Wasseroberfläche. Die Haarkrönchen auf den Blättern sind gewachst und daher Wasser abweisend. Werden sie unter Wasser gedrückt, reißen sie Luftblasen mit, die das Blatt wieder an die Oberfläche ziehen. REM 550 : 1

NIESWURZ

Das Bild zeigt am Beispiel von *Helleborus niger*, der Schwarzen Nieswurz oder Christrose, einen Querschnitt durch ein typisches Blatt. Unter der Außenhaut mit ihrem wachsartigen, Wasser abstoßenden Überzug liegen die lang gestreckten, mit Chloroplasten gefüllten Palisadenzellen. In den Chloroplasten – chlorophyllgefüllten Kügelchen – gewinnt die Pflanze Energie aus Sonnenlicht auf dem Weg der Photosynthese.
REM 1300 : 1

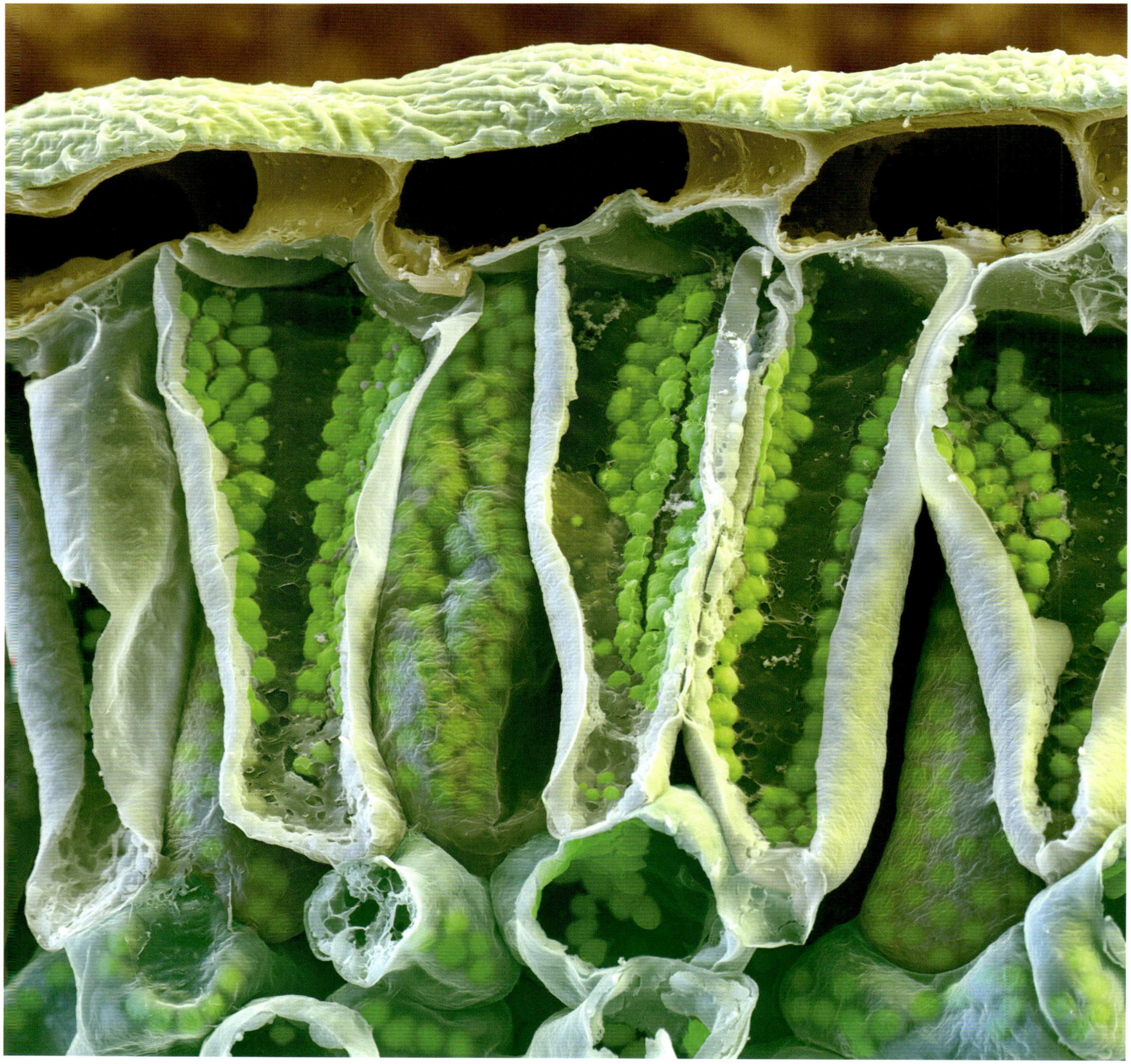

WELWITSCHIA

Die urtümliche *Welwitschia mirabilis* der Namibwüste hat nur zwei breite bandförmige Blätter, die während der oft über 100-jährigen Lebenszeit ständig am Blattgrund nachwachsen. Der Querschnitt durch ein Blatt zeigt zwischen Palisadenzellen an der Blattober- und -unterseite das Schwammparenchym, in dem quer angeschnittene Leitbündel eingebettet sind.
REM 120 : 1

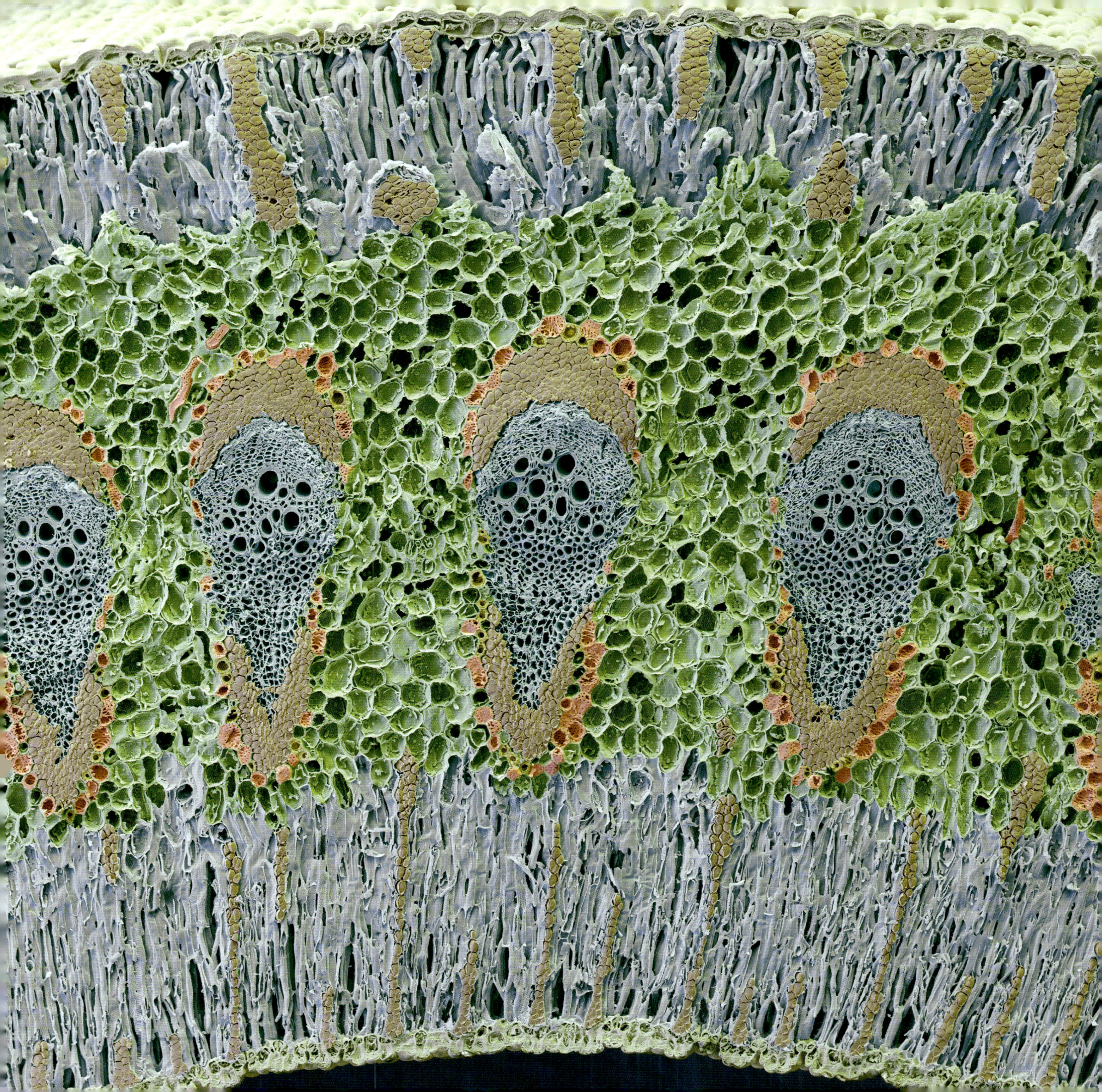

MOHRRÜBE

Im Querschnitt von *Daucus carota* ist viel kristallines Beta-Karotin zu erkennen, das der Möhre ihr kräftig orangefarbenes Aussehen gibt. Lupe, Hellfeld-Dunkelfeld-Kombination 7 : 1

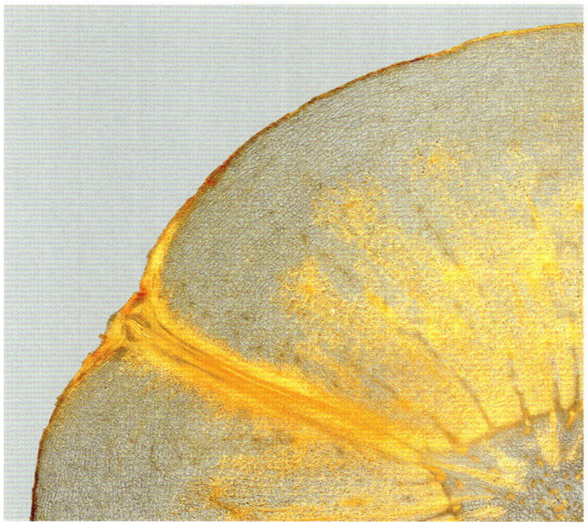

SELLERIE

Der Querschnitt durch einen Stängel von *Apium graveolens* zeigt die im Innern halbkreisförmig angeordneten Leitbündel. Lupe, Hellfeld-Dunkelfeld-Kombination 10 : 1

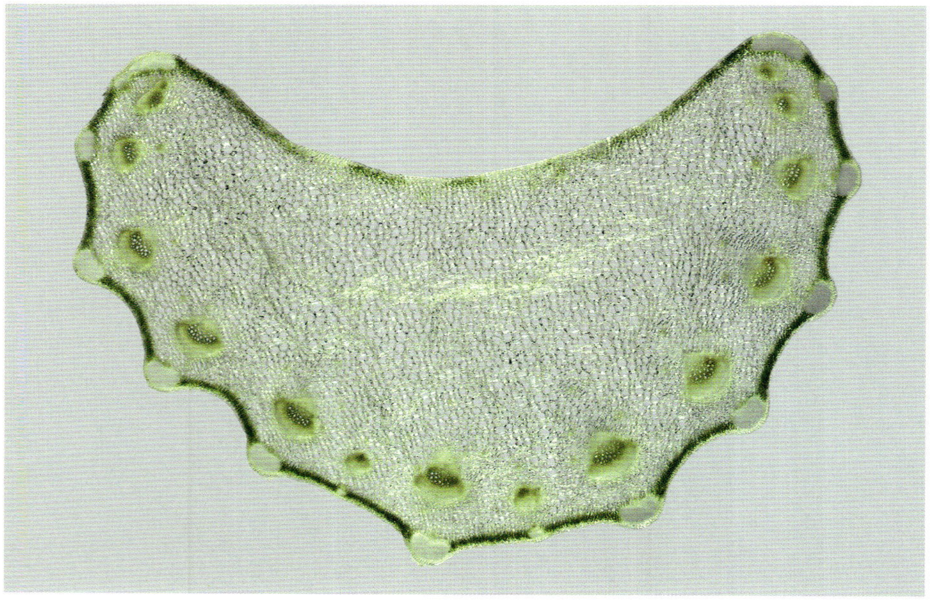

ERDBEERE

Botanisch streng genommen sind die Früchte von *Fragaria* mit den außen sitzenden Samen keine Beeren, sondern »Sammelnussfrüchte«. Auf dem Bild zeichnen sich auf dem Fruchtfleisch mit seiner schwammigen Struktur drei dieser »Nüsse« ab. Lupe, Hellfeld-Dunkelfeld-Kombination, 28 : 1

POL_EN

Von April bis Mai fliegen in Mitteleuropa die Pollen von Waldkiefer (groß, grünlich), Rosskastanie (braun) und Esche (rötlich mit Poren). Die mit Luftsäcken versehenen Pollen der Kiefer *Pinus sylvestris* und den Blütenstaub der Esche *Fraxinus excelsior* verbreitet der Wind. Die Pollen der Rosskastanie *Aesculus hippocastanum* heften sich mit kleinen Stacheln an Insekten und werden so von Blüte zu Blüte getragen. REM 2500 : 1

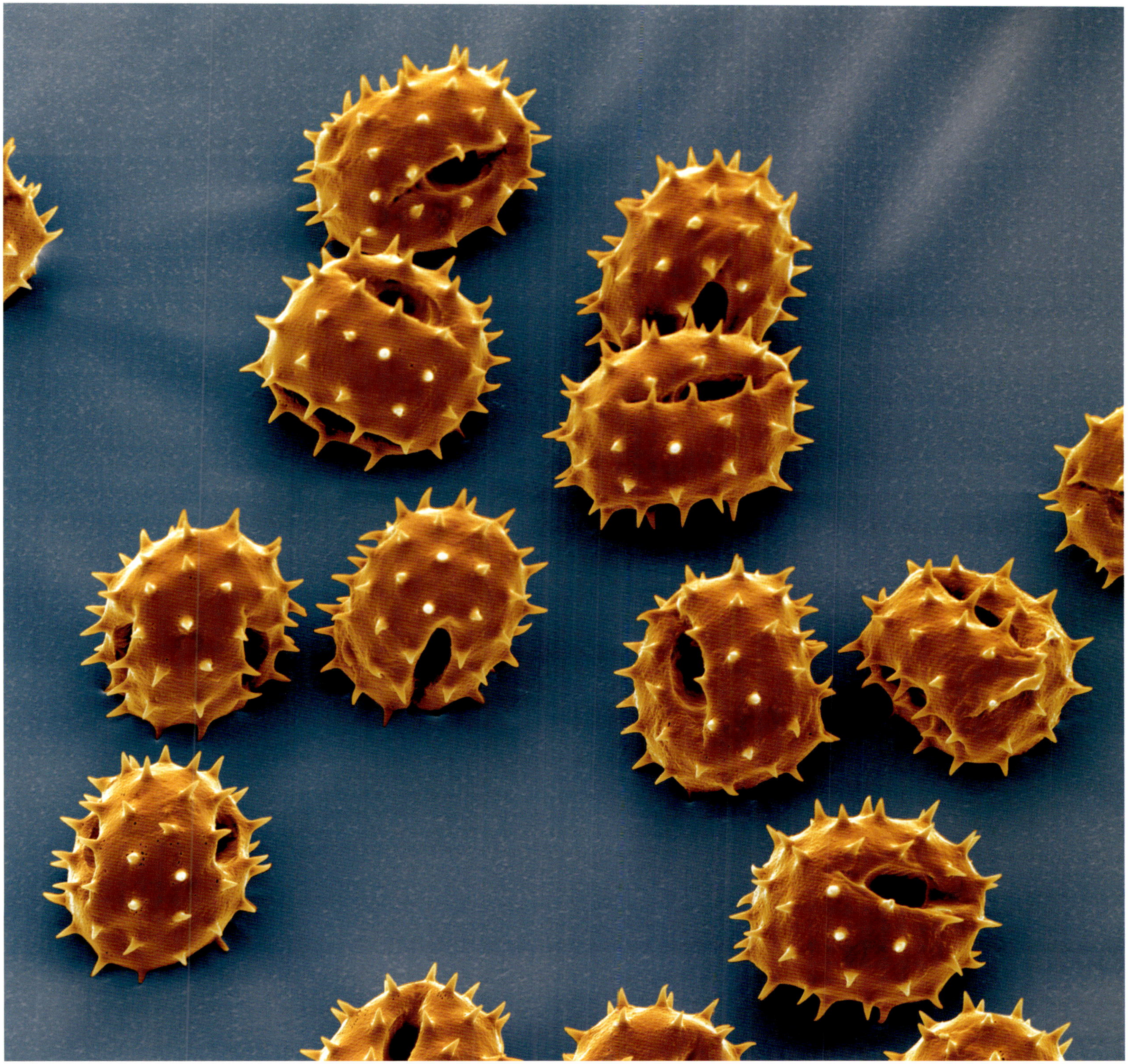

HUFLATTICH

Im zeitigen Frühjahr öffnet *Tussilago farfara* seine gelben Korbblüten, die eigentlich Blütenstände sind. Der intime Blick zeigt die typische Kombination von Röhrenblüten, die ein dichter Kranz von Zungenblüten umgibt. Die Staubgefäße der Röhrenblüten öffnen sich gerade, und heraus quellen die für die Art charakteristischen »stacheligen« Pollen.
REM 25 : 1 (links)
REM 1250 : 1 (rechts)

POLLEN

Die vom Wind oder von Insekten verbreiteten staubfeinen Pollenkörner, die Träger der männlichen Erbsubstanz, werden von den Blütenpflanzen in großer Vielfalt produziert. Experten erkennen, von welcher Pflanze Pollenkörner stammen, etwa auf dem Bild rechts die Rapspollen auf einem Blütenblatt. Die äußere Hülle mit den typischen Merkmalen ist extrem widerstandsfähig und kann Jahrtausende und sogar Jahrmillionen überdauern. So ist es in vielen Fällen möglich, durch die Analyse von Pollenkörnern, die in Torf, Braunkohle und verschiedenen anderen Sedimenten erhalten geblieben sind, die Vegetation lange vergangener Zeiten zu rekonstruieren. REM 330 – 1500 : 1

LÖWENZAHN (gelb und grün), ROSSKASTANIE

WEIDE

MALVE (groß), SONNENBLUME

SONNENBLUME

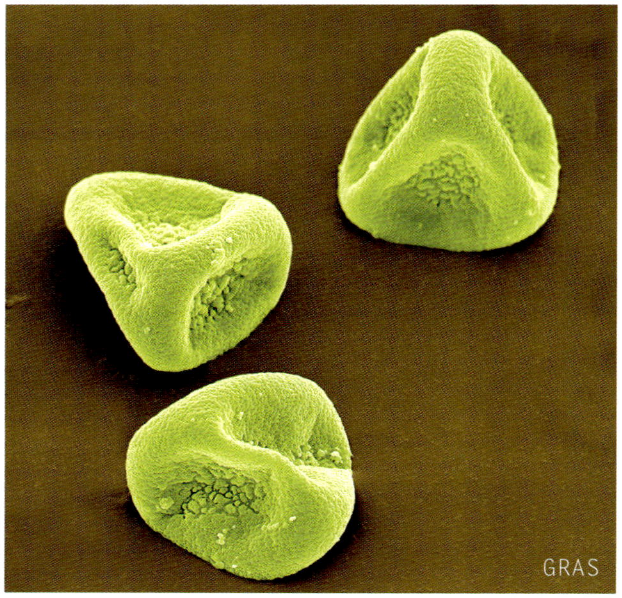

GRAS

ERLE

RAPS

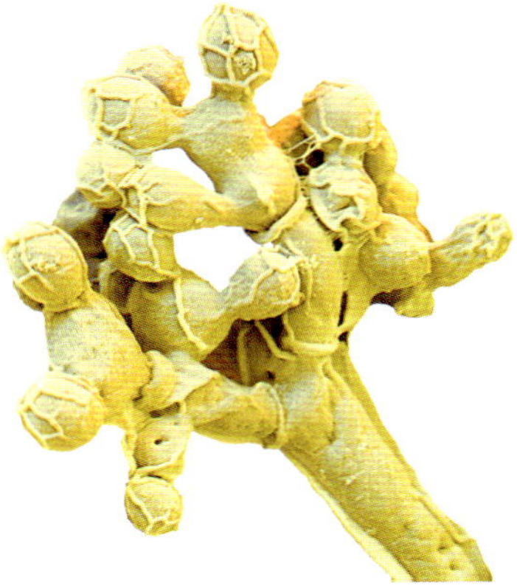

SCHIMMELPILZ

PILZE

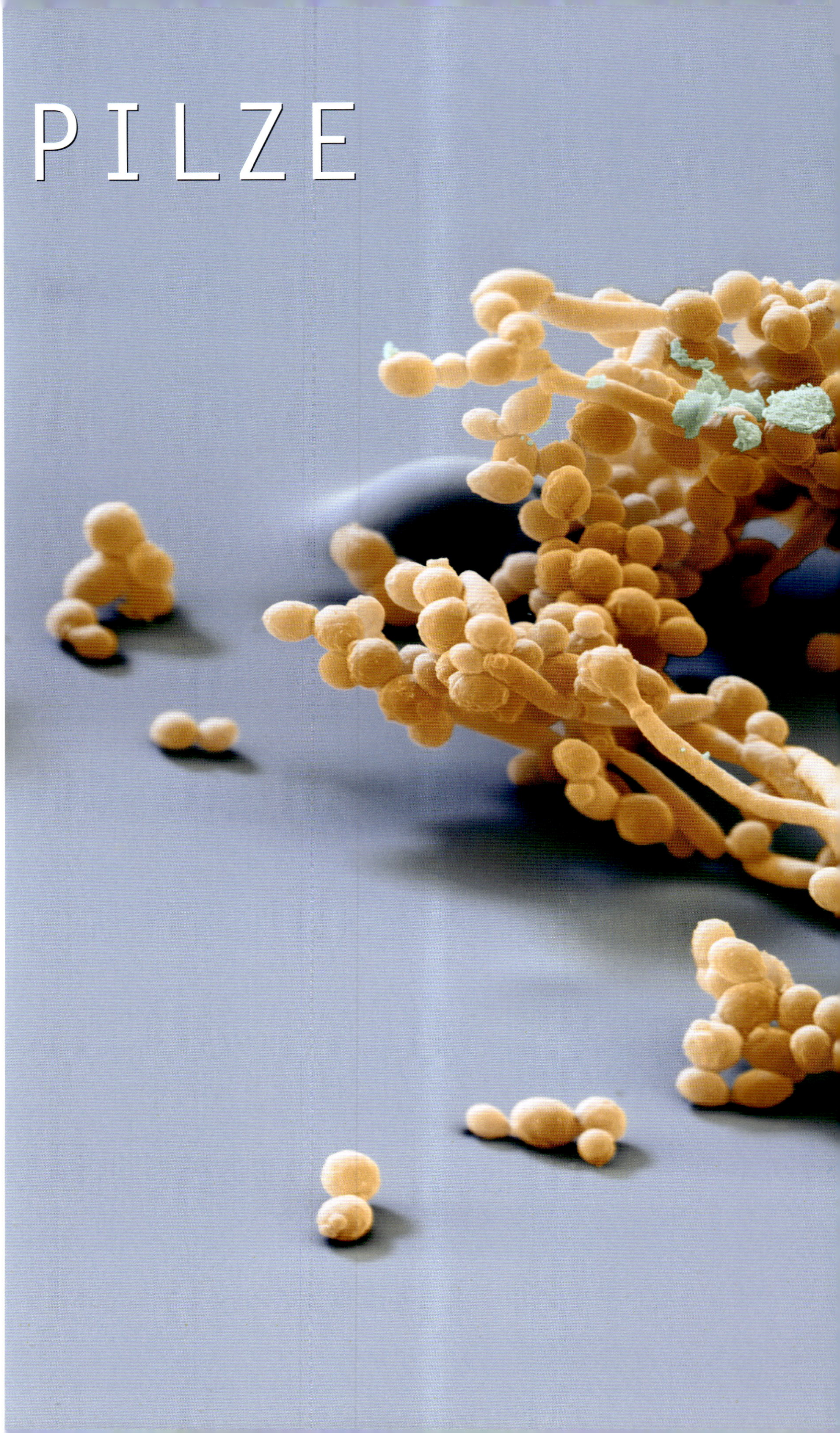

Wer jetzt an die einbeinigen »Männlein im Walde« denkt, an Fliegen-, Stein- und Knollenblätterpilze, liegt zwar nicht falsch. Doch was landläufig unter »Pilzen« verstanden wird, sind lediglich spektakuläre Fälle von Fruchtkörpern in einer großen Gruppe von Lebewesen, deren Organismus aus einem Geflecht dünner verzweigter Zellfäden besteht – Hauptmerkmal der Pilze. Mit rund 120 000 Arten, die meisten mikroskopisch klein, sind sie auf der Erde weit verbreitet. Vor unseren Augen überwiegend verborgen, besetzen sie Schlüsselpositionen im Haushalt der Natur und sind als Wohltäter wie als Unheilstifter auf vielfältige Weise mit unserem Leben verbunden. Pilze sorgen durch Abfallbeseitigung dafür, dass die Erde bewohnbar bleibt, und erhalten die Bodenfruchtbarkeit, indem sie organische Reste zu Humus verarbeiten. Sie helfen beim Brotbacken, bescheren der Menschheit ihr liebstes Rauschmittel, den Alkohol, und produzieren Vitamine, Enzyme, Antibiotika und andere wichtige Medikamente. Die andere Seite der Bilanz sind alljährlich Milliardenschäden durch Pilze, die von Holz bis zu Lebensmitteln auch zersetzen, was uns lieb ist; die durch Pflanzenkrankheiten die Ernten drastisch mindern, und die bei Menschen und Tieren Infektionskrankheiten und Allergien auslösen.

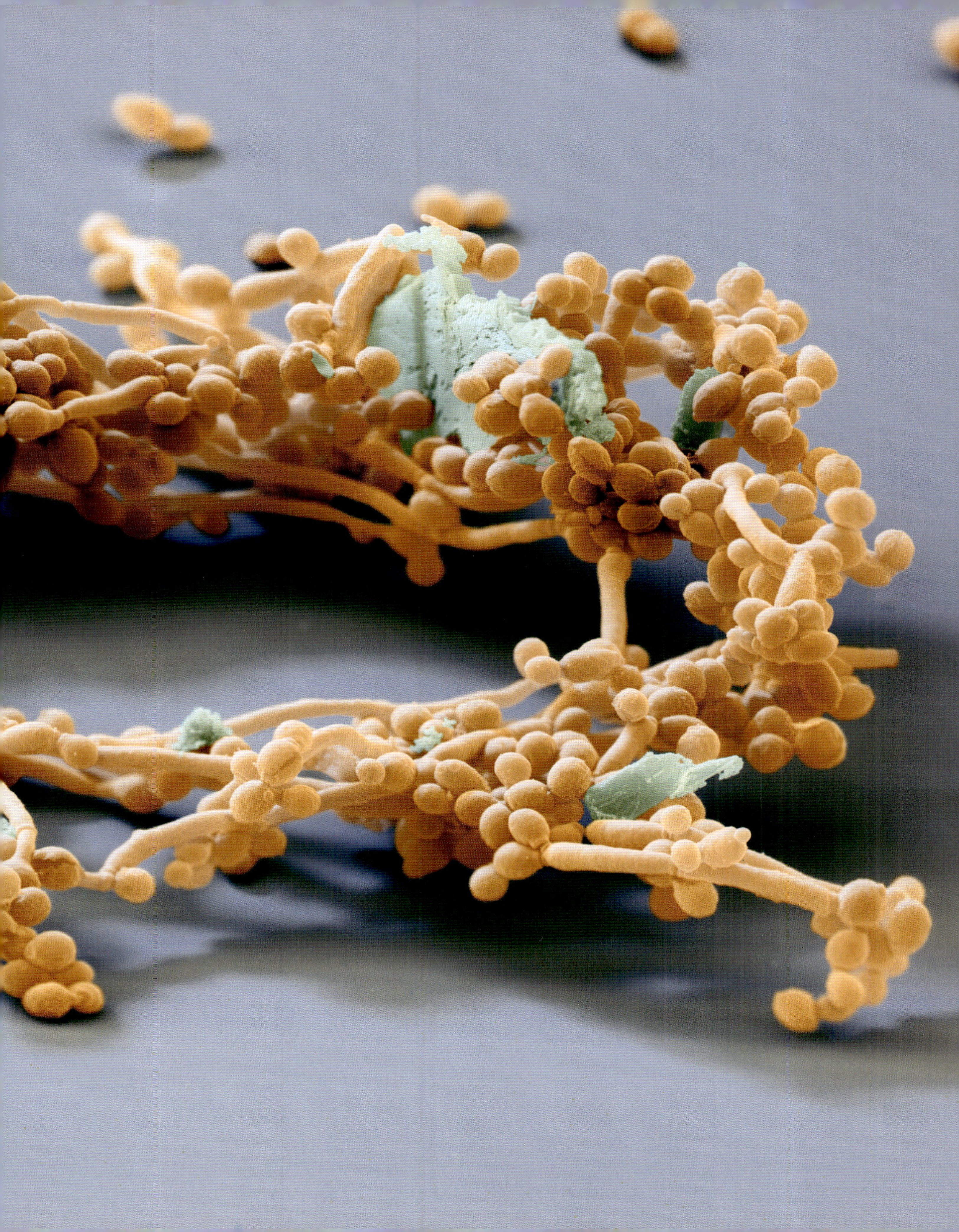

HEFEPILZ

Nicht aus der Backstube, sondern aus einem medizinischen Labor stammt *Candida albicans*. Dieser Hefepilz kann auf Schleimhäuten und feuchten Hautpartien weißliche Beläge bilden. Verminderte Widerstandsfähigkeit des Organismus, etwa bei chronischen Infektionen, Krebs, Diabetes oder Schwangerschaft, fördert die Infektion. REM 3100 : 1

FUSSPILZ

Zu den Pilzen, die sich auf der menschlichen Haut ausbreiten, gehört *Trichophyton mentagrophytes*. Besonders gute Chancen bietet ihm das warme und feuchte Milieu zwischen den Zehen. Durch Sporen (grün) findet eine ungeschlechtliche Vermehrung statt.
REM 7200 : 1

GIESSKANNENSCHIM

In einem Komposthaufen streckt *Aspergillus glaucus* seine Sporenträger aus. Die Sporen sind in Ketten aufgereiht, deren Verlauf an die Brausestrahlen einer Gießkanne erinnert. Das Fadengefecht des Schimmelpilzes, den man auch häufig auf Brot und Marmeladen findet, ist von kleineren Pilzarten umgeben. REM 420 : 1 (oben); REM 3400 : 1 (rechts)

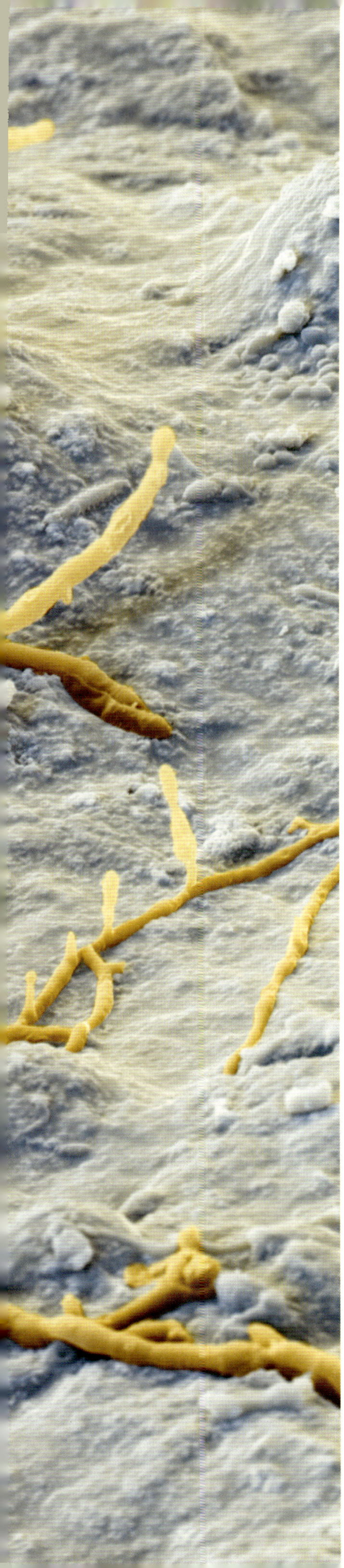

MEHLTAU

Wie mit Mehl bestäubt sehen oft die Pflanzen aus, die von einem Pilz aus der Ordnung der *Erysiphales* befallen sind. Mehltaupilze dringen als Schmarotzer in die oberste Zellschicht der Wirtspflanze ein und überziehen deren Oberfläche mit einem spinnwebartigen Fadengeflecht. Auf kleinen Stielen sitzen Konidien, ungeschlechtlich entstandene Fortpflanzungszellen. REM 850 : 1

HAUSSCHIMMEL

Dieser nicht näher bestimmte Schimmelpilz wurde mitsamt dem Stück feuchter Tapete, auf dem er wuchs, präpariert. Solche Schimmelpilze im Haus, die schwarze oder braune Verfärbungen bilden, können Allergien auslösen. REM 2000 : 1

GELBE LAUBFLECHTE

In Flechten bilden jeweils eine Pilz- und eine Grün- oder Blaualgenart zusammen eine Einheit. Von der Symbiose profitieren beide: Der Pilz versorgt die Alge mit Wasser und Mineralstoffen, die Alge steuert dank ihrer Fähigkeit zur Photosynthese organische Nährstoffe bei. Ihren deutschen Namen trägt *Xanthoria parietina* nach ihrer Farbe und der flächigen, blattartigen Form. Zur Vermehrung bildet der Pilz orangefarbene, becherförmige Fruchtkörper aus.
REM 150 : 1

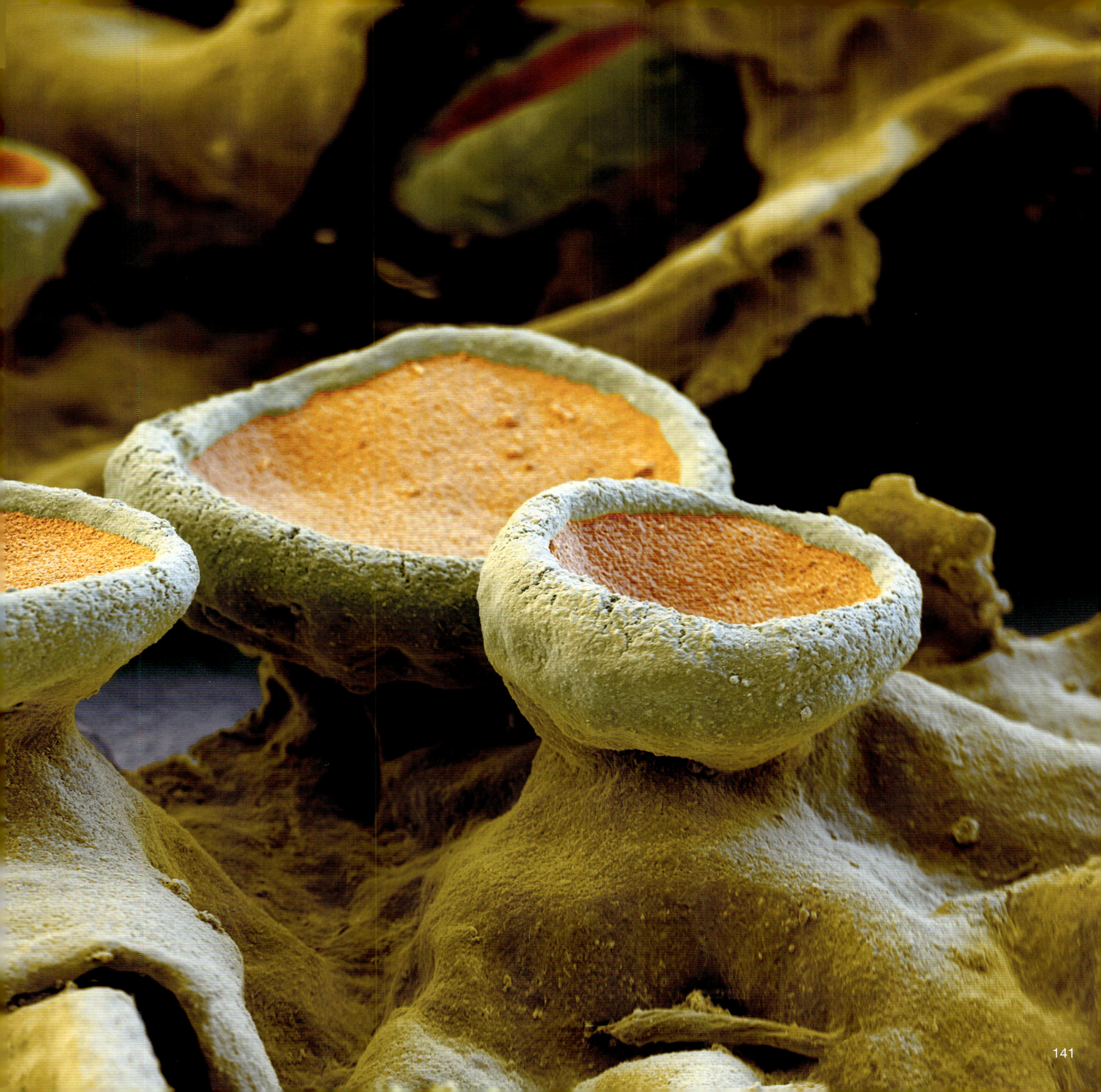

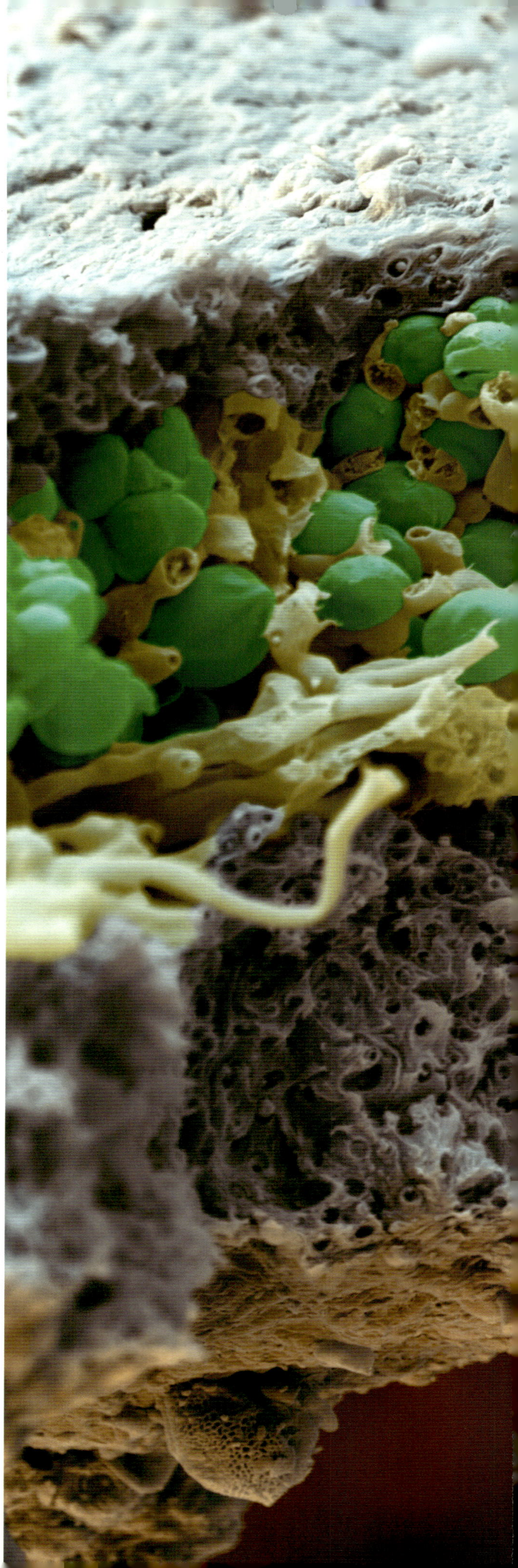

LAUBFLECHTE

Mit einem relativ groß-flächigen Körper schmiegt sich *Physica adscendens* an die Unterlage. Der Blick ins Innere (rechts) zeigt einen schichtartigen Aufbau. Zwischen der oberen und der unteren Rindenschicht aus festem Pilzgeflecht liegt eine lockere Schicht aus Pilzfäden, in der Algen (grün) durch Photosynthese energiereiche Kohlehydrate produzieren. REM 60 : 1 (oben); REM 2100 : 1 (rechts)

BAKTERIEN

STREPTOKOKKEN

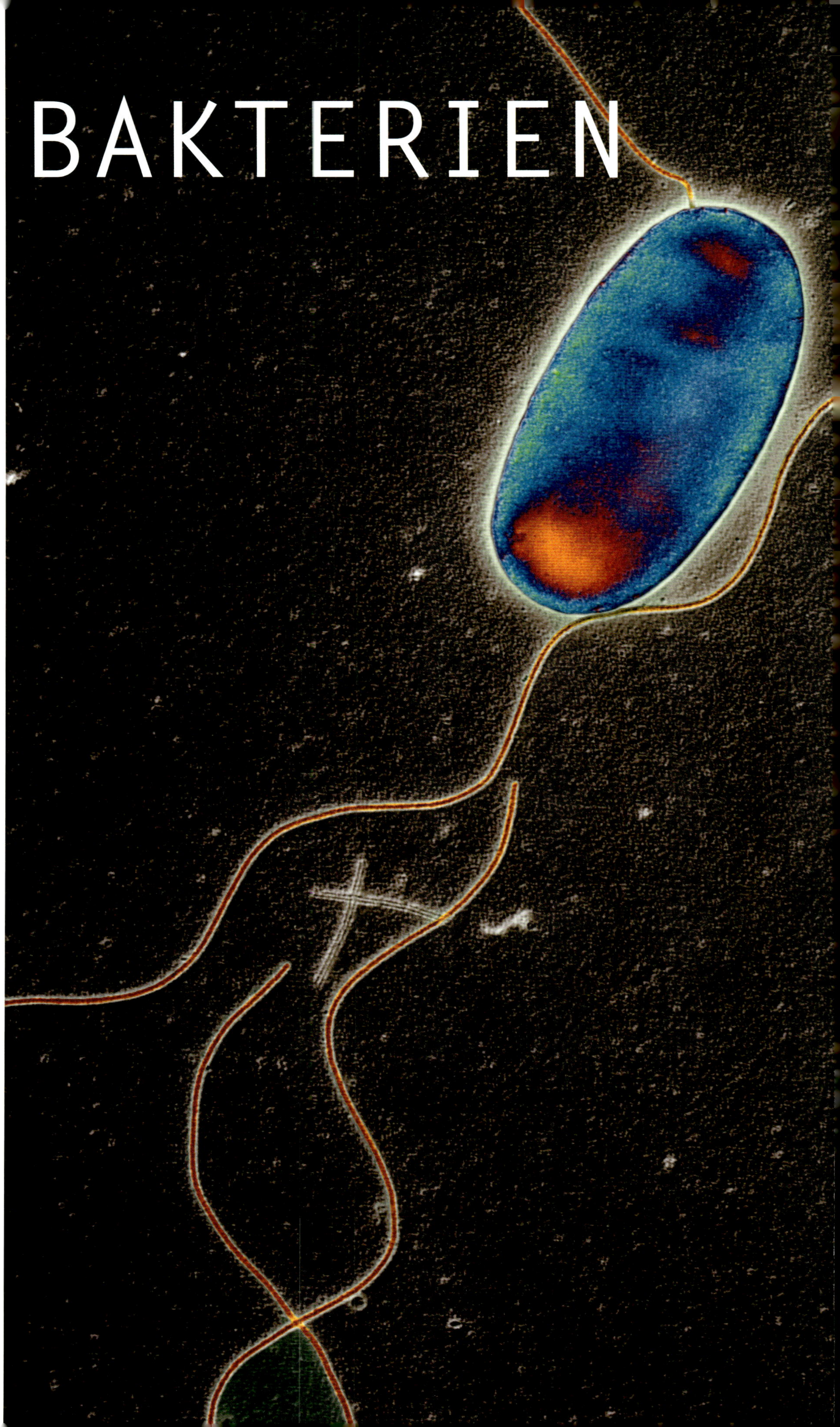

Bakterien sind die Ursache zahlreicher Krankheiten – wer wüsste das nicht? Weitaus weniger bekannt ist das segensreiche Wirken dieser Einzeller, die – kenntlich vor allem am Fehlen eines Zellkerns – die Basis im weit verzweigten Reich des Lebens bilden. Der Tätigkeit von Bakterien verdanken wir nicht nur Käse und Joghurt, Essig und Sauerkraut. Auch Antibiotika, Vitamine, Aminosäuren und andere organische Substanzen werden mit ihrer Hilfe produziert. Vor allem aber sind sie es, die unablässig die Stoffkreisläufe auf der Erde in Gang halten. Bakterien nutzen, um sich mit Energie zu versorgen, zahlreiche chemische Prozesse, während die anderen Organismen ihre Lebensenergie direkt oder indirekt aus der – auch schon von Bakterien beherrschten – Photosynthese beziehen. Die kernlosen Einzeller bauen ab, wandeln um, räumen auf und schaffen damit die Voraussetzungen für den Fortgang des Lebens. Bakterien waren die ersten und drei Milliarden Jahre lang die einzigen Lebewesen auf der Erde, bevor sich aus ihnen heraus Organismen mit Zellkern entwickelten, Einzeller zunächst und dann Pflanzen, Tiere und Pilze. Die Bedeutung der Bakterien ist durch die größere Vielfalt der Organismen nicht geringer geworden. Im Gegenteil: Den Mikroben boten sich neue Lebensräume, zum Beispiel im menschlichen Organismus.

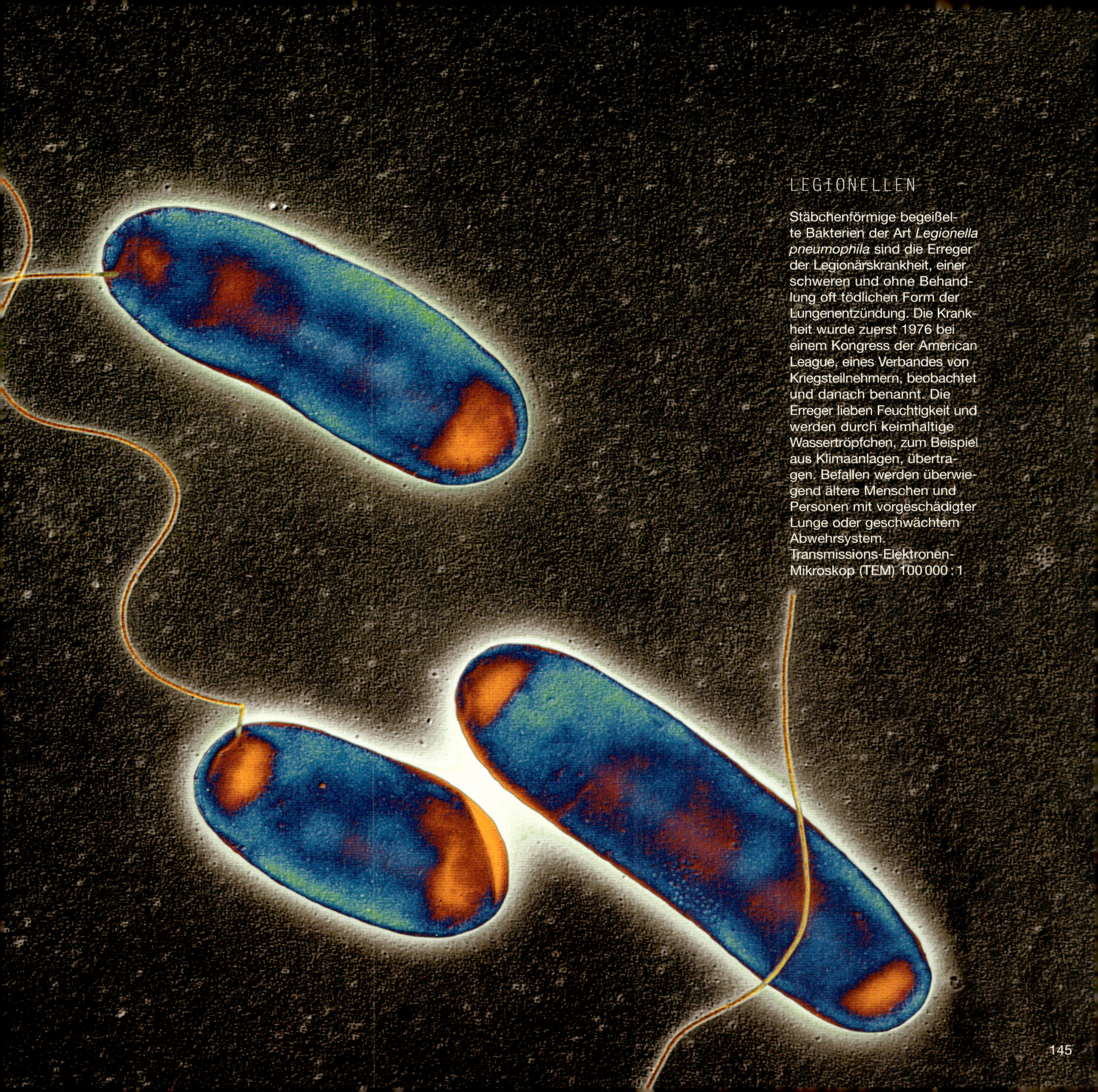

LEGIONELLEN

Stäbchenförmige begeißelte Bakterien der Art *Legionella pneumophila* sind die Erreger der Legionärskrankheit, einer schweren und ohne Behandlung oft tödlichen Form der Lungenentzündung. Die Krankheit wurde zuerst 1976 bei einem Kongress der American League, eines Verbandes von Kriegsteilnehmern, beobachtet und danach benannt. Die Erreger lieben Feuchtigkeit und werden durch keimhaltige Wassertröpfchen, zum Beispiel aus Klimaanlagen, übertragen. Befallen werden überwiegend ältere Menschen und Personen mit vorgeschädigter Lunge oder geschwächtem Abwehrsystem.
Transmissions-Elektronen-Mikroskop (TEM) 100 000 : 1

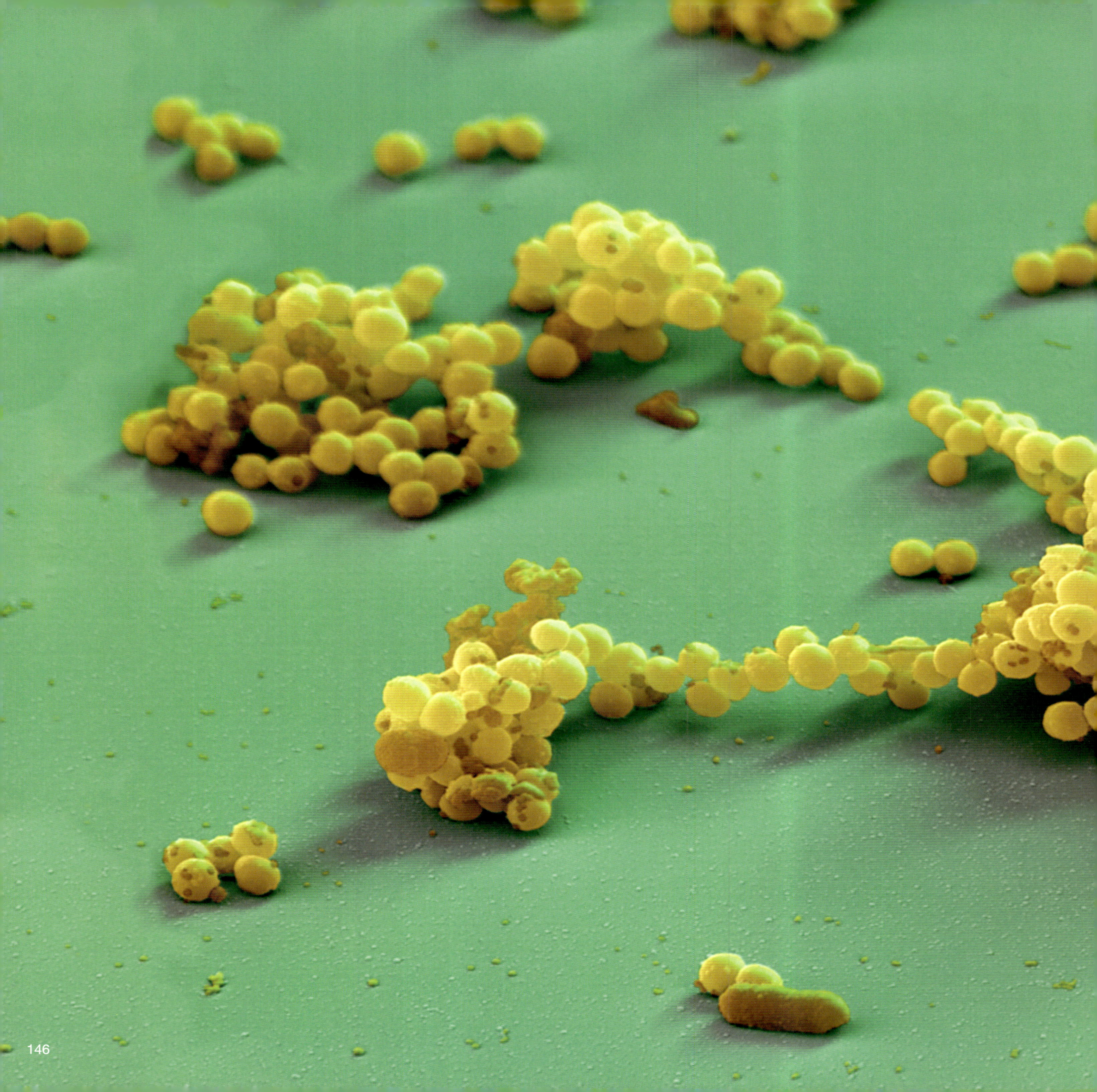

STAPHYLOKOKKEN

Die kugelförmigen, in Trauben zusammengeballten Bakterien von *Staphylococcus aureus* können zu vielerlei Erkrankungen führen, so zu Abszessen und Wundinfektionen, Blutvergiftungen und Herzklappenfehlern. Manche Stämme bilden Giftstoffe, die Lebensmittelvergiftungen verursachen.
REM 16 000 : 1

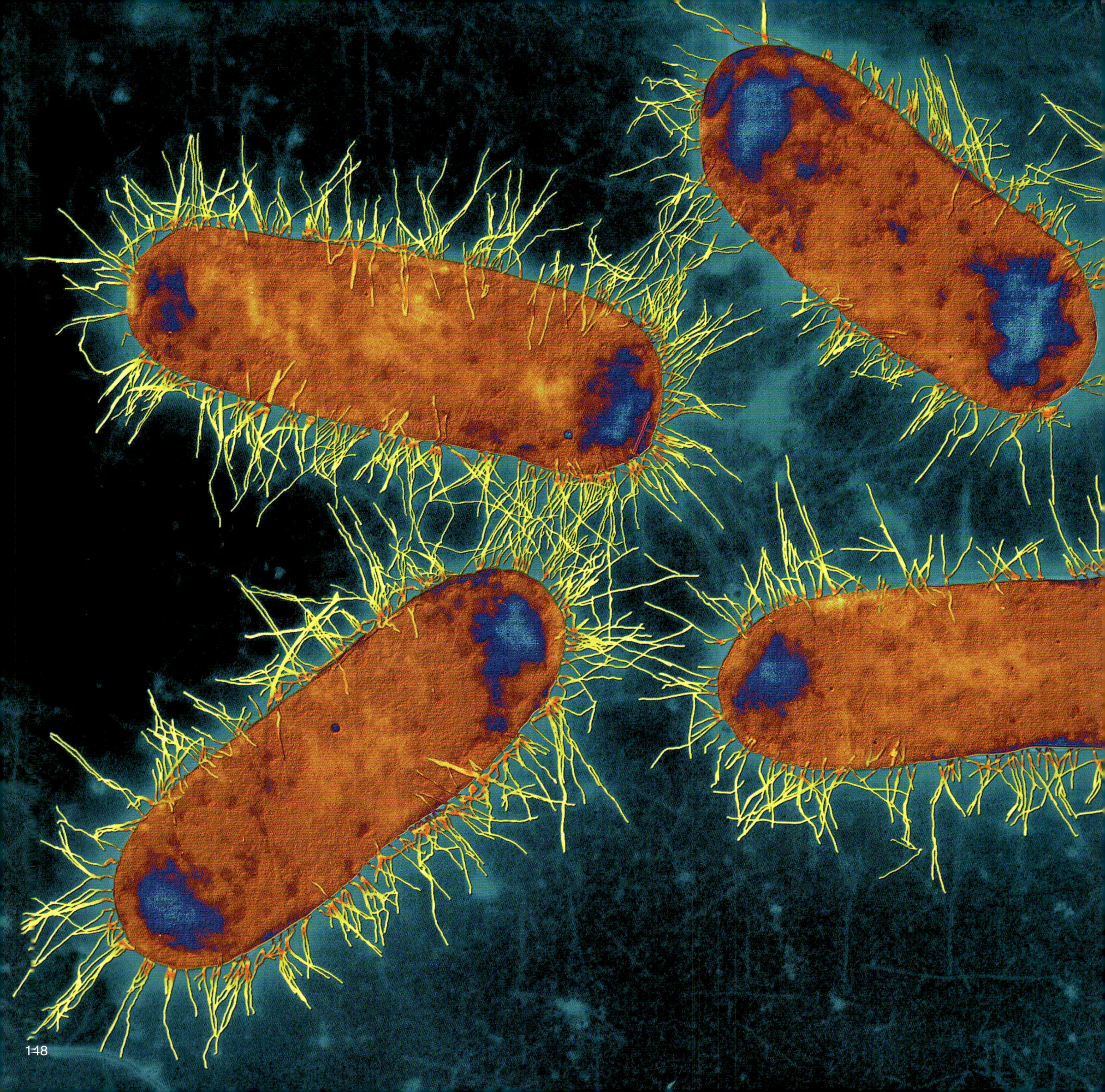

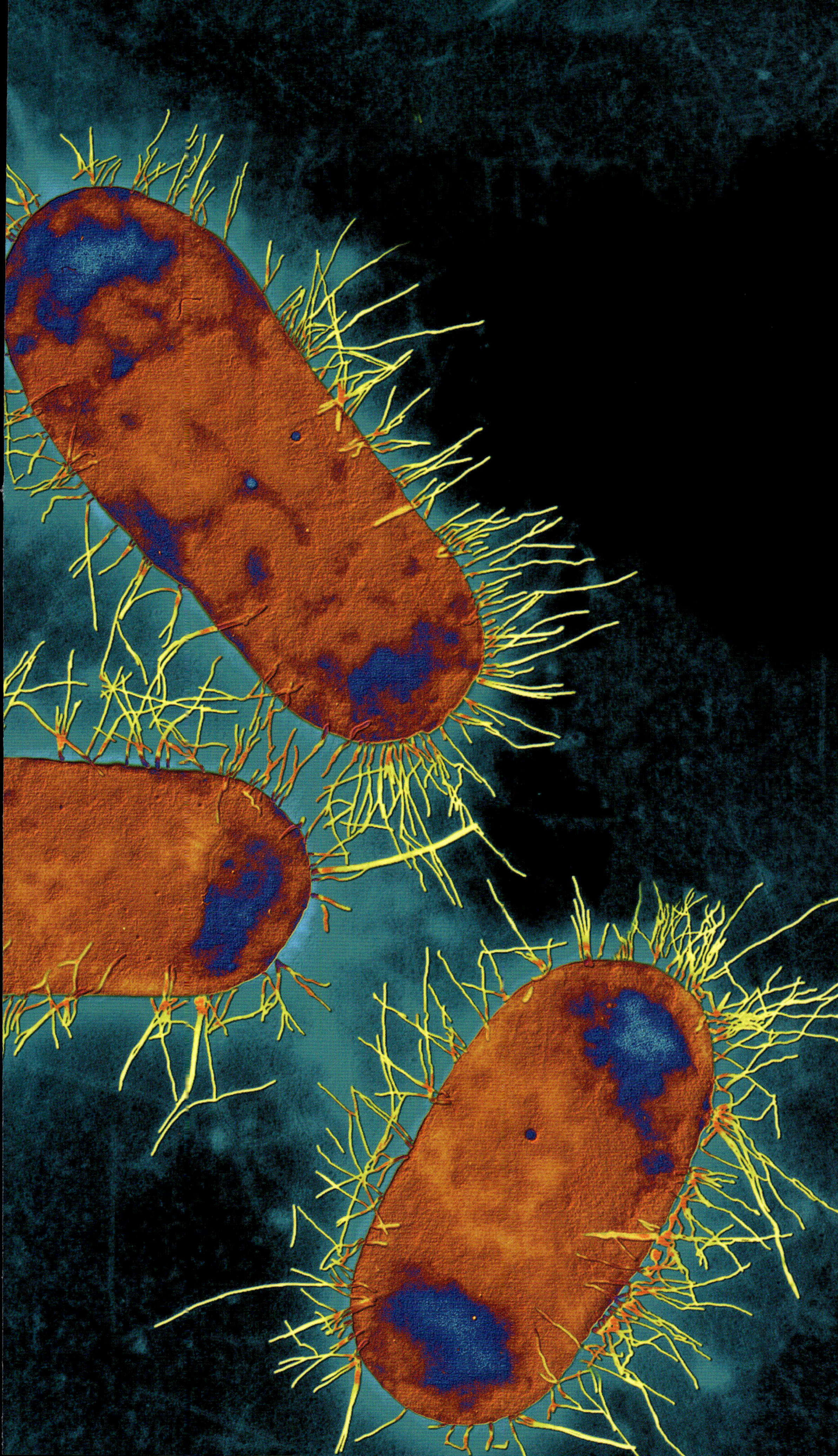

KOLI-BAKTERIEN

Normalerweise lebt *Escherichia coli* friedlich im Dickdarm von Tieren und Menschen. Einige Varianten können jedoch zu Durchfällen, Harnwegs-, Gallenwegs- und anderen Infektionen führen. Die Infektion erfolgt über die Nahrung, das Trinkwasser oder die Berührung infizierter Menschen, Tiere oder Gegenstände. Koli-Bakterien vermehren sich ungeschlechtlich durch Zellteilung. Die Bildserie rechts zeigt die Vermehrung auf einem mit Nähr-Agar beschichteten Objektträger bei 25 Grad Celsius. Die Aufnahmen wurden im Rhythmus von 40 Minuten gemacht. Bei einer Temperatur von 35 bis 38 Grad teilen sich die Bakterien noch einmal so schnell.
TEM 100 000 : 1 (links);
Lichtmikroskop,
Phasenkontrast 600 : 1

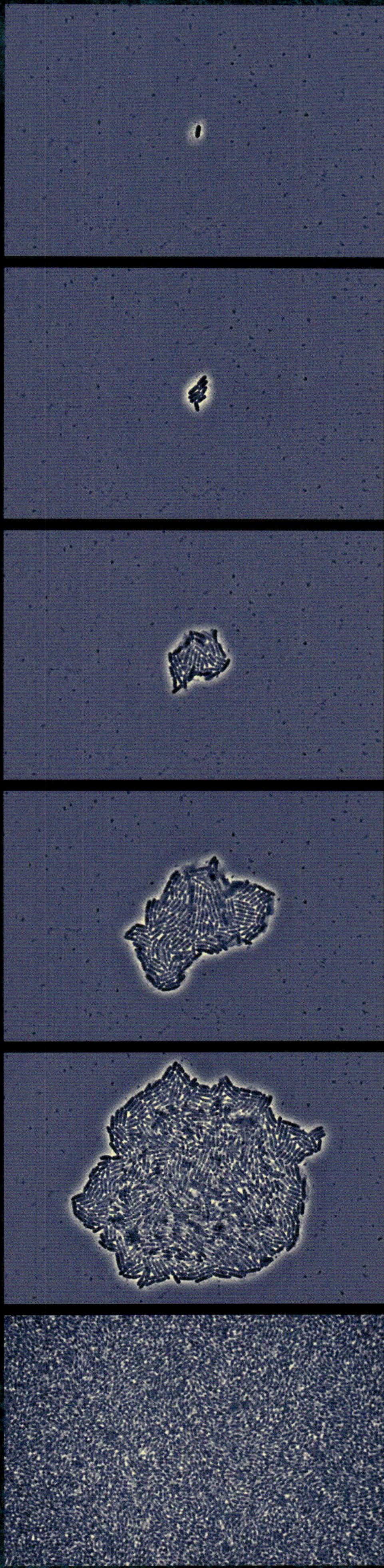

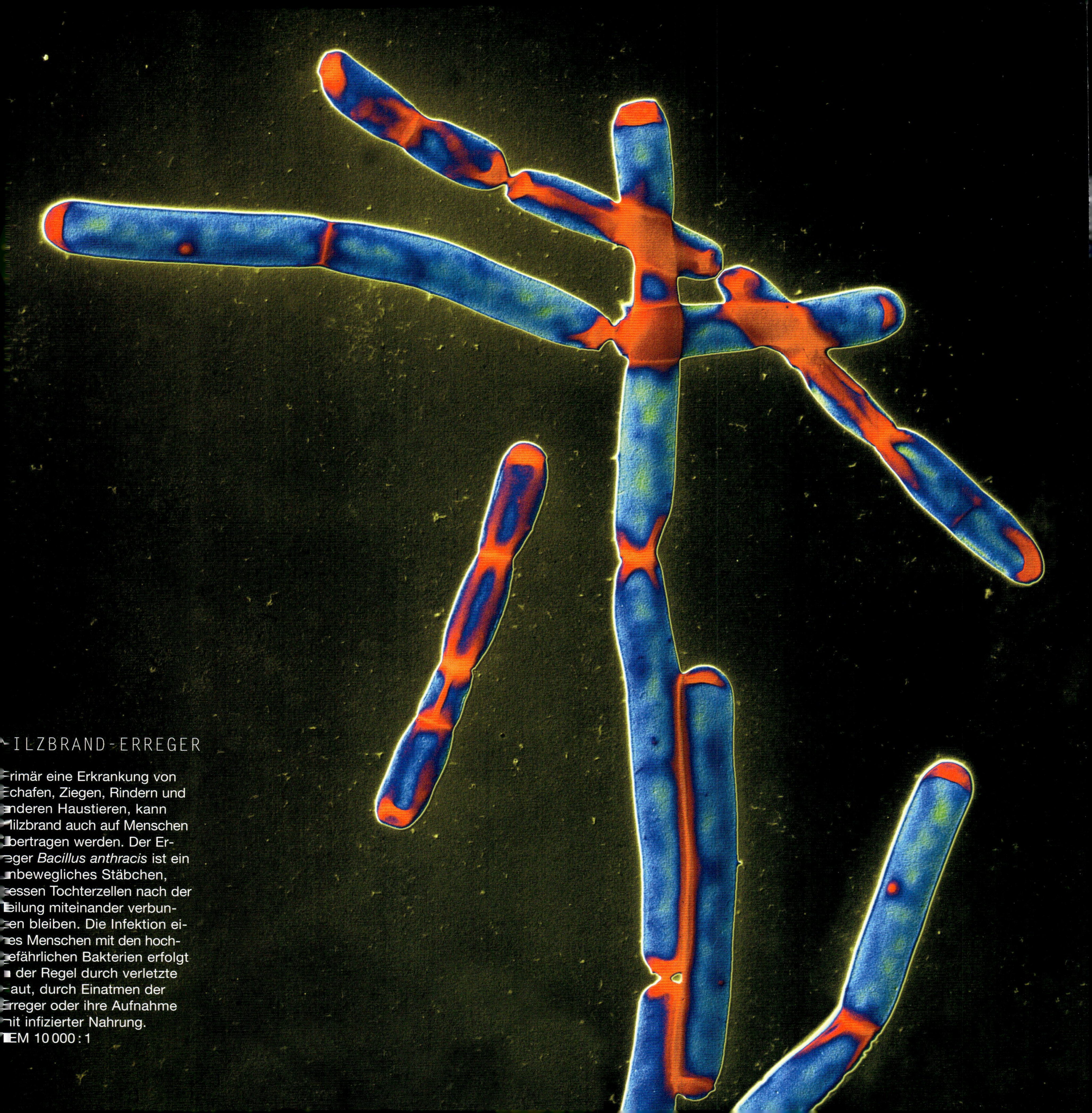

ILZBRAND-ERREGER

rimär eine Erkrankung von chafen, Ziegen, Rindern und nderen Haustieren, kann ilzbrand auch auf Menschen bertragen werden. Der Er- eger *Bacillus anthracis* ist ein nbewegliches Stäbchen, essen Tochterzellen nach der eilung miteinander verbun- en bleiben. Die Infektion ei- es Menschen mit den hoch- efährlichen Bakterien erfolgt der Regel durch verletzte aut, durch Einatmen der rreger oder ihre Aufnahme it infizierter Nahrung. EM 10 000 : 1

STREPTOKOKKEN

Die einzelnen Bakterien wie Perlen zu einer Kette aufgereiht, treibt *Streptococcus pyogenes* sein Unheil im menschlichen Körper – es löst vielerlei akute Infektionen wie Rachenkatarrh, Mittelohrentzündung und Scharlach sowie als Spätfolgen rheumatisches Fieber, Nierenleiden und Entzündungen des Herzens aus. Nahe Verwandte machen sich hingegen in der Milchwirtschaft bei der Produktion von Buttermilch und Käse nützlich.
TEM 10 000 : 1

NATRIALBA

Die unauffälligen Stäbchen der Art *Natrialba magadii* leben – wie alle auf dieser Doppelseite vorgestellten Bakterien – unter extremen Bedingungen: *Natrialba* in basischen Gewässern mit einem pH-Wert von 9 bis 11. REM 3300 : 1

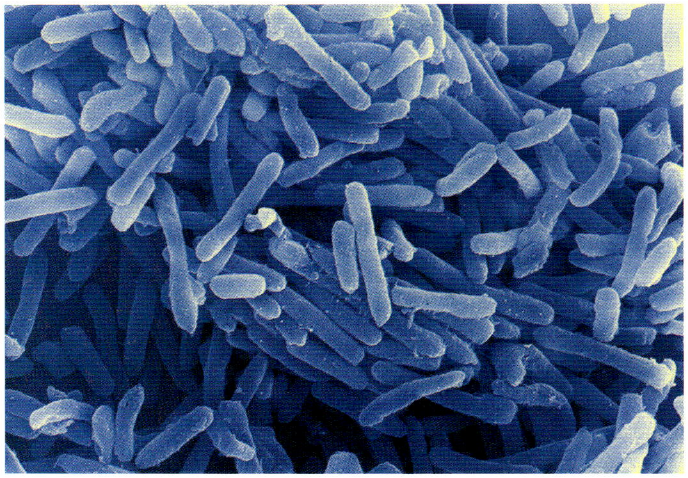

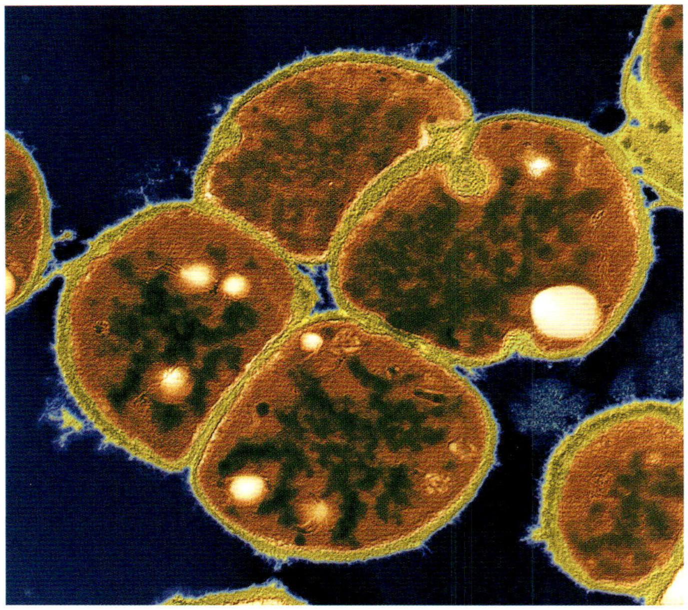

HALOCOCCUS

Die »Salzkokken« *Halococcus morrhuae* gedeihen im konzentrierten Salzwasser von Salzseen und Salinen. Bei einer Massenvermehrung der Bakterien färbt sich das Wasser rot. TEM 18 000 : 1

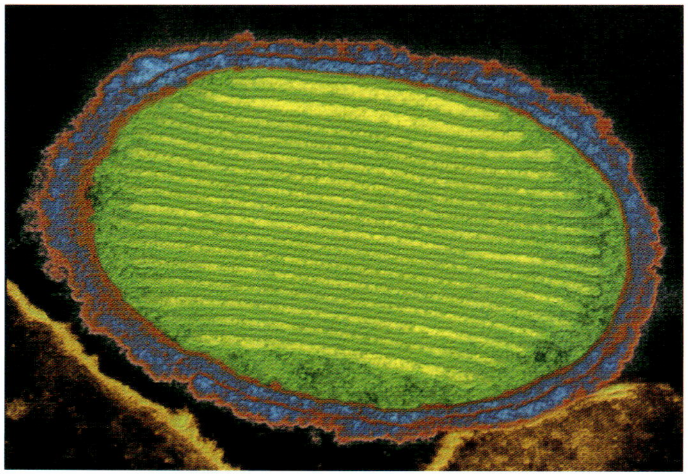

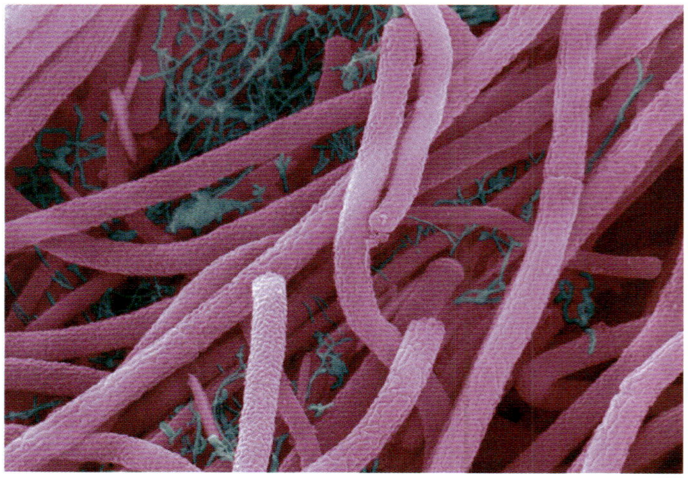

ECTOTHIORHODOSPIRA

In bis zu 80 Grad Celsius heißen Salzpfützen siedeln sich die kräftig blaugrün gefärbten Bakterien an. *Ectothiorhodospira halochloris* übersteht unbeschadet ein Austrocknen der Pfützen und das Kristallisieren des Salzes. Seine Lebensenergie verschafft sich dieses Bakterium durch Photosynthese mithilfe des deutlich erkennbaren Membransystems. REM 11 000 : 1

THERMOCRINUS

Lebensraum von *Thermocrinus ruber* sind bis zu 80 Grad Celsius heiße Bäche des Yellowstone National Park in den USA. Die Art bildet rosafarbene schleimige Fäden, die an Steinen festsitzen und ihr die Bezeichnung »pink filaments« eingetragen haben. In stehenden Gewässern treten diese Bakterien als Stäbchen auf, die Koli-Bakterien ähneln. REM 9000 : 1

CYANIDIUM

Blaualgen wie *Cyanidium caldar* besitzen keinen Zellkern und werden daher den Bakterien zugeordnet. Auch *Cyanidium* kann in heißen Salzpfützen überdauern und gehört somit zu den »Extremophilen«, den Bakterien, die extreme Bedingungen lieben. REM 38 000 : 1

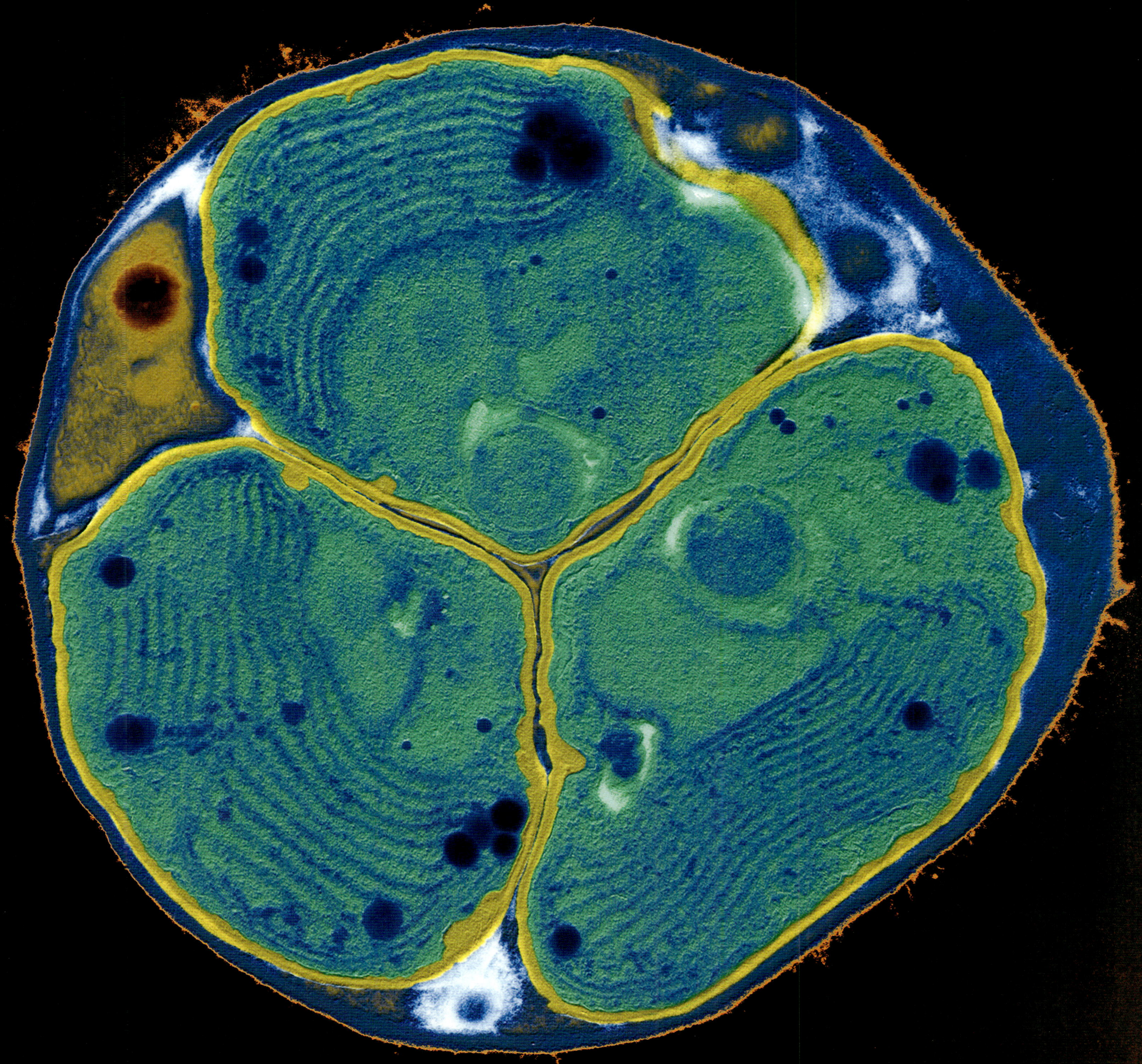

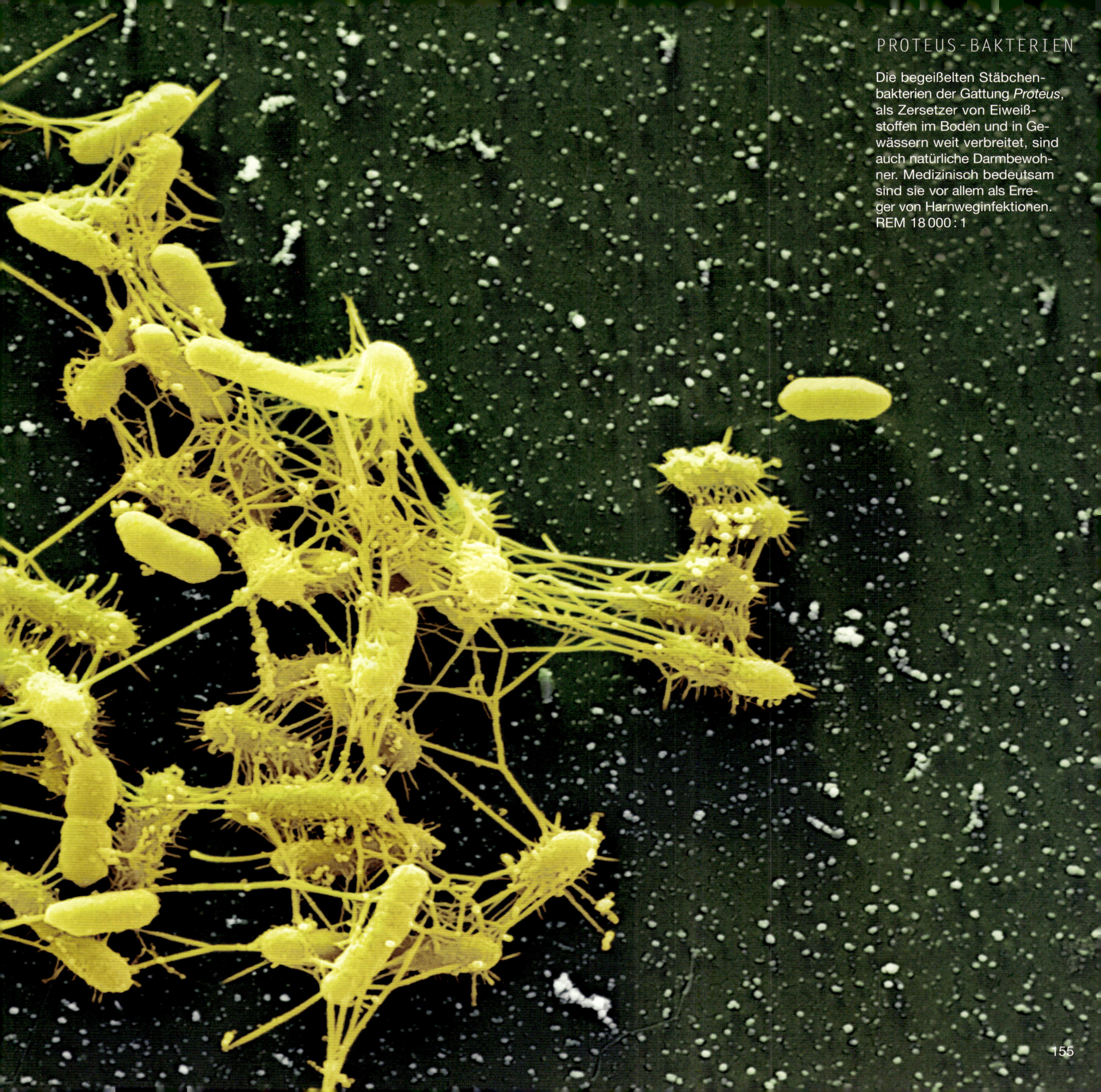

PROTEUS-BAKTERIEN

Die begeißelten Stäbchenbakterien der Gattung *Proteus*, als Zersetzer von Eiweißstoffen im Boden und in Gewässern weit verbreitet, sind auch natürliche Darmbewohner. Medizinisch bedeutsam sind sie vor allem als Erreger von Harnweginfektionen. REM 18 000 : 1

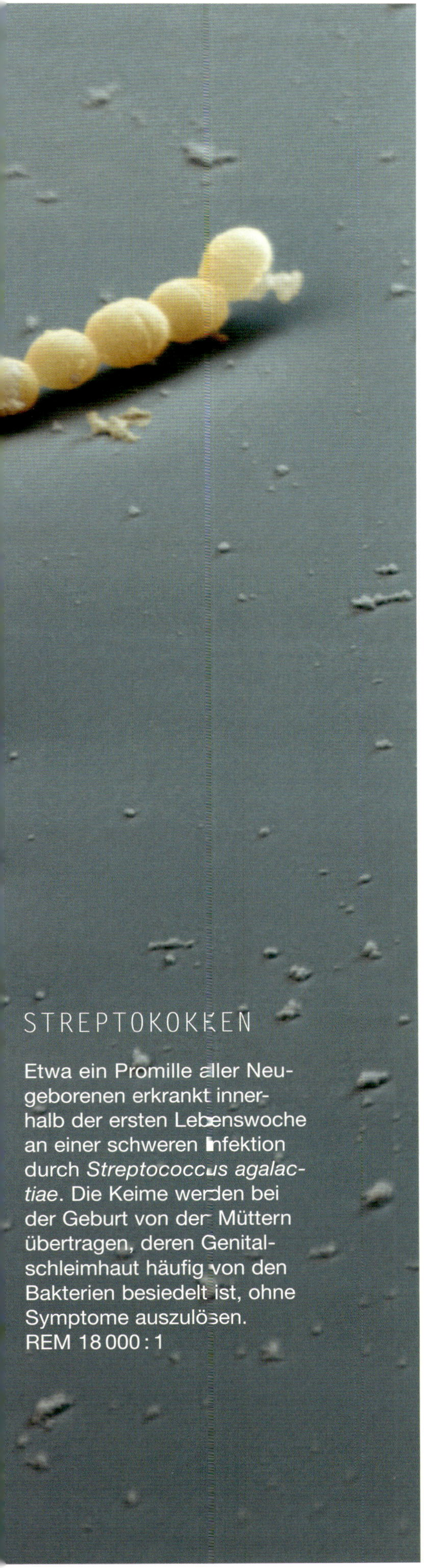

STREPTOKOKKEN

Etwa ein Promille aller Neugeborenen erkrankt innerhalb der ersten Lebenswoche an einer schweren Infektion durch *Streptococcus agalactiae*. Die Keime werden bei der Geburt von den Müttern übertragen, deren Genitalschleimhaut häufig von den Bakterien besiedelt ist, ohne Symptome auszulösen.
REM 18 000 : 1

HELICOBACTER

Die erst 1983 entdeckte Bakterien-Art *Helicobacter pylori* besiedelt die Schleimhaut des menschlichen Magens und ist die Ursache von chronischen Entzündungen der Magenschleimhaut und von Zwölffingerdarmgeschwüren.
REM 5600 : 1

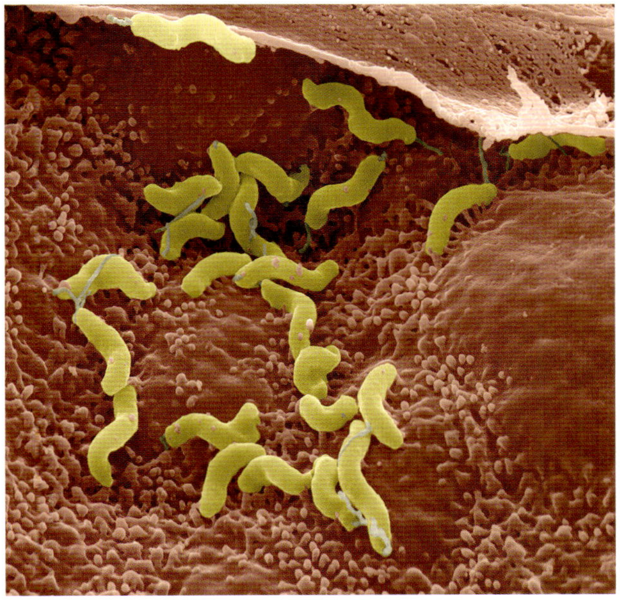

ENTEROBACTER

Im Boden und im Wasser, aber auch im Darm von Tieren und Menschen ist *Enterobacter cloacae* zuhause. Bei Abwehrschwäche können die Mikroben Harnweginfekte und andere Infektionen wie Lungen- oder Hirnhautentzündung auslösen.
REM 1900 : 1

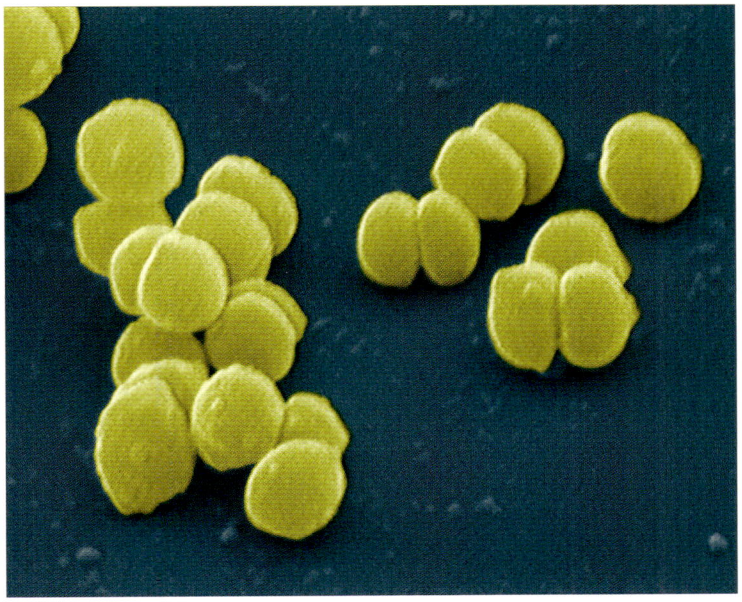

NEISSERIA

Erkrankungen an eitriger Hirnhautentzündung (Meningitis) werden häufig durch Meningokokken, *Neisseria meningitidis*, ausgelöst. Die oft paarweise auftretenden Erreger dringen über die Nasenschleimhaut in den Körper ein.
REM 17 000 : 1

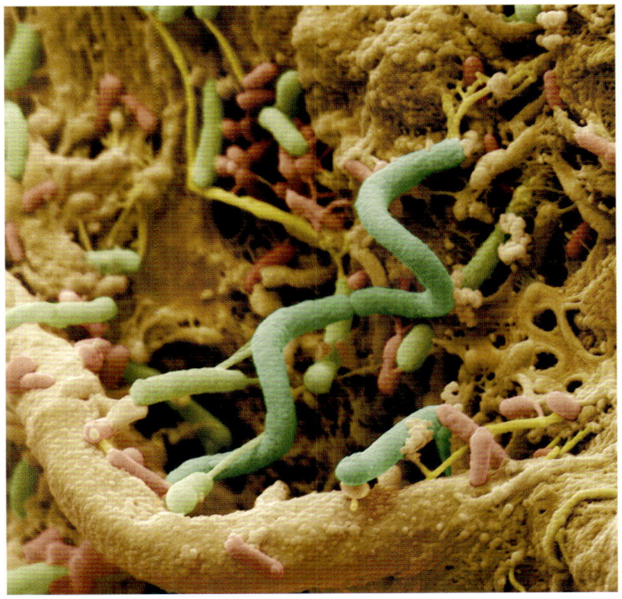

SPIROCHÄTE

Eine Einschnürung in der Mitte zeigt, dass dieses nicht näher bestimmte, im Kompost gefundene Exemplar schraubenförmig gewundener Bakterien eine Teilung fast abgeschlossen hat. Zu den Spirochäten zählen auch Erreger gefürchteter Krankheiten, etwa der Syphilis.
REM 6300 : 1

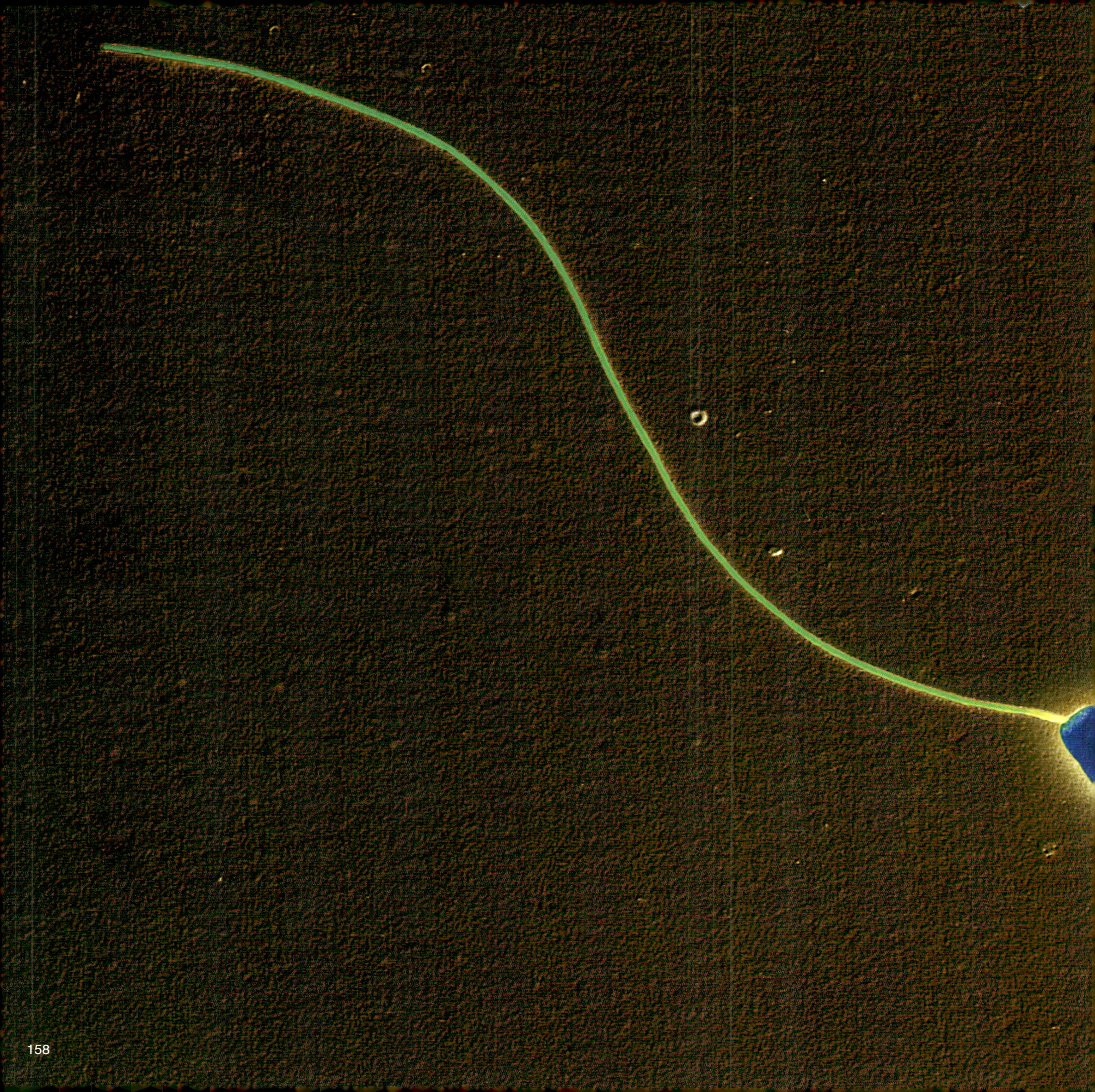

CAMPYLOBACTER

Die gebogenen bis leicht gewundenen Stäbchenbakterien bewegen sich mithilfe ihrer Geißeln schraubend voran. Eine Infektion mit *Campylobacter jejuni* durch tierische Nahrungsmittel oder Trinkwasser, Kontakt mit erkrankten Tieren oder Menschen kann zu heftigen Durchfällen führen.
TEM 120 000 : 1

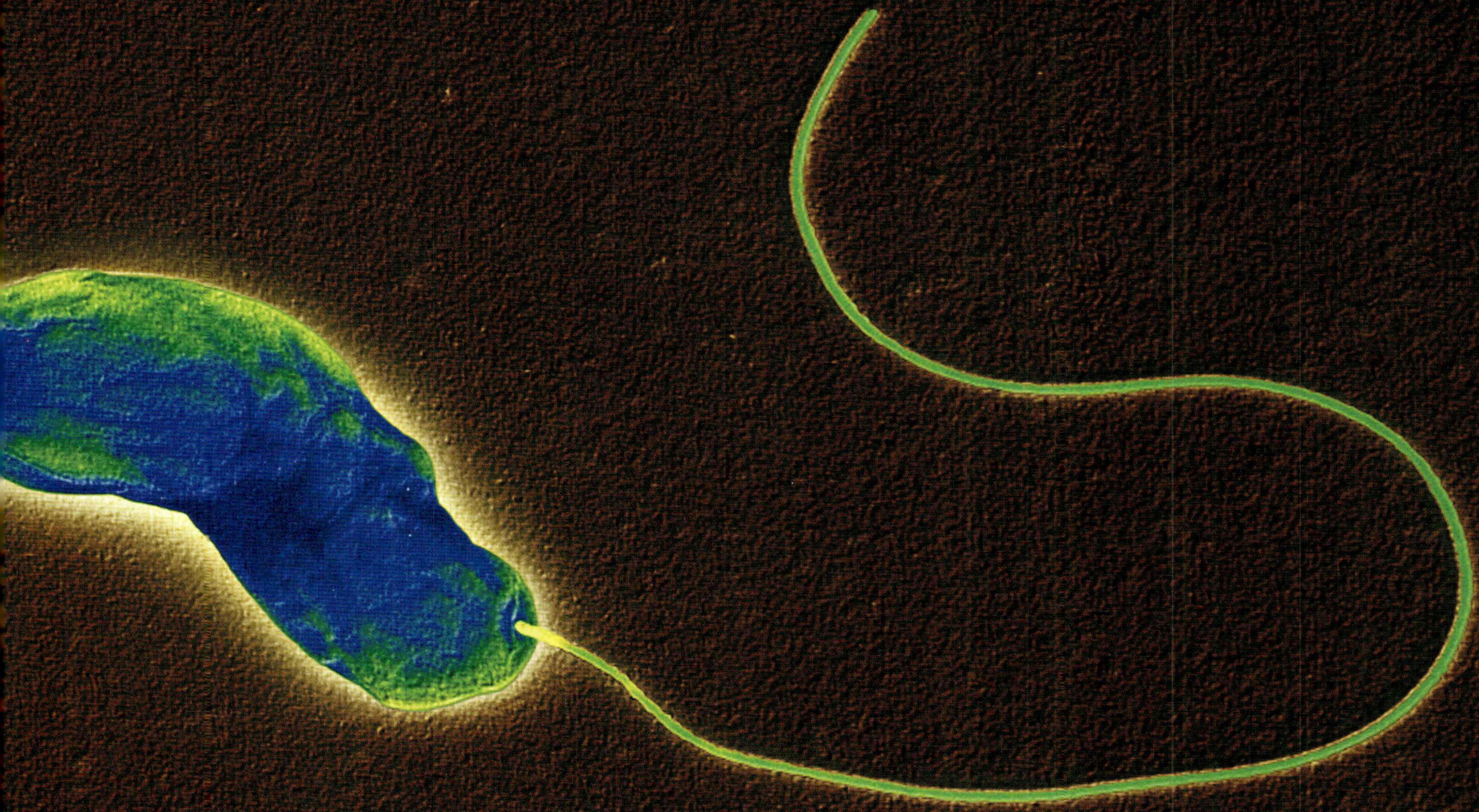

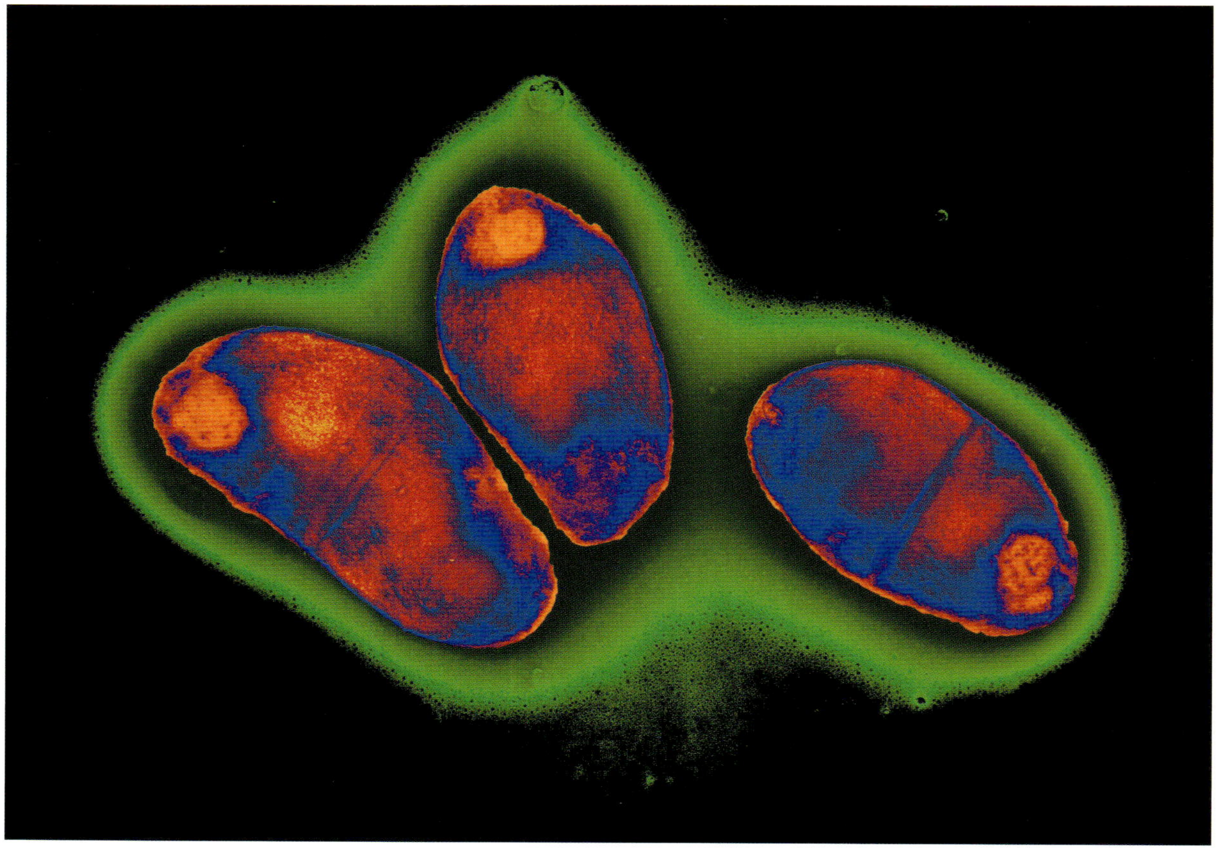

CORYNEBACTERIUM

Die gedrungenen Stäbchen von *Corynebacterium diphtheriae* sind die Erreger der Diphtherie. Ihre hochgiftigen Stoffwechselprodukte können zu Kreislaufversagen und plötzlichem Herztod, Nierenschäden und Nervenlähmungen führen.
TEM 36 000 : 1

BORRELIEN

Zu den schraubenförmigen Bakterien zählt auch *Borrelia burgdorferi*, der Erreger der gefährlichen, durch Zecken übertragenen Lymekrankheit. Wochen nach dem Zeckenbiss kann es zu rheumaartigen Gelenkschmerzen und Lähmungen sowie Entzündungen des Herzmuskels, der Hirnhaut und des Rückenmarks kommen.
REM 25 000 : 1

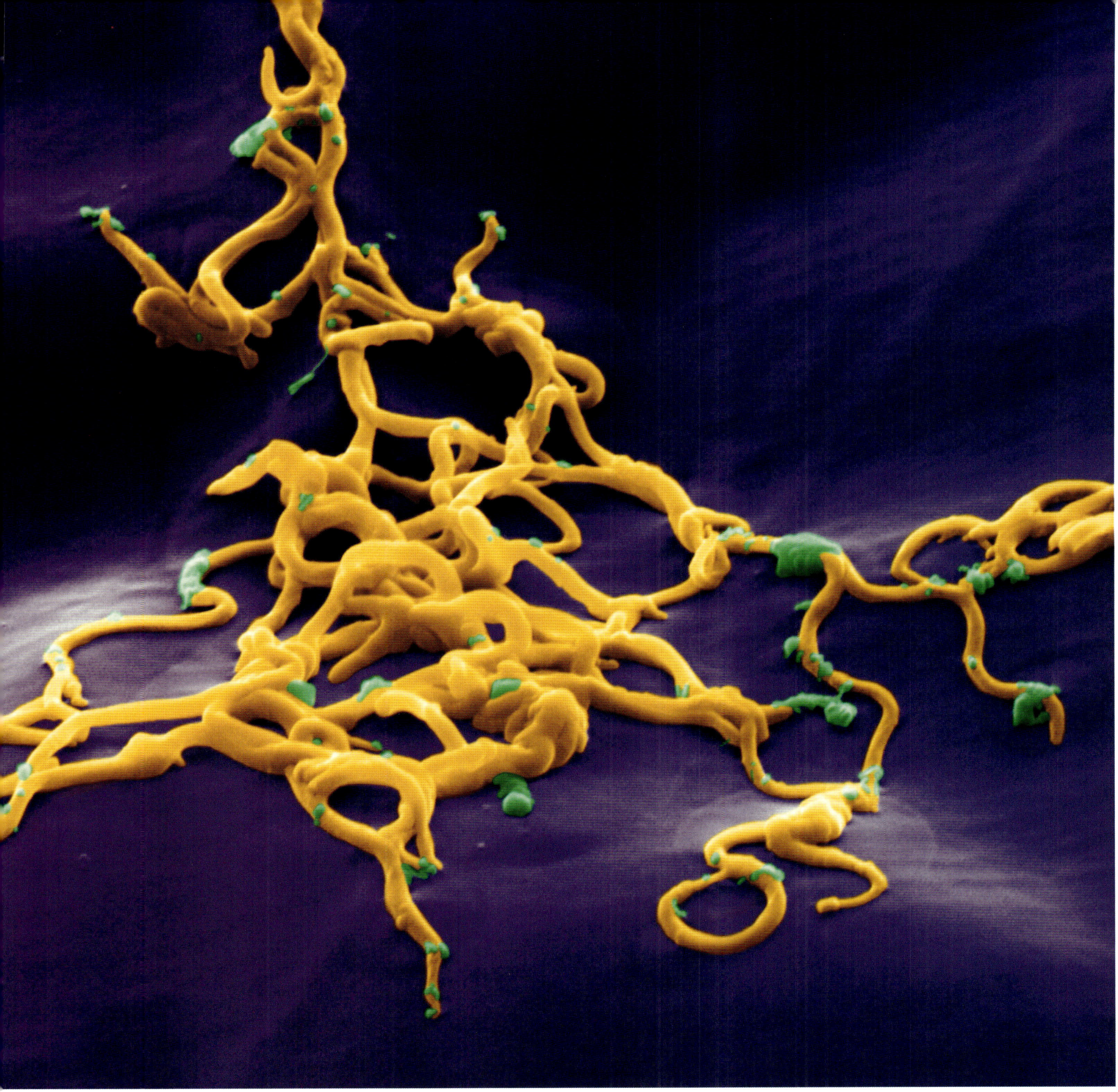

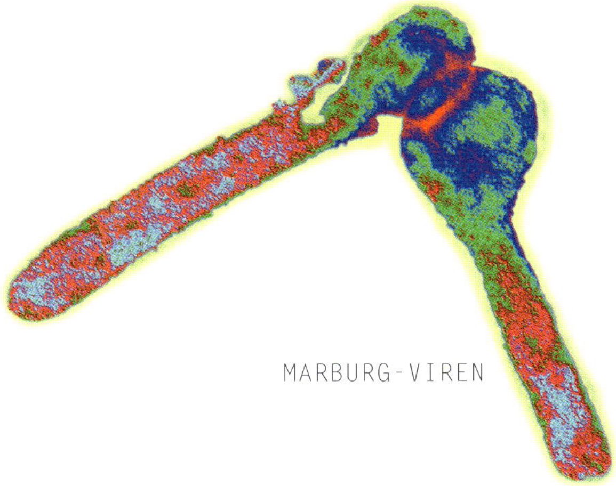

MARBURG-VIREN

Winziger noch als Bakterien, sind Viren die perfekten Parasiten. Sie bestehen lediglich aus Erbsubstanz in einer oder mehreren Hüllen überwiegend aus Eiweiß. Da sie über keinen eigenen Stoffwechsel verfügen, sind sie außerhalb eines Organismus so gut wie tot. Forscher können manche Viren sogar dazu bringen, Kristalle zu bilden. Doch wenn die Winzlinge in eine Zelle gelangen, je nach Art in die einer Pflanze oder eines Tieres, eines Menschen oder eines Bakteriums, übernehmen sie das Kommando und zwingen die Zelle, Viren zu produzieren. Die hochgefährlichen Marburg-Viren, 1967 in Marburg entdeckt, nachdem sie mit Grünen Meerkatzen aus Uganda eingeschleppt worden waren, töten innerhalb von Tagen. Aids-Viren hingegen verharren monate- bis jahrelang im Körper, bevor sie die Krise heraufbeschwören. Zahlreiche andere Virusarten wiederum wie jene, die uns mit Erkältungskrankheiten plagen, sind vergleichsweise harmlos. Die Wissenschaft tut sich noch immer schwer mit den Zellpiraten: einerseits damit zu erklären, woher die Viren, die als Parasiten in der Evolution relativ spät entstanden sein müssen, eigentlich stammen; andererseits damit, wirksame Verfahren gegen sie zu entwickeln.

VIREN

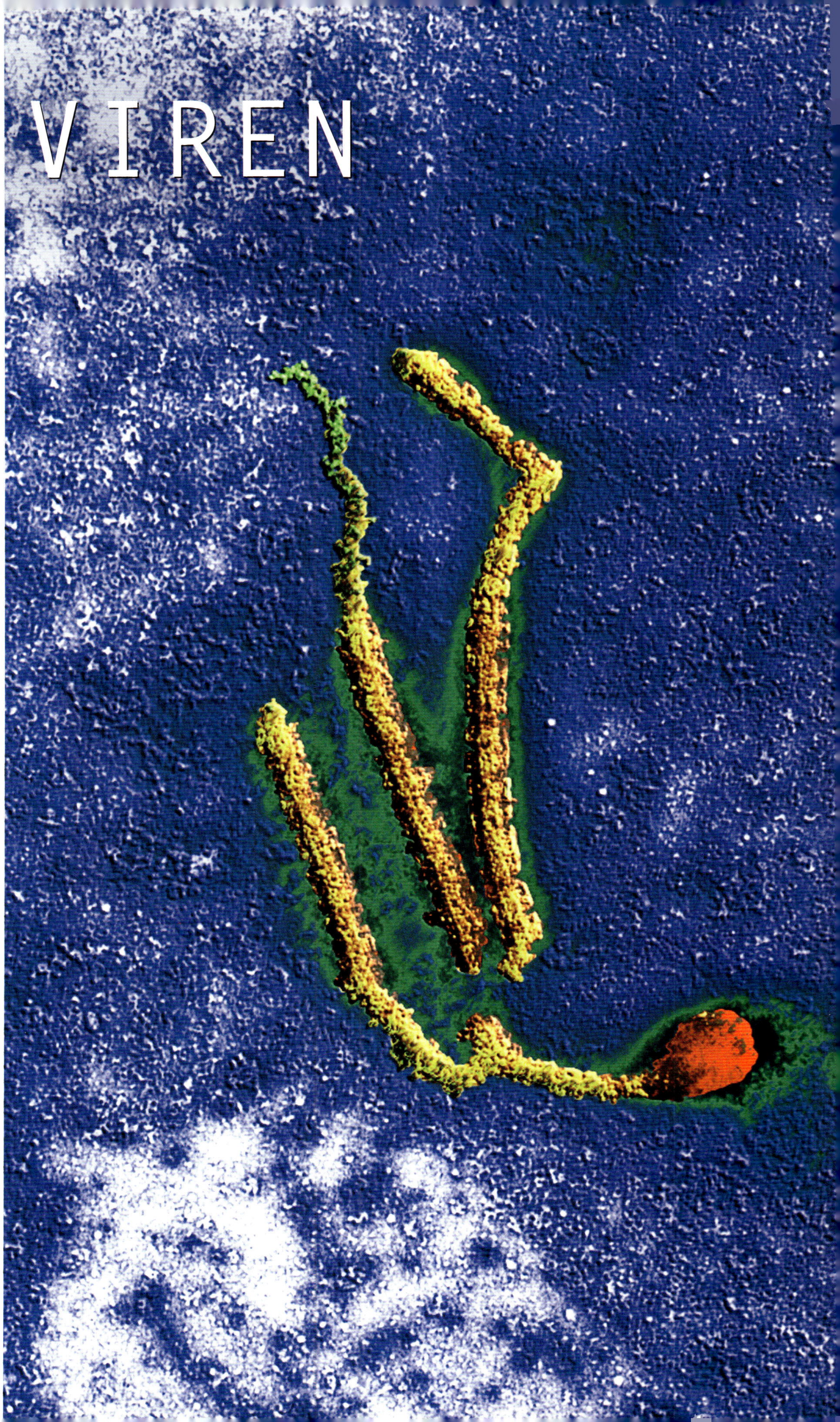

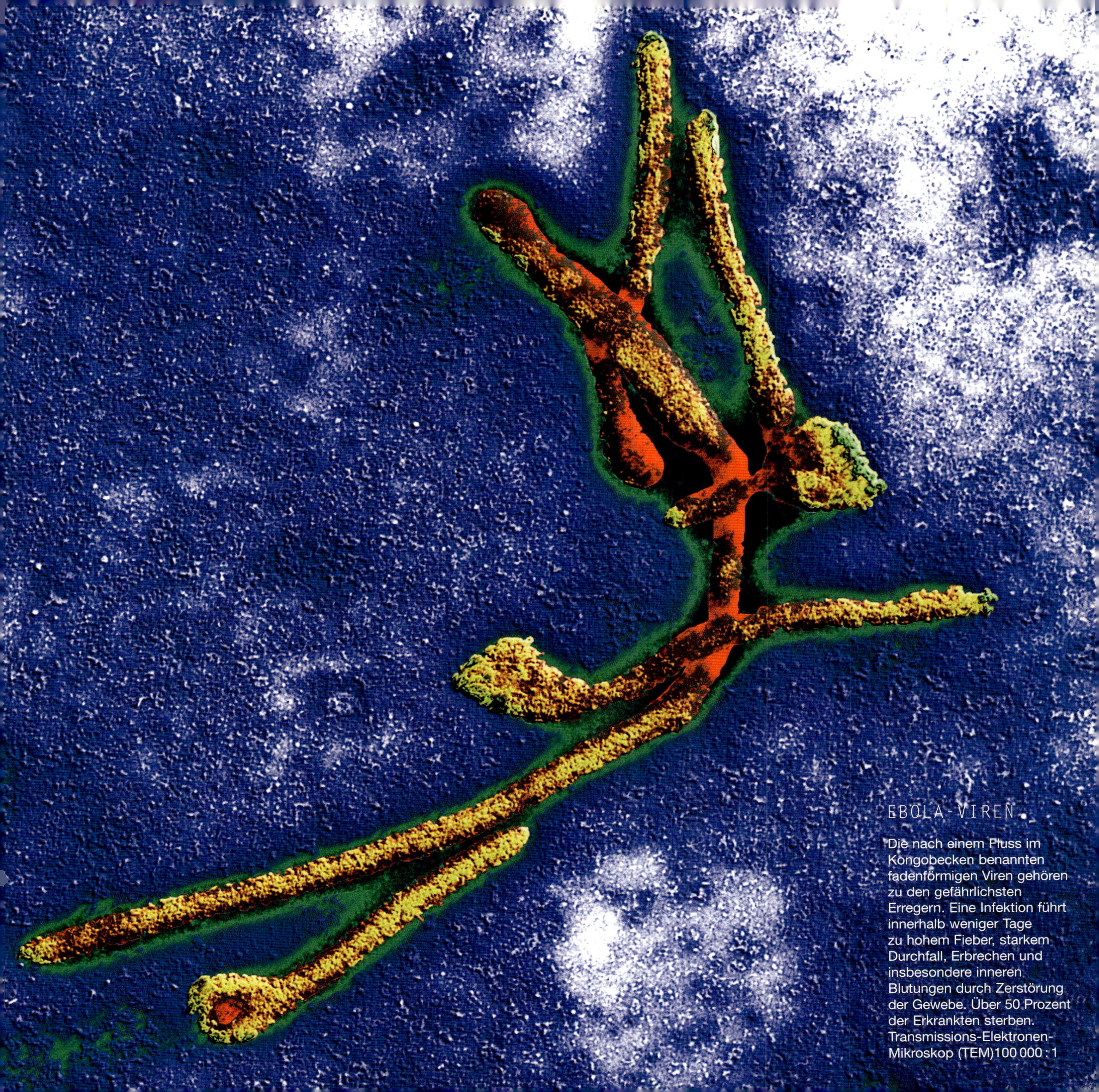

EBOLA-VIREN

Die nach einem Fluss im Kongobecken benannten fadenförmigen Viren gehören zu den gefährlichsten Erregern. Eine Infektion führt innerhalb weniger Tage zu hohem Fieber, starkem Durchfall, Erbrechen und insbesondere inneren Blutungen durch Zerstörung der Gewebe. Über 50 Prozent der Erkrankten sterben. Transmissions-Elektronen-Mikroskop (TEM) 100 000 : 1

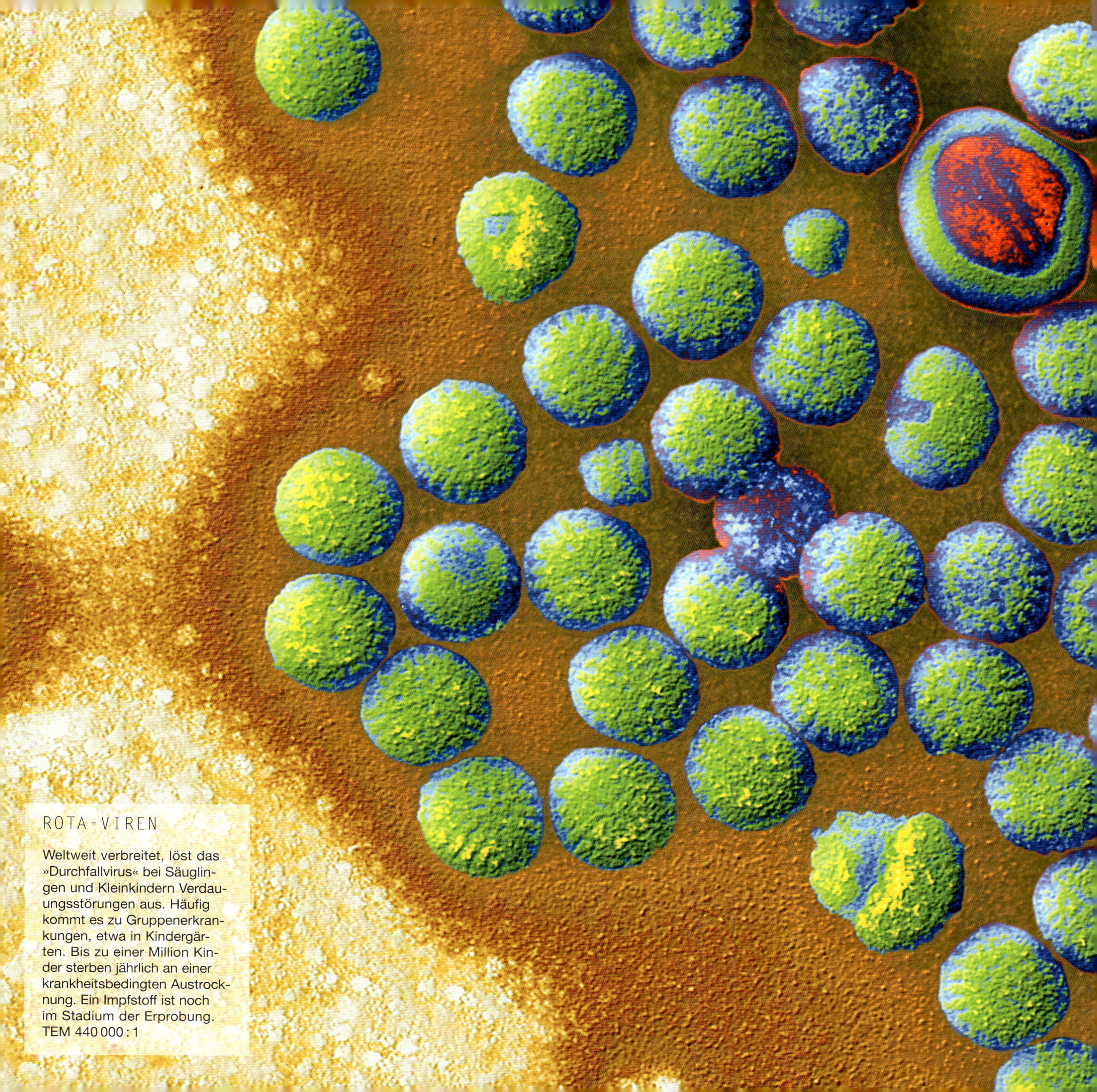

ROTA-VIREN

Weltweit verbreitet, löst das »Durchfallvirus« bei Säuglingen und Kleinkindern Verdauungsstörungen aus. Häufig kommt es zu Gruppenerkrankungen, etwa in Kindergärten. Bis zu einer Million Kinder sterben jährlich an einer krankheitsbedingten Austrocknung. Ein Impfstoff ist noch im Stadium der Erprobung. TEM 440 000 : 1

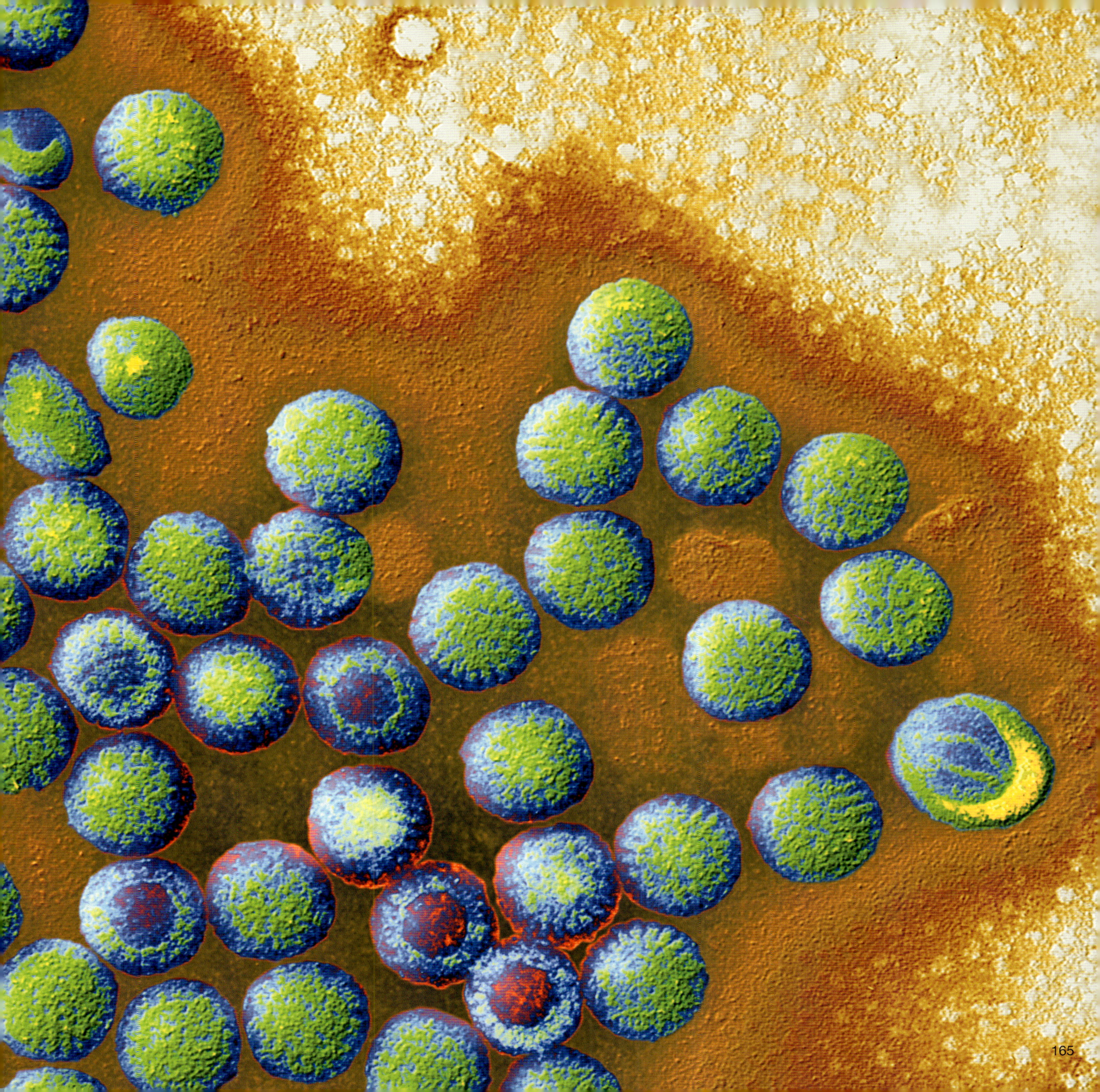

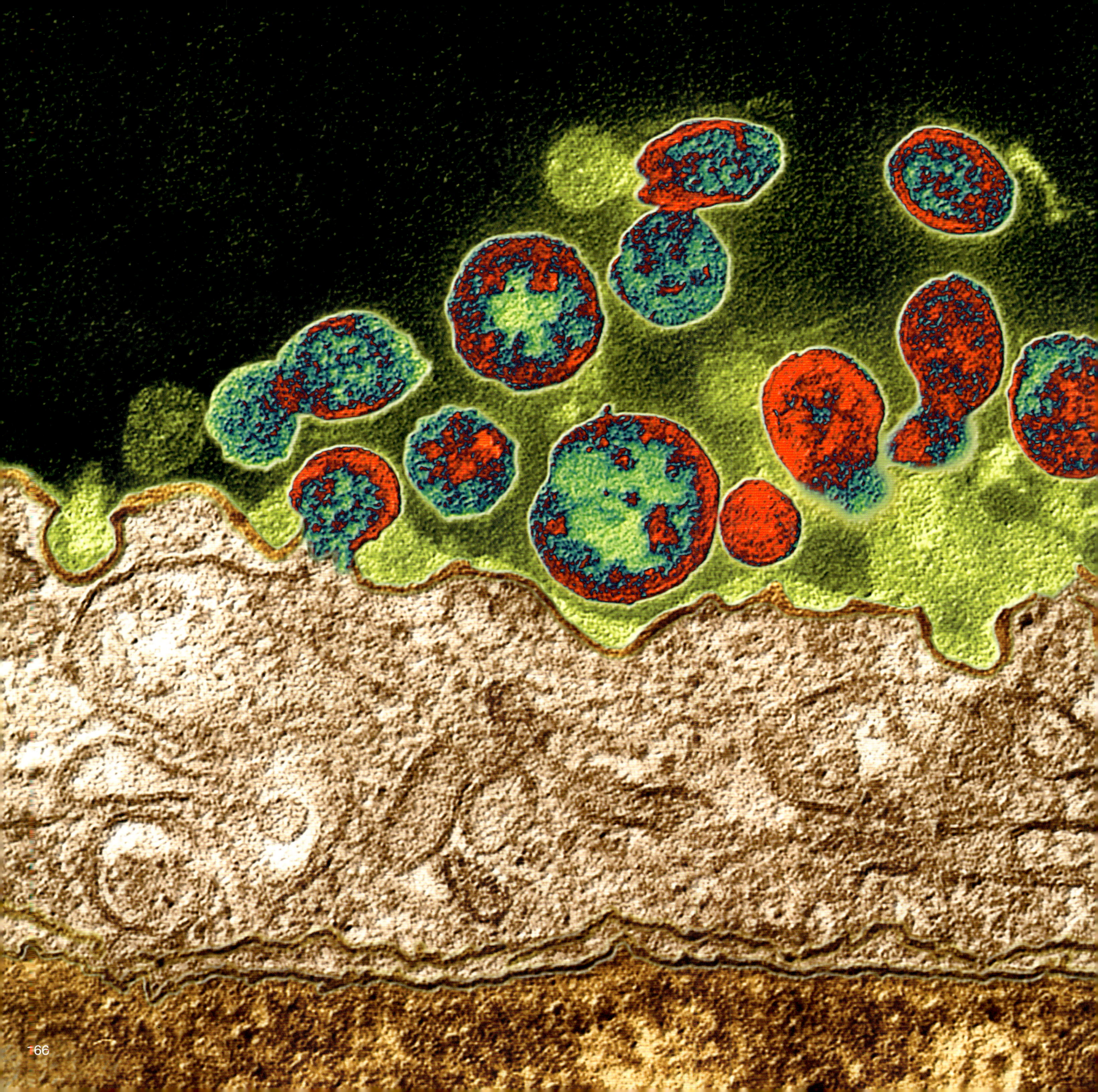

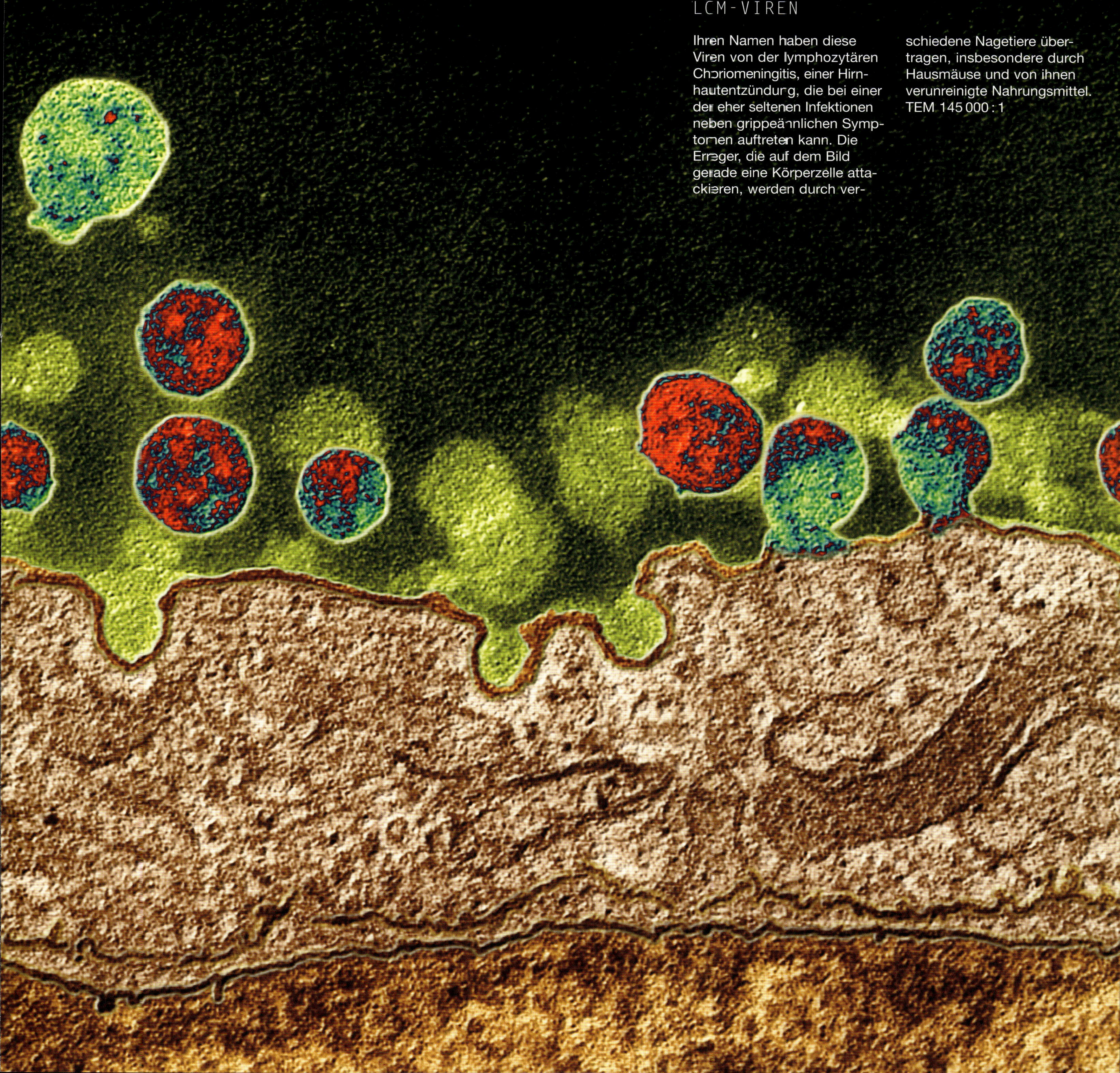

LCM-VIREN

Ihren Namen haben diese Viren von der lymphozytären Choriomeningitis, einer Hirnhautentzündung, die bei einer der eher seltenen Infektionen neben grippeähnlichen Symptomen auftreten kann. Die Erreger, die auf dem Bild gerade eine Körperzelle attackieren, werden durch verschiedene Nagetiere übertragen, insbesondere durch Hausmäuse und von ihnen verunreinigte Nahrungsmittel. TEM 145 000 : 1

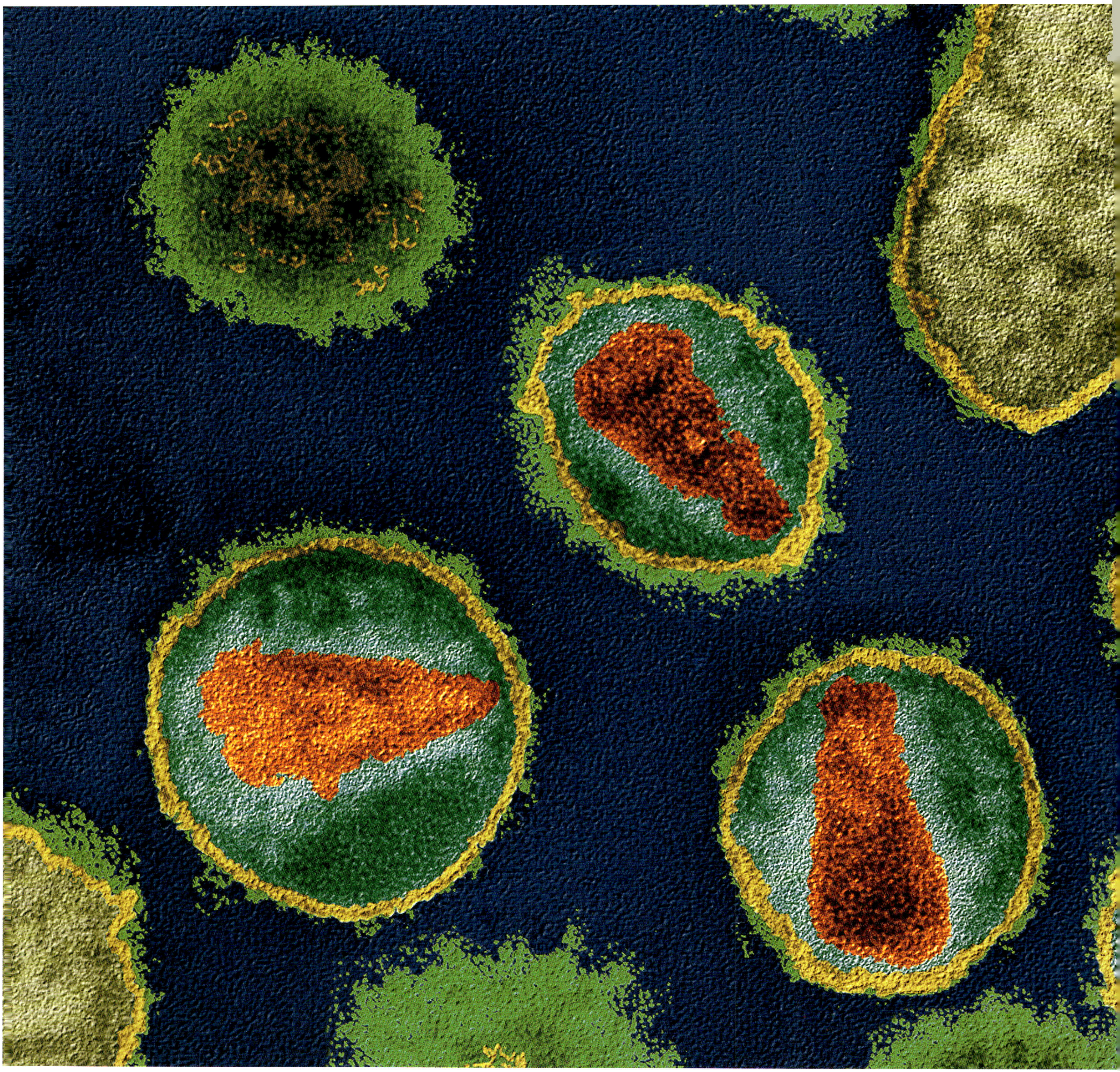

AIDS-VIREN

Korrekt heißen die Erreger der Menschheitsgeißel unserer Zeit HIV (Abkürzung von human immunodeficiency virus, menschliches Immunschwäche-Virus). Sie befallen Zellen des Immunsystems und machen dadurch den Organismus anfällig für Viren und Bakterien, Pilze und Einzeller, die gewöhnlich schnell aufgespürt und abgewehrt werden, durch Über- und Fehlreaktion des Immunsystems aber dramatische und schließlich tödliche Krankheiten auslösen können.
In Scheiben geschnittene Viren offenbaren – auf dem Bild links in verschiedenen Ebenen getroffen – den Aufbau aus einem »Kern« (rot), der die Erbsubstanz RNS und das Enzym Reverse Transkriptase enthält, sowie Hüllen aus Eiweißstoffen und fettähnlichen Substanzen. Auf dem Bild rechts oben sitzen Aids-Erreger (blau) auf einem Lymphozyten, einer Abwehrzelle. Die Bildsequenz unten zeigt den Ausbruch eines Virus aus der zur HIV-Produktion gezwungenen Wirtszelle.
TEM 560 000 : 1 (links);
REM 11 000 : 1 (rechts oben);
TEM 200 000 : 1 (Sequenz)

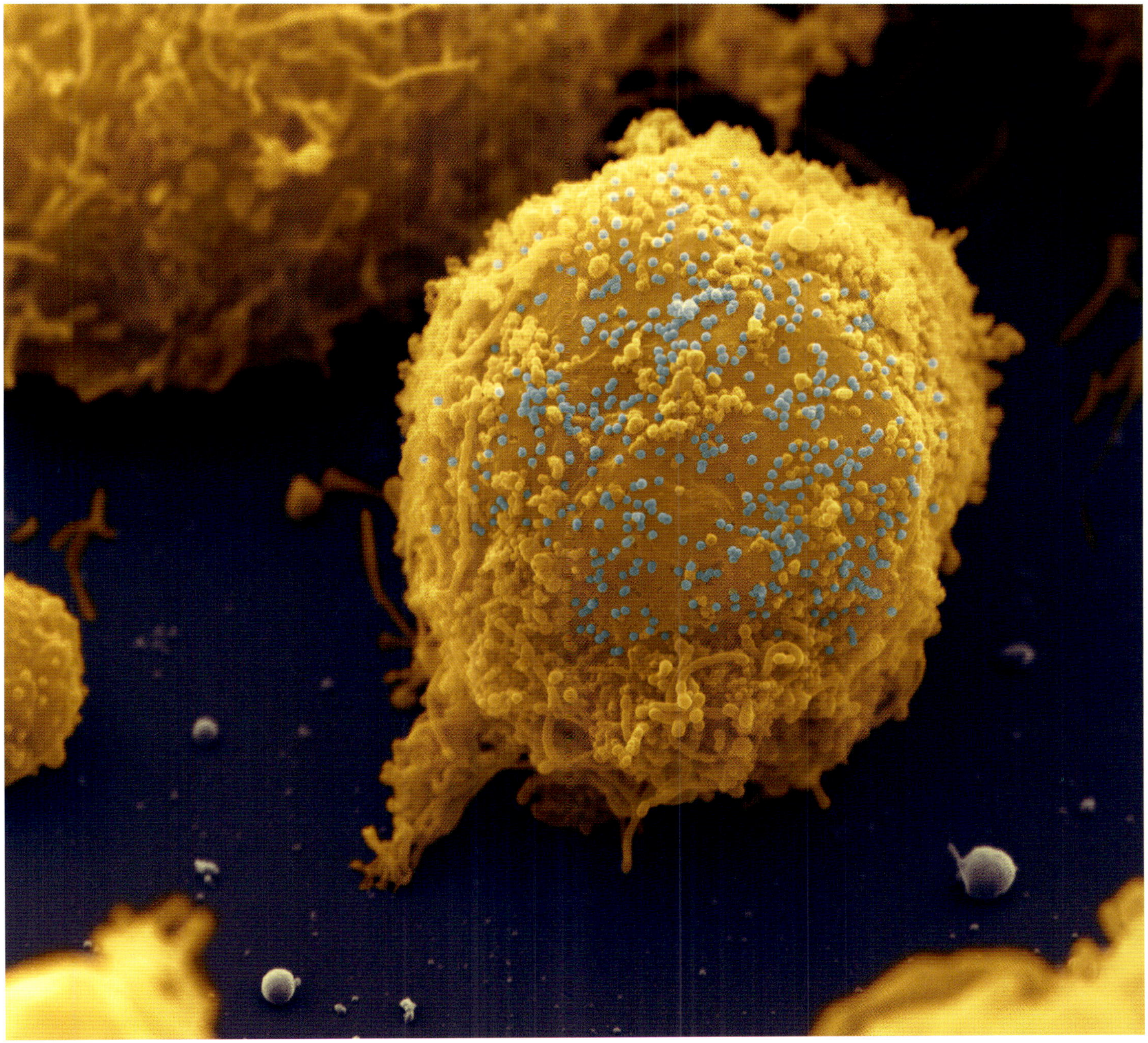

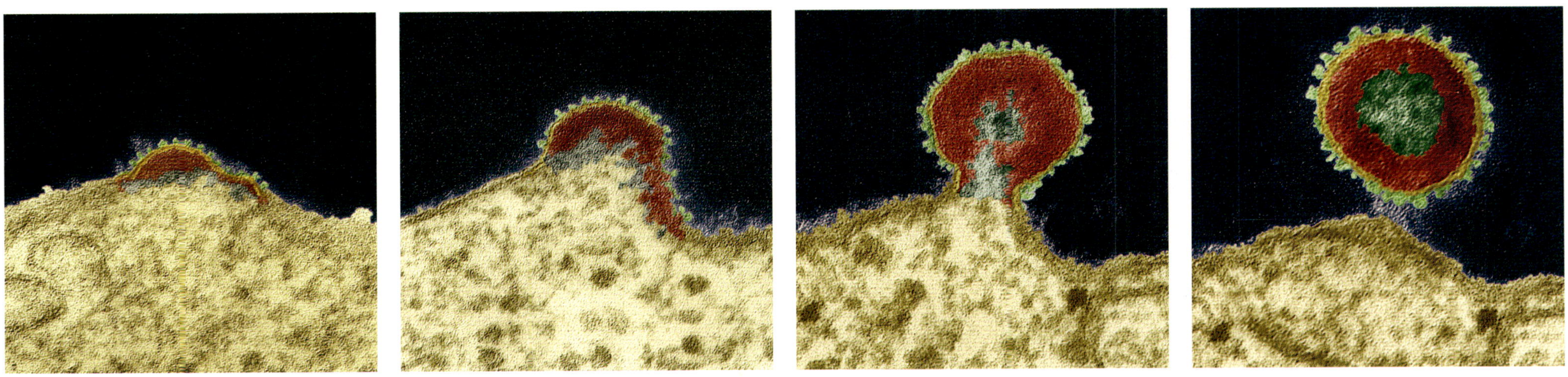

1 SCHNUPFEN
Die kugeligen Rhino-Viren, die in zahlreichen Variationen (»Serotypen«) auftreten, sind die häufigste Ursache tropfender Nasen.

2 POCKEN
Durch ein weltweites Impfprogramm wurde die Seuche 1979 ausgerottet. Die Erreger werden nur noch in einigen Labors aufbewahrt.

3 WINDPOCKEN
Neben der hoch infektiösen, meist harmlosen Kinderkrankheit werden von Varicella-Zoster-Viren auch Gürtelrosen ausgelöst.

4 GRIPPE
Die Erreger der Grippe, in diesem Präparat dicht an dicht konzentriert, sind teils keulenförmig, teils rundlich geformt.

5 KINDERLÄHMUNG
Seit Einführung der Schluckimpfung gegen Polio-Viren ist die Kinderlähmung in Europa und Nordamerika selten geworden.

6 HERPES
Die lästigen Lippenbläschen verschwinden bald wieder, aber die Viren bleiben und lassen früher oder später neue Bläschen sprießen.

7 HEPATITIS B
Die runden Erreger siedeln sich nach der Infektion in der Leber an. Die Ansteckung erfolgt vorwiegend durch Bluttransfusionen und Geschlechtsverkehr.

8 GELBFIEBER
Mücken übertragen im tropischen Afrika und Südamerika die Geldfieber-Viren, die hauptsächlich Leberzellen befallen.
TEM 80 000 – 660 000 : 1

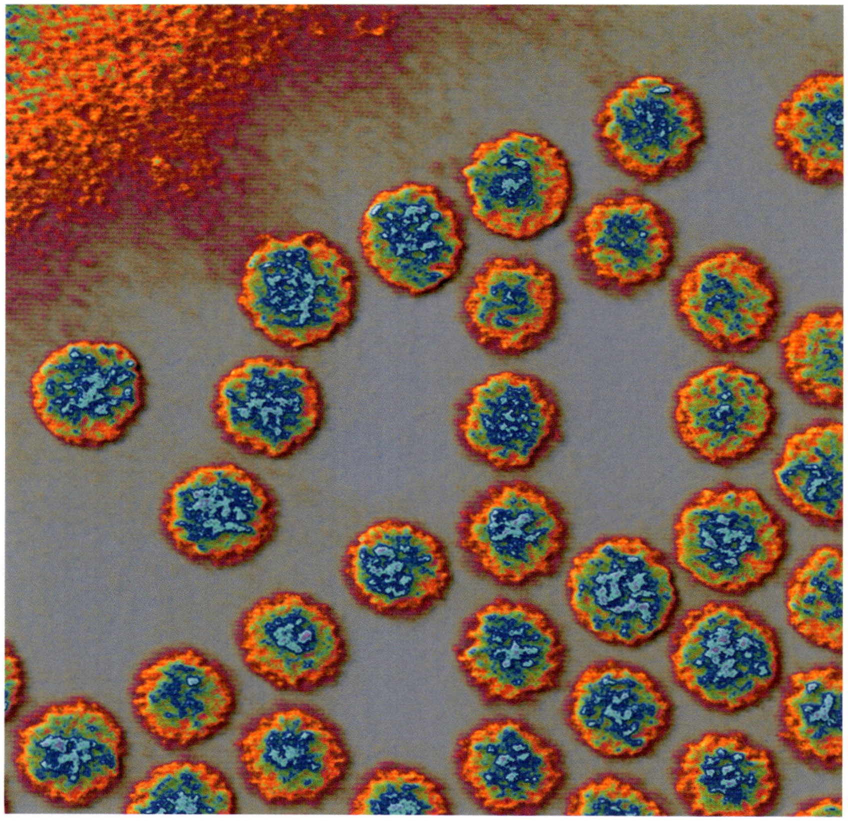
1 RHINO-VIREN

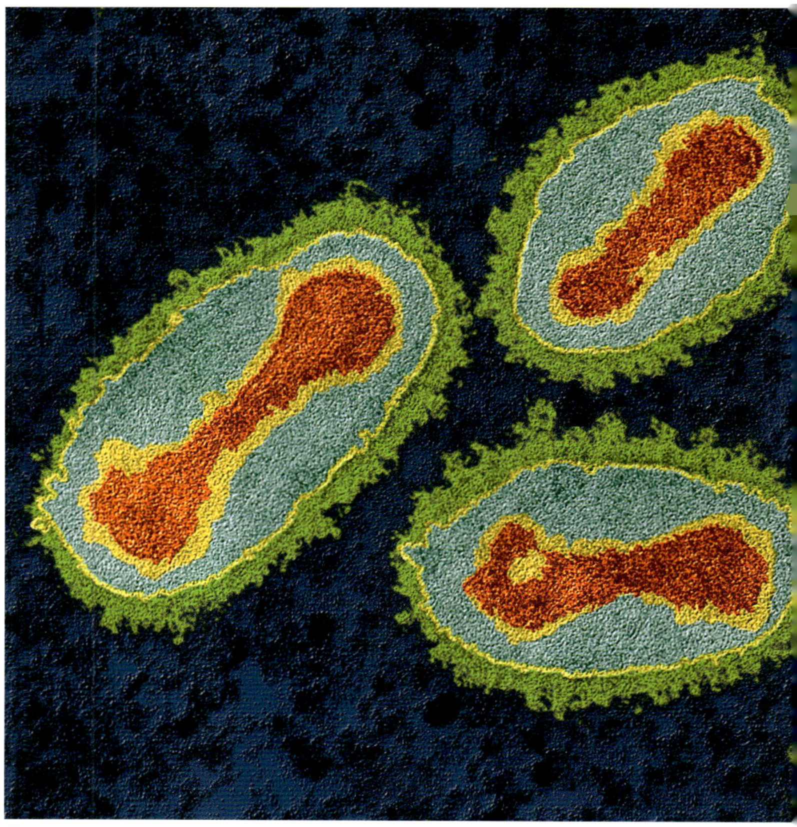
2 VARIOLA-VIREN

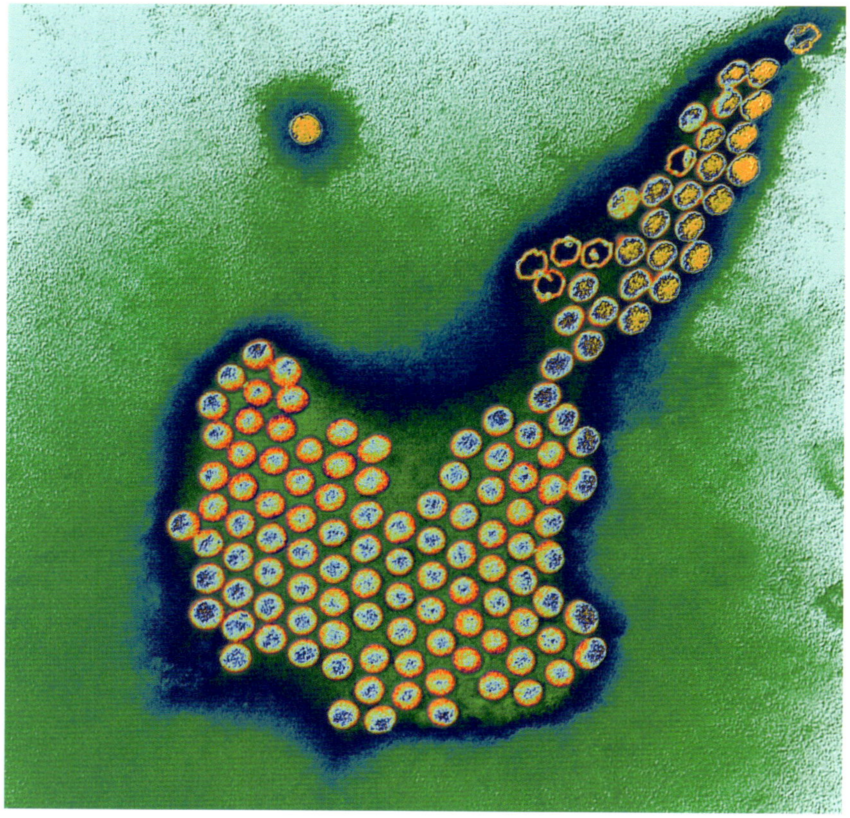
5 POLIO-VIREN

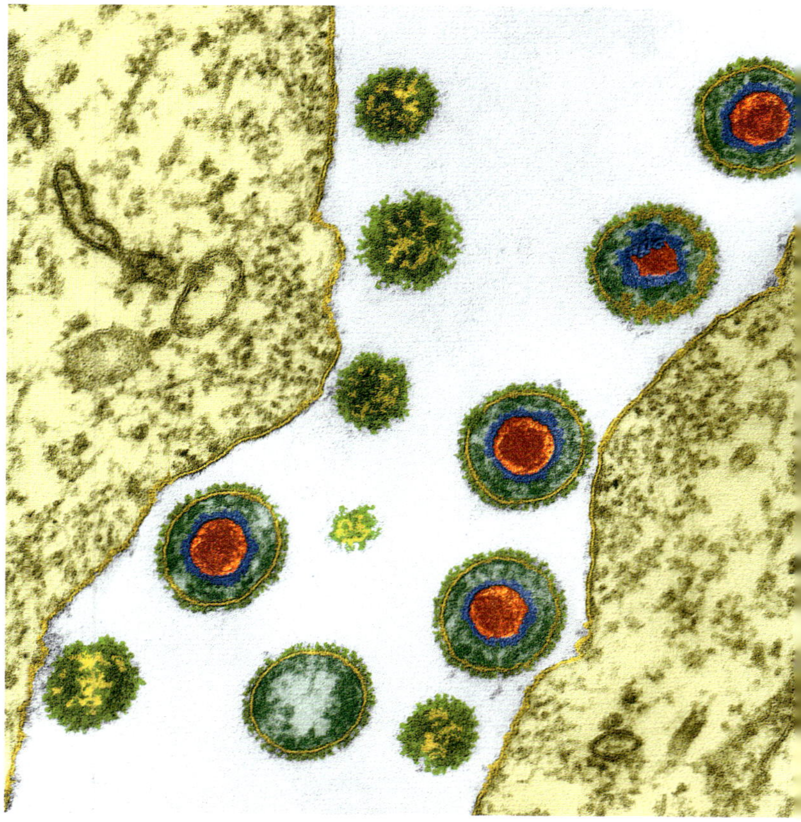
6 HERPES-VIREN

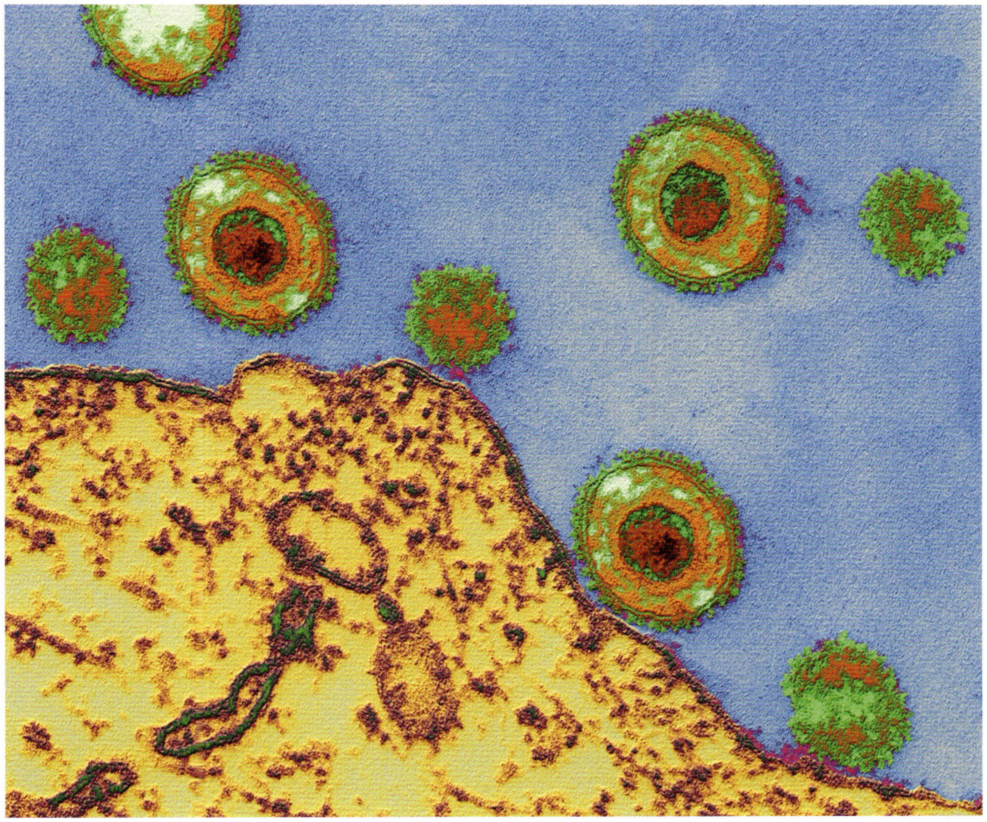

3 VARICELLA-ZOSTER-VIREN

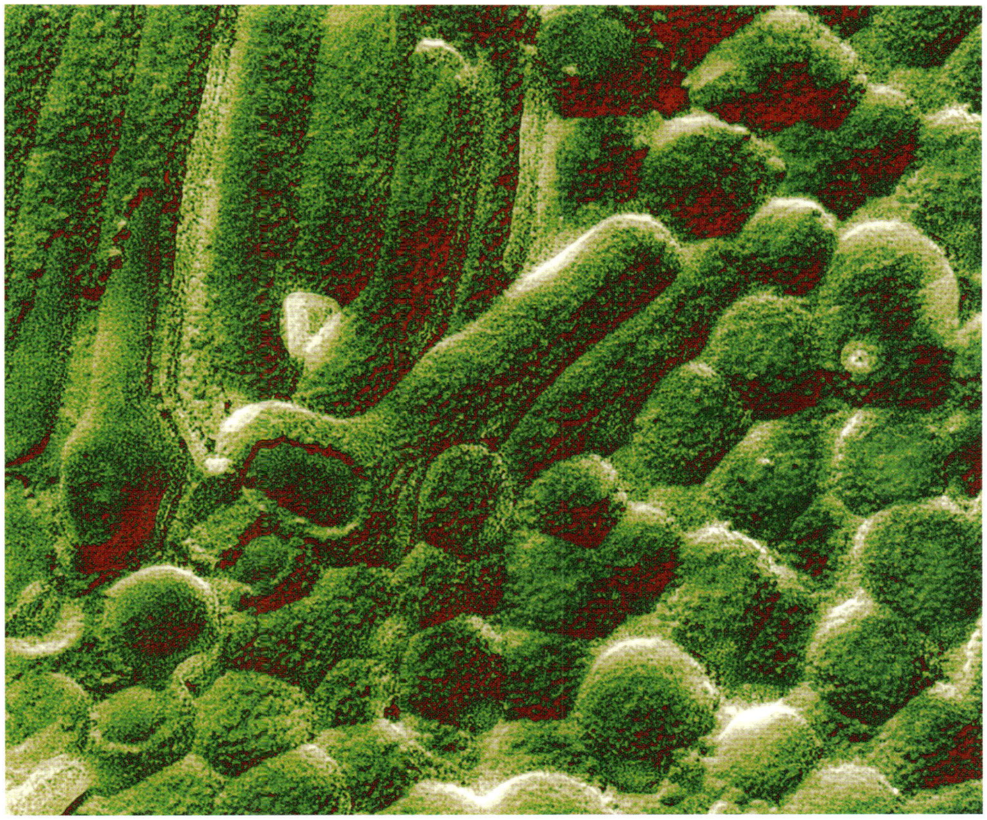

4 INFLUENZA-VIREN

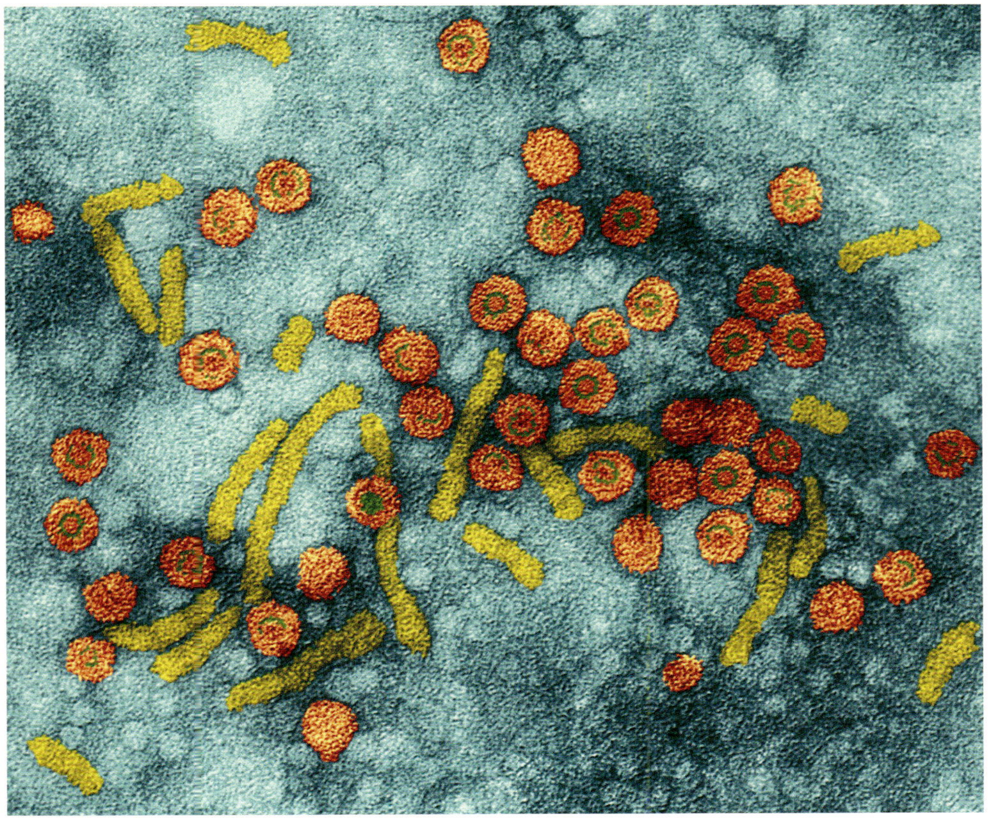

7 HEPATITIS-B-VIREN

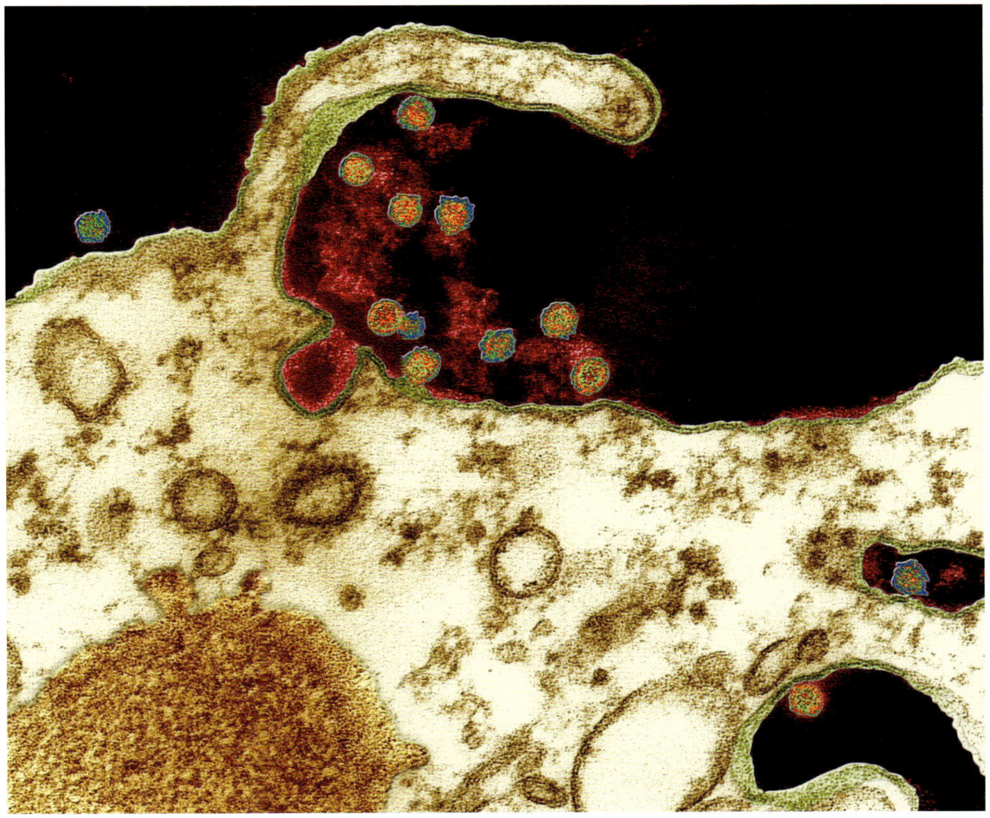

8 GELBFIEBER-VIREN

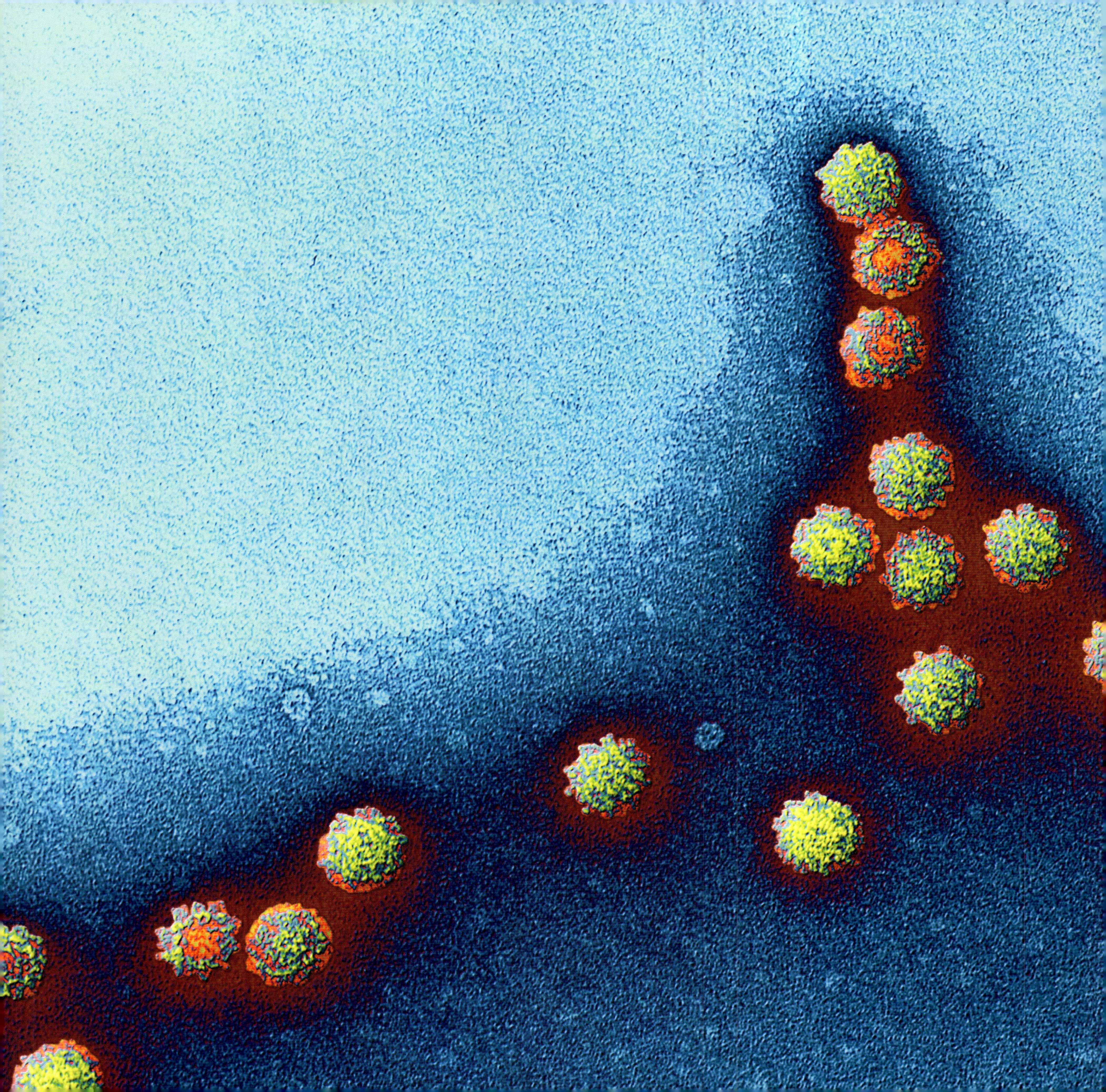

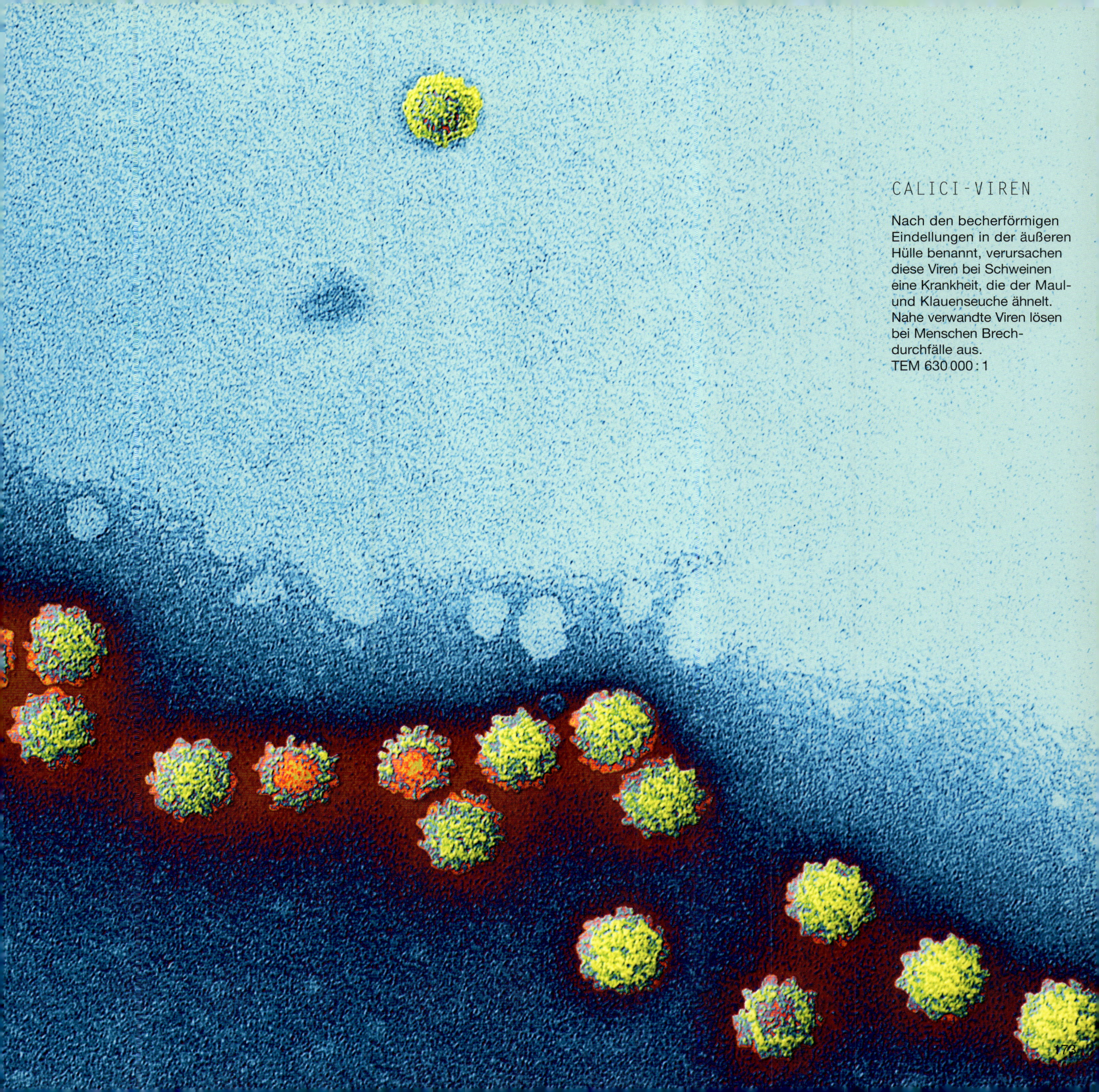

CALICI-VIREN

Nach den becherförmigen Eindellungen in der äußeren Hülle benannt, verursachen diese Viren bei Schweinen eine Krankheit, die der Maul- und Klauenseuche ähnelt. Nahe verwandte Viren lösen bei Menschen Brechdurchfälle aus.
TEM 630 000 : 1

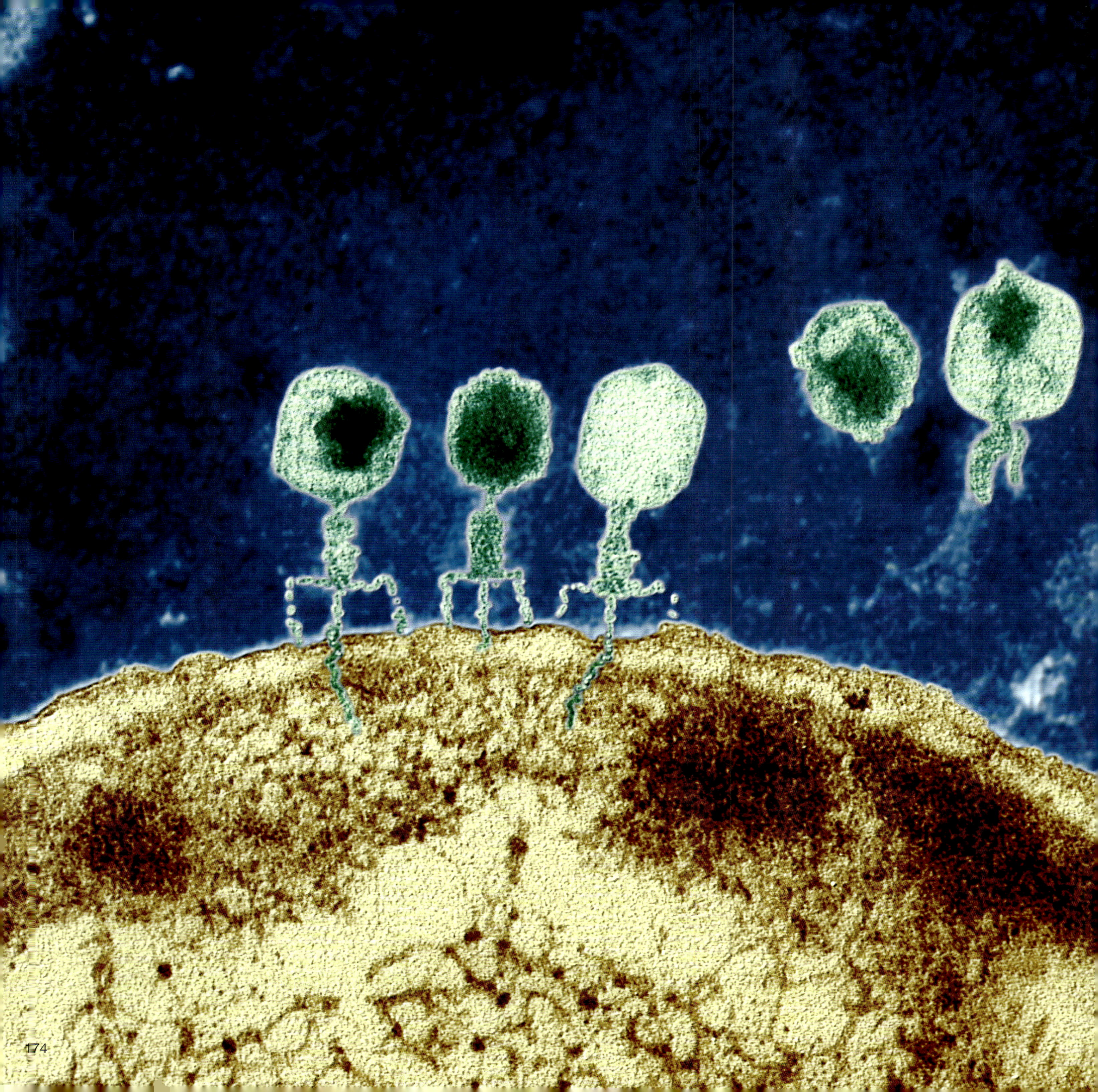

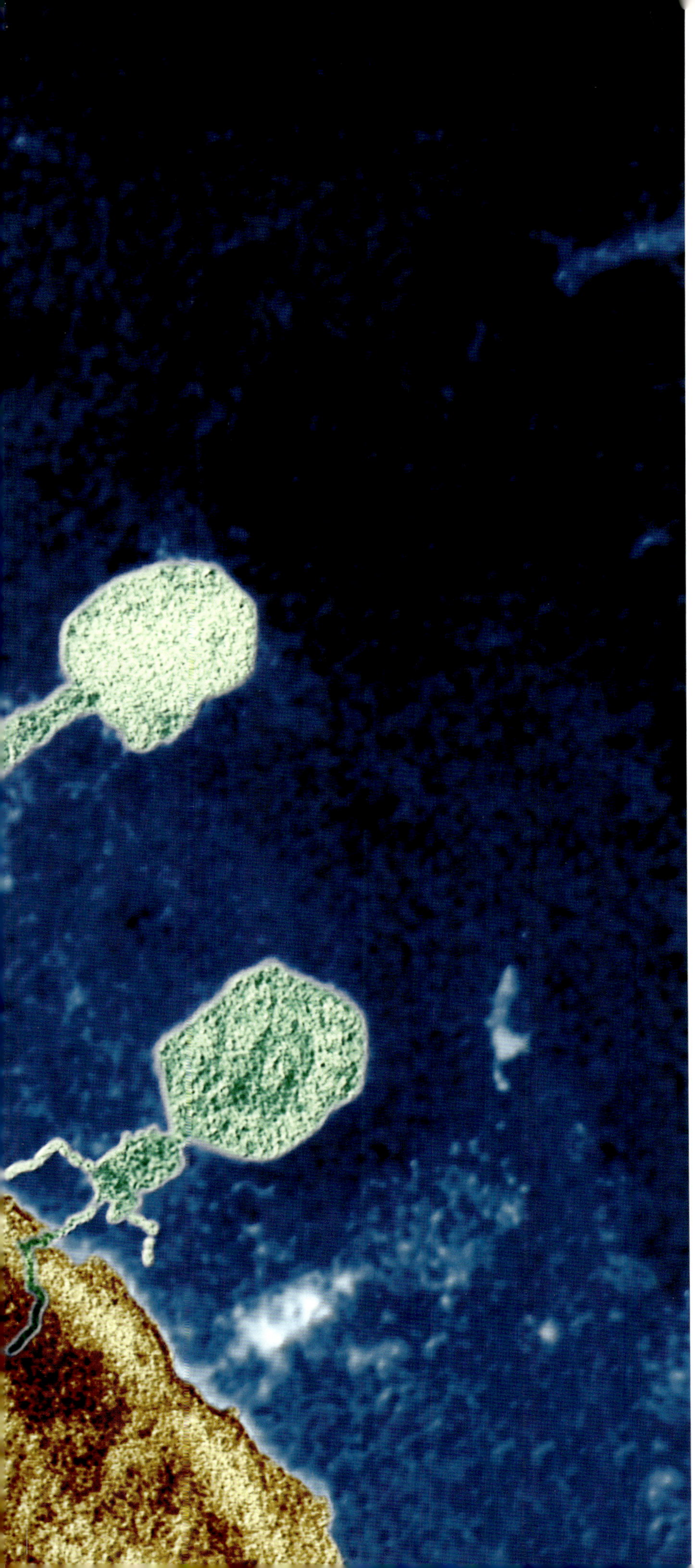

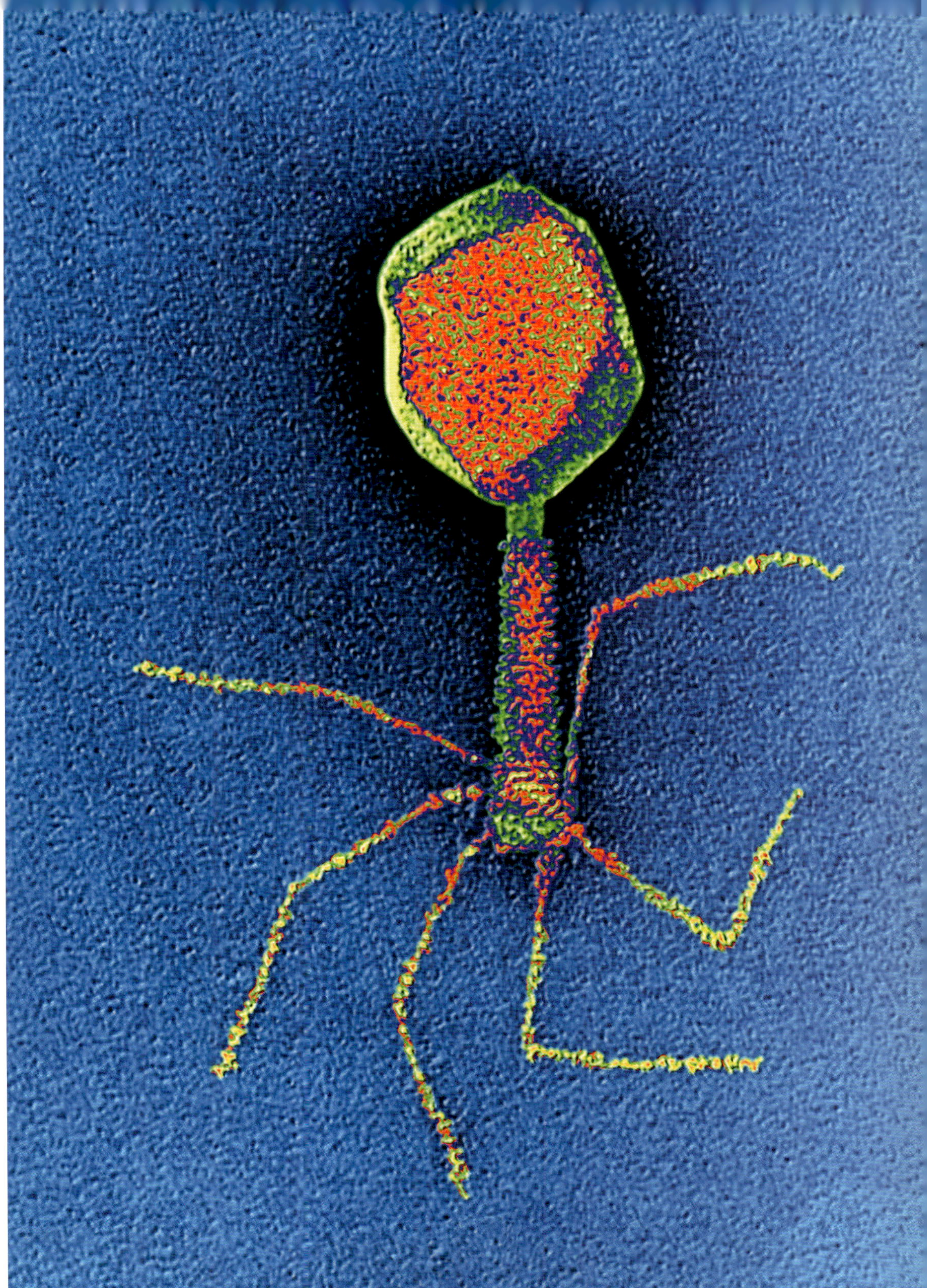

BAKTERIOPHAGEN

»Bakterienfresser« entern ein Koli-Bakterium (links). Die Aufnahme zeigt Phagen, die auf einem Bakterium angedockt haben und ihre Erbsubstanz in das Bakterium injizieren. Diese auf Bakterien spezialisierten Viren bestehen aus einem eckigen »Kopf«, der die Erbsubstanz enthält, und der langgezogenen Schwanzscheide, von der »Beinchen« ausgehen, mit denen sich das Virus an der Bakterienwand anheftet. Nur Minuten nachdem die DNS ins Bakterieninnere geschleust wurde, entstehen neue Phagen, die nach dem Platzen der Bakterienmebran freigesetzt werden. Oben ein isolierter T-Phage. TEM ca. 400 000 : 1

ZUCKER

KRISTALLE

In der unbelebten Welt, so lehren Erfahrung und physikalische Wissenschaft gleichermaßen, herrscht eine natürliche Tendenz zur Unordnung. Schichten Sie etwa in einem Behälter bunte Glasperlen Lage für Lage akkurat nach Farben geordnet auf und schütteln das Ganze kräftig durch, so kommt alles durcheinander. Kein noch so geschicktes Schütteln vermag die ursprüngliche Ordnung wieder herzustellen. Desgleichen macht keine Naturgewalt wieder heil, was ein Erdbeben oder ein Sturm zerstört hat. In verblüffendem Kontrast zu solchem Alltagswissen stehen Kristalle als Zeugnisse von Ordnungsstreben in der unbelebten Natur. Wenn Flüssigkeiten erstarren, nehmen Atome, Ionen oder Moleküle oft nach strengen Regeln ihre Plätze ein: Kristalle mit jeweils typischen Formen und anderen Eigenschaften wachsen heran. Ebenso können Kristalle entstehen, wenn eine Flüssigkeit oder ein Gas von einer Substanz übersättigt ist. Die Eisblumen am Fenster, Edelsteine im Geschmeide, Zucker und Salz auf dem Tisch zeugen von diesem Hang zur Ordnung, der bei genauem Hinsehen weit verbreitet ist. Mit technischen Tricks, unter speziellen Bedingungen im Labor, gelingen darüber hinaus Kristallisationen, die in der Natur völlig unbekannt sind.

KETYL-STEARYLALKOHOL

Die zum Herstellen von Emulsionen vielseitig eingesetzte Substanz wird bei 40 Grad Celsius flüssig und bildet, versetzt mit ausreichend Ethylenoxid, beim Abkühlen konzentrische Kristalle. Die Kristallisation hat von Luftblasen, die im Bild als braune Kreisflächen erscheinen, ihren Ausgang genommen. Lichtmikroskop, polarisiertes Licht 300 : 1

TETRADECANOL-1

Diese wachsartige organische Verbindung schmilzt bei 37 Grad Celsius und bildet, in Alkohol gelöst, mannigfaltige Kristallisationsmuster.
Lichtmikroskop, polarisiertes Licht 100 : 1

LINOLSÄURE

Die essenzielle, also für den Organismus unentbehrliche Fettsäure ist Bestandteil von pflanzlichen Ölen und tierischen Fetten. Die abgebildeten Flüssigkristalle entstanden in einer Wasser-Ammoniak-Lösung.
Lichtmikroskop, Interferenzkontrast Jamin-Lebedeff 240 : 1

QUARZ

Das Bild zeigt eine Bruchfläche an einem Quarzkristall. Die Aufnahme wurde mit einem speziellen mikroskopischen Verfahren vorgenommen, das Höhenunterschiede in Farbabstufungen wiedergibt.
Lichtmikroskop, Auflicht-Interferenzkontrast 1000 : 1

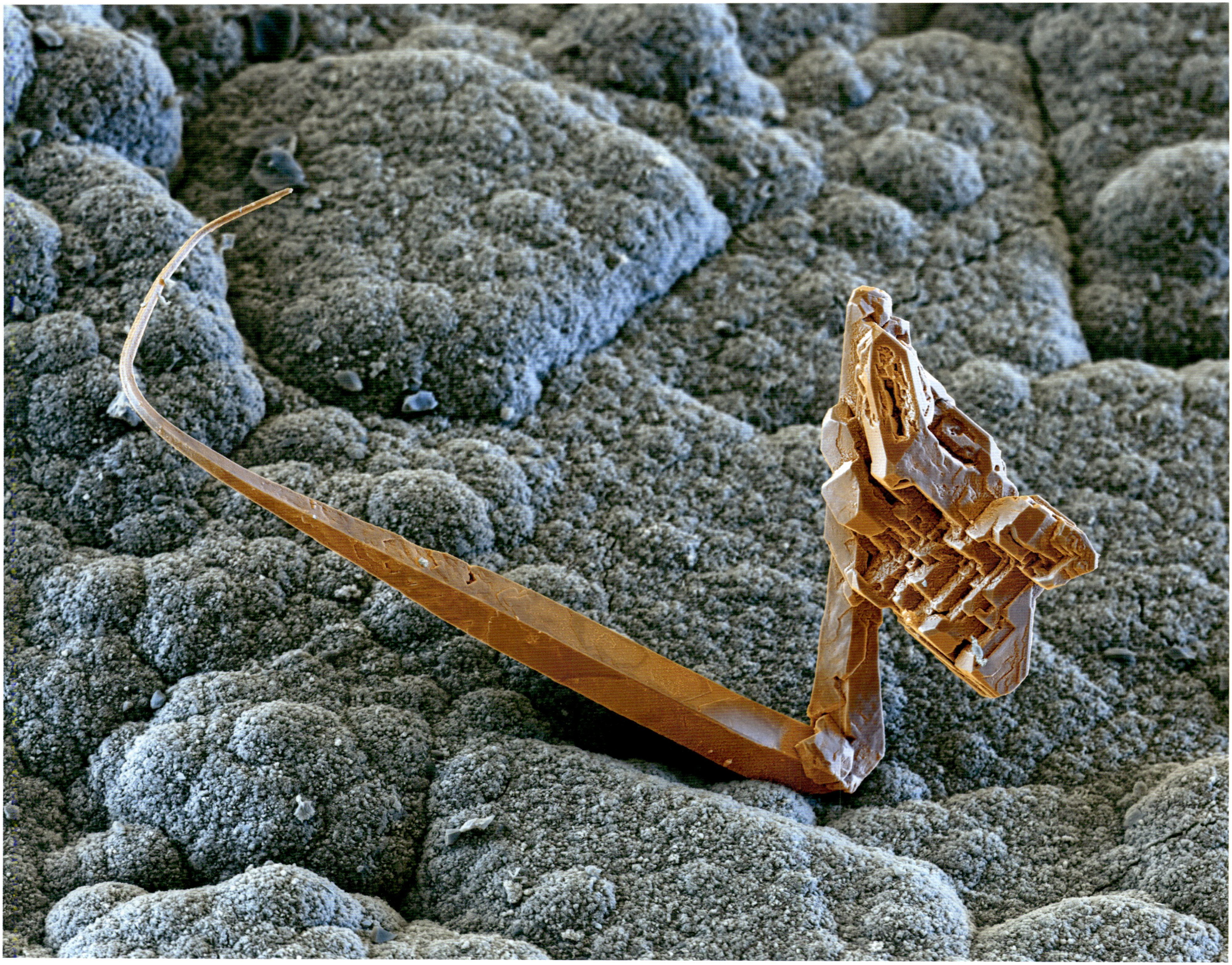

KUPFER

In Erzlagerstätten ist Kupfer meist an andere Elemente gebunden, tritt aber auch in reiner Form auf und bildet dann oft schöne Kristalle. Das Bild zeigt gediegenes Kupfer aus der Grube Clara im Schwarzwald. Die Gesamtlänge des Metallspans beträgt 0,3 Millimeter. Im US-Staat Michigan wurden über 400 Tonnen schwere Kristallaggregate aus reinem Kupfer gefunden.
REM 750 : 1

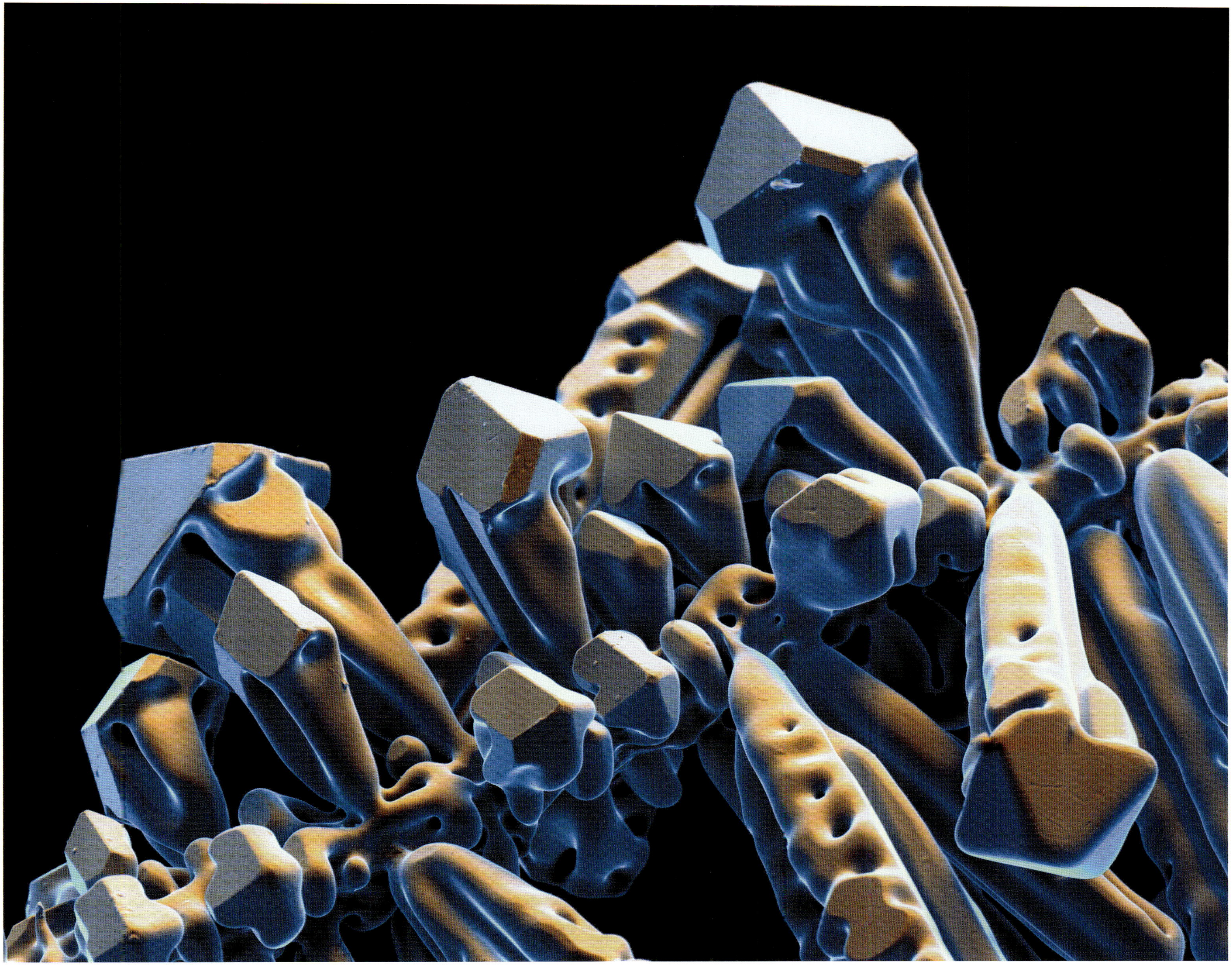

PALLADIUM

Das silberweiße Edelmetall kommt in der Natur gediegen oder mit anderen Elementen verbunden in Gold-, Silber-, Nickel- und Kupfererzen vor. Die Abbildung zeigt Palladium-Kristalle, die im Vakuum gewachsen sind. Palladium wird als Katalysator, als Legierungszusatz für Silber, Gold und andere Metalle sowie als Wasserstoffspeicher geschätzt. Als Palladiumschwamm kann das Metall das 1200fache seines Volumens an Wasserstoff aufnehmen.
REM 260 : 1

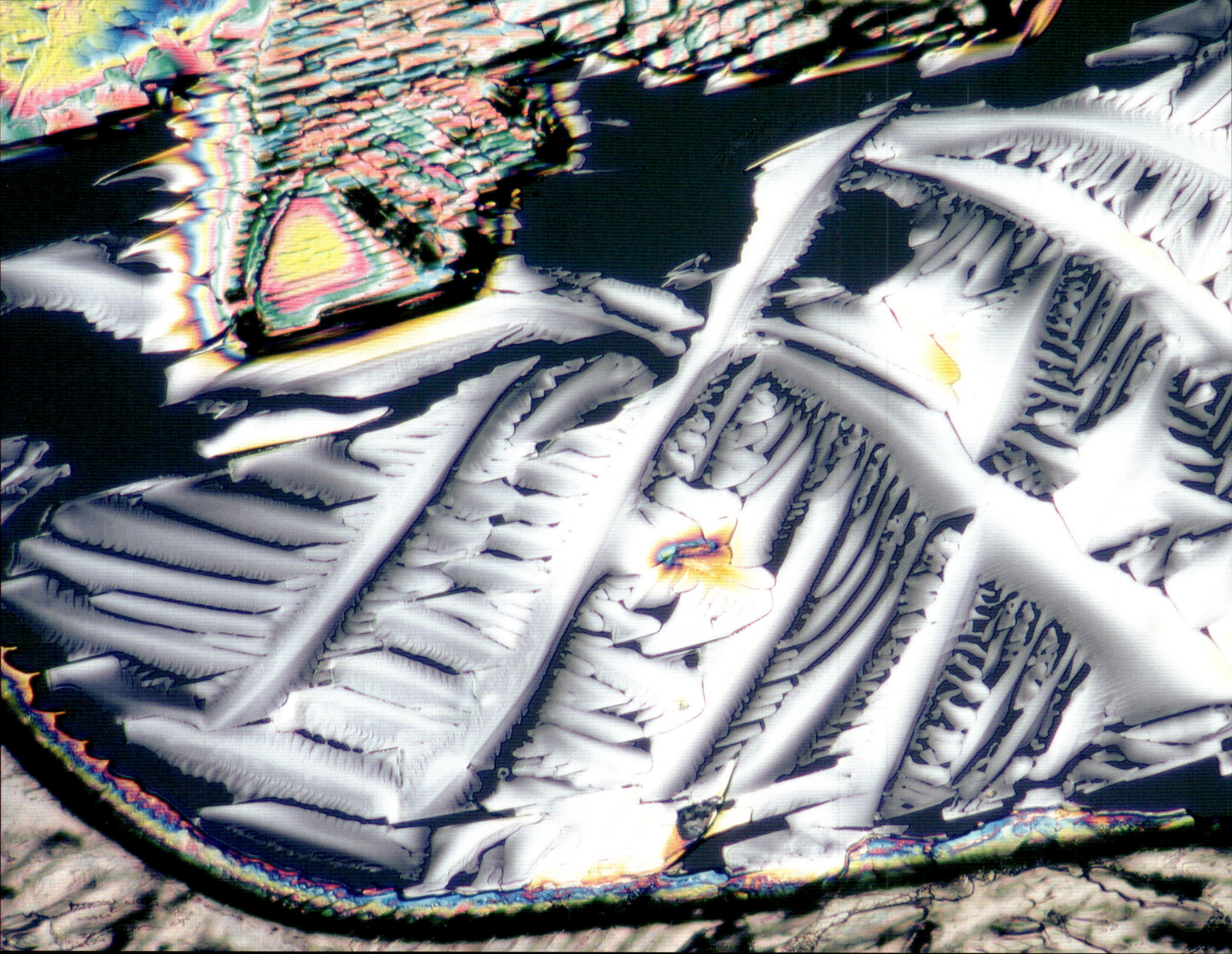

HARNSTOFF

Das Endprodukt des Eiweiß-Stoffwechsels schmilzt bei 135 Grad Celsius. Der für diese Aufnahme geschmolzene Harnstoff bildete beim Abkühlen doppelbrechende Kristalle, die im polarisierten Licht durch ihre Farben und

ZUCKER

Wie die Kristalle auf Seite 176 ist der weiße Zucker auf diesem Bild aus wässriger Lösung kristallisiert. Doch in diesem Fall war im Mikroskop zwischen Objektträger und Deckglas kein Platz für deutlich dreidimensionale Strukturen. Zudem kühlte die Lösung so schnell ab, dass die Moleküle sich nicht zu ausgedehnten Kristallen ordnen konnten.
Lichtmikroskop, polarisiertes Licht 150 : 1

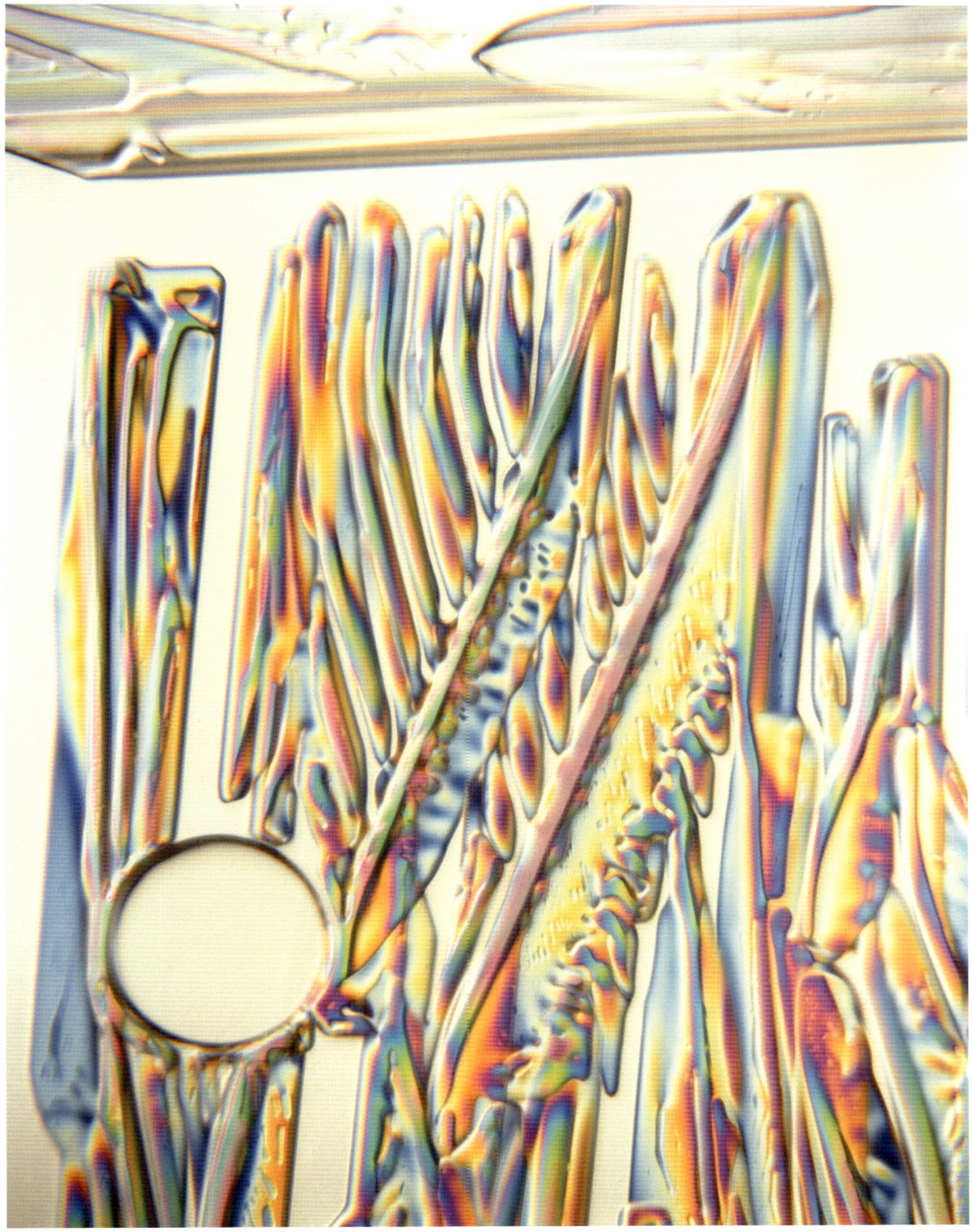

KALIUMJODID

Aus einem Tropfen wässriger Kaliumjodid-Lösung haben sich zwischen Objektträger und Deckglas durch die Verdunstung des Wassers Myriaden winziger weißer Kristalle niedergeschlagen. Die weit geschwungenen Grenzflächen sind dadurch entstanden, dass sich das Wasser aufgrund seiner Oberflächenspannung in Stufen zurückzog.
Lichtmikroskop, Dunkelfeld 180 : 1

ZINKSULFAT

Dieser Versuch wurde so gesteuert, dass die aus einer wässrigen Lösung ausgefällten Kristalle anschließend teilweise wieder in Lösung gegangen sind – die weichen, abgerundeten Formen weisen darauf hin. Das runde Gebilde links unten ist eine Luftblase.
Lichtmikroskop, polarisiertes Licht 150 : 1

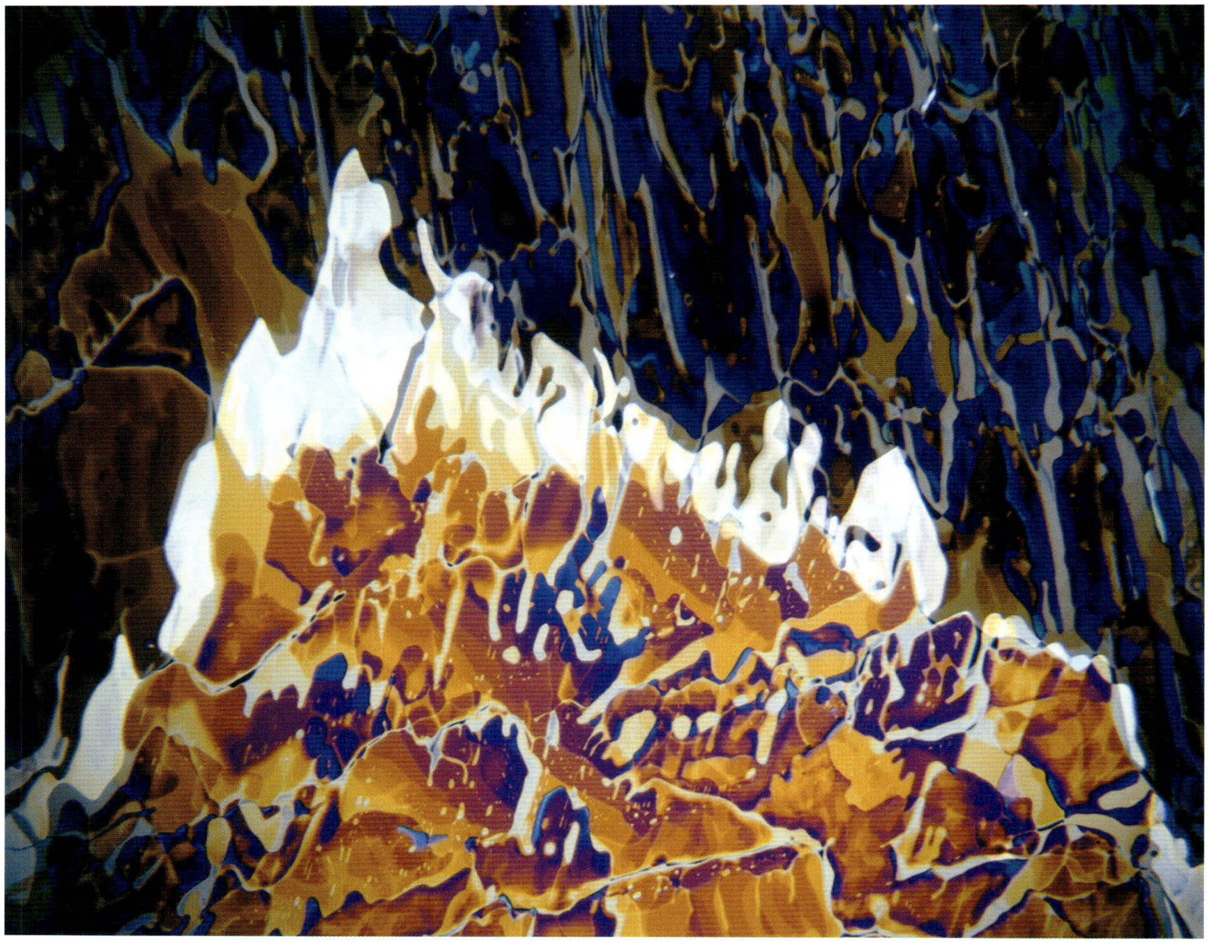

KALZIUMCHLORID

Das Salz Kalziumchlorid zwischen Objektträger und Deckglas ist blätterteigartig in mehreren Lagen auskristallisiert. Der Kontrast zwischen oberem und unterem Teil kommt durch die unterschiedlich ausgerichteten Kristallisationsebenen zustande. Dadurch werden im oberen Teil die Lichtstrahlen bei der Betrachtung im polarisierten Licht fast ausgelöscht, und die Kristallformen erscheinen nur noch angedeutet. Lichtmikroskop, polarisiertes Licht 100 : 1

TRAUBENZUCKER

Die biologisch bedeutsamste und in der Natur am weitesten verbreitete Zuckerart bildet Kristalle, die im rechten Licht bezaubernd funkeln. Lichtmikroskop, polarisiertes Licht 450 : 1

MIKROZANGE

TECHNIK

Wer sagt denn, dass »die fantastische Welt des Unsichtbaren« nur in der Natur zu entdecken sei, in Pflanzen und Tieren, in Bakterien, Viren und Kristallen? Auch die vom Menschen geschaffene Technik bietet bei entsprechender Betrachtung hinreichend Gelegenheit für »Entdeckungen im Mikrokosmos«. Nur vordergründig stehen die Errungenschaften der Technik im Gegensatz zur Natur, repräsentieren sie eine »künstliche« Welt. Tatsächlich aber kann Technik nur funktionieren, weil auch sie Teil der Natur ist. Alle Werkzeuge, Geräte und Maschinen, alle Maßnahmen und Verfahren, die uns die Technik zur Verfügung stellt, nutzen die Naturgesetze und natürliche Prozesse. Der visuelle Streifzug durch die Welt des Kleinsten und Allerkleinsten mithilfe moderner mikroskopischer Aufnahmetechniken endet, wo er begann: beim Menschen. Am Beginn standen Schnappschüsse aus dem Innern des biologischen Wesens Mensch, am Ende folgen Blicke aus ungewohnter Perspektive auf Details seiner Werke.

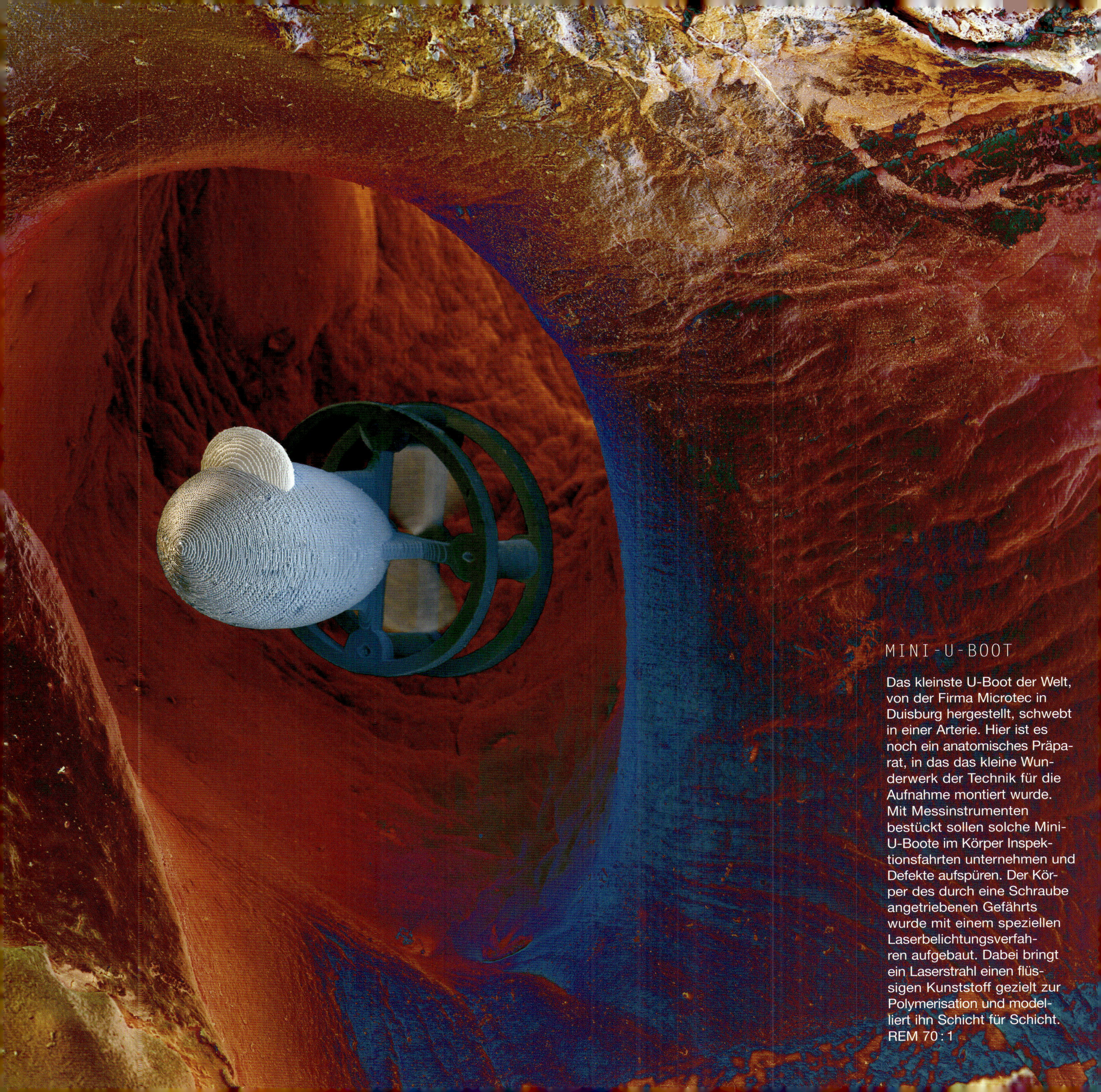

MINI-U-BOOT

Das kleinste U-Boot der Welt, von der Firma Microtec in Duisburg hergestellt, schwebt in einer Arterie. Hier ist es noch ein anatomisches Präparat, in das das kleine Wunderwerk der Technik für die Aufnahme montiert wurde. Mit Messinstrumenten bestückt sollen solche Mini-U-Boote im Körper Inspektionsfahrten unternehmen und Defekte aufspüren. Der Körper des durch eine Schraube angetriebenen Gefährts wurde mit einem speziellen Laserbelichtungsverfahren aufgebaut. Dabei bringt ein Laserstrahl einen flüssigen Kunststoff gezielt zur Polymerisation und modelliert ihn Schicht für Schicht. REM 70 : 1

WABEN-STRUKTUR

Die winzigen Waben aus Kupfer können vielfältig eingesetzt werden, etwa als Filter für spezielle feine Partikel oder – in bestimmter Anordnung – in der Weltraumforschung als besonders exakter Filter für den langwelligen Teil der Infrarotstrahlung. Gefüllt mit Röntgenleuchtstoff, wurde die Verwendung der Waben als Röntgenverstärkerfolie erfolgreich getestet.
REM 370 : 1

FLÜGELRÄDER

Dieser Teil eines Strömungssensors wurde mithilfe eines computergesteuerten Laserstrahls aufgebaut. Er bewirkt, dass sich kleine flüssige Moleküle (Monomere) schichtweise zu festen Makromolekülen (Polymeren) verbinden. Die einzelnen Schichten sind mindestens einen Tausendstelmillimeter dick.
REM 60 : 1

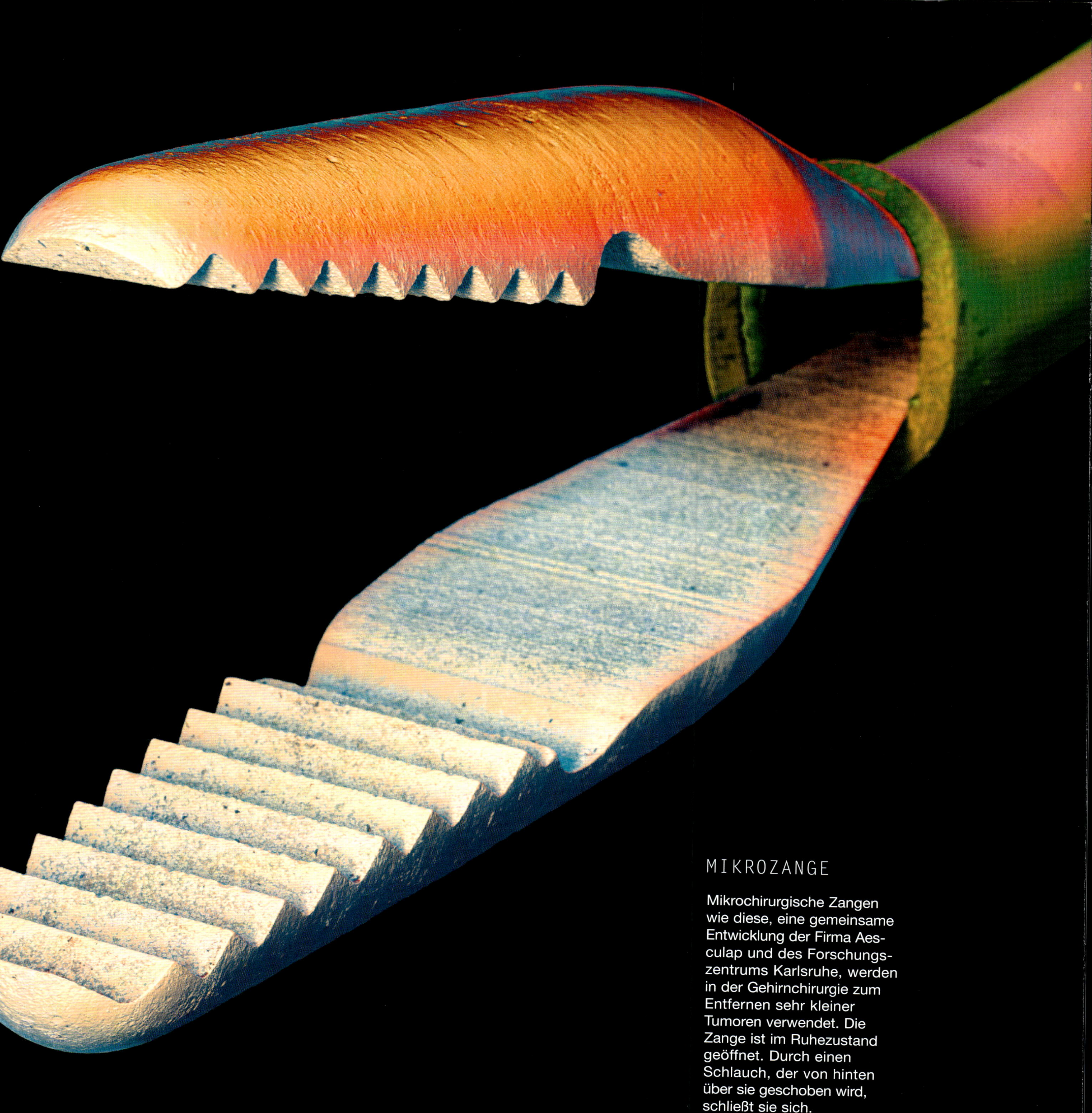

MIKROZANGE

Mikrochirurgische Zangen wie diese, eine gemeinsame Entwicklung der Firma Aesculap und des Forschungszentrums Karlsruhe, werden in der Gehirnchirurgie zum Entfernen sehr kleiner Tumoren verwendet. Die Zange ist im Ruhezustand geöffnet. Durch einen Schlauch, der von hinten über sie geschoben wird, schließt sie sich.

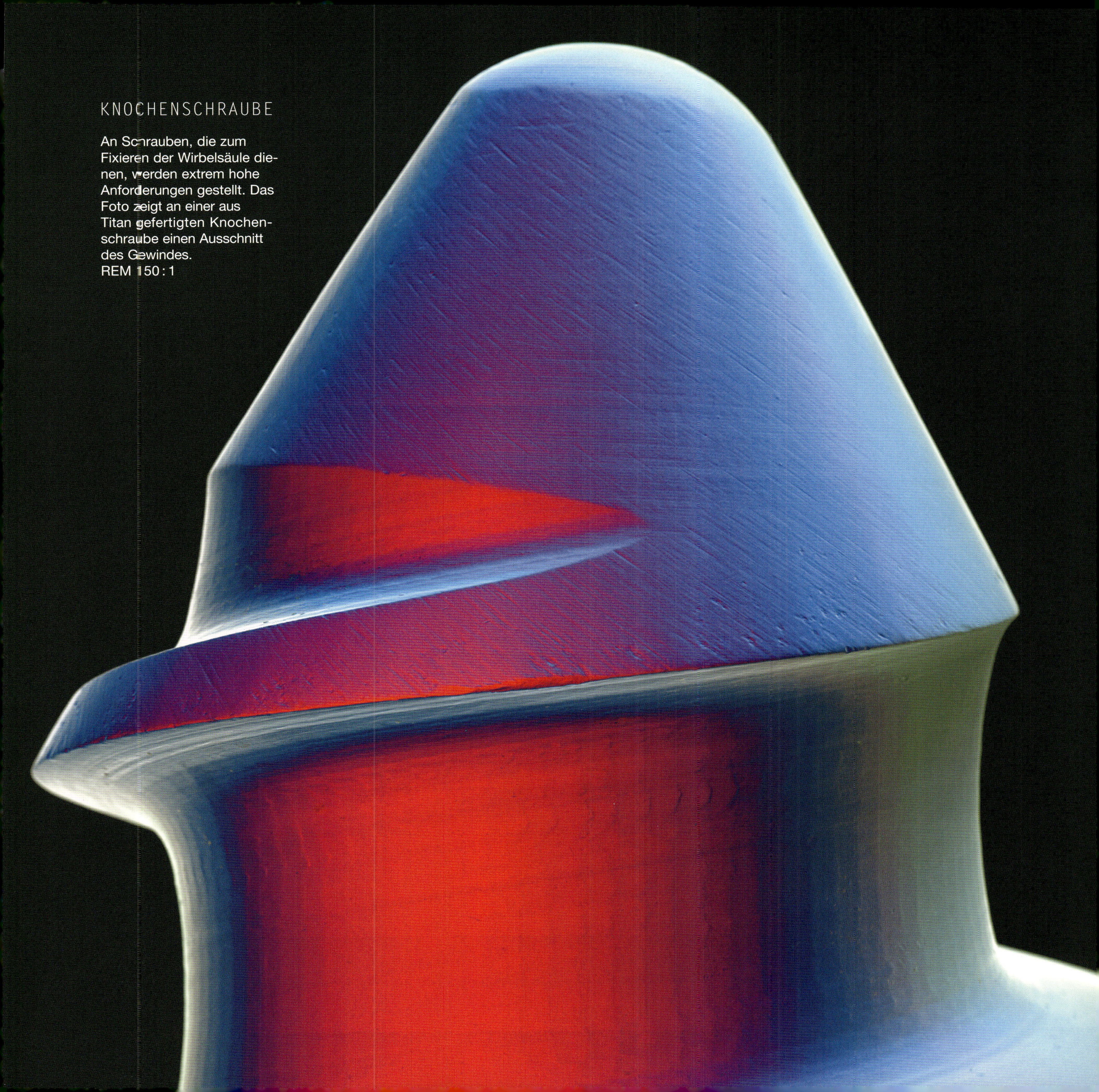

KNOCHENSCHRAUBE

An Schrauben, die zum Fixieren der Wirbelsäule dienen, werden extrem hohe Anforderungen gestellt. Das Foto zeigt an einer aus Titan gefertigten Knochenschraube einen Ausschnitt des Gewindes.
REM 150:1

KLETTVERSCHLUSS

Einfach und praktisch, ohne Knöpfen, Zippen oder Schnüren, halten Klettverschlüsse zusammen, was zusammengehört. In Kunststoffstäbchen, die wie Nagelköpfe geformt sind, oder aufgeschnittenen Schlaufen verhakt sich der Filz des Gegenstücks (rechts und ganz rechts). Vorbild waren die Klettfrüchte, die im Fell oder Gefieder von Tieren verschleppt werden.
REM 75 : 1 (rechts);
REM 100 : 1 (ganz rechts)

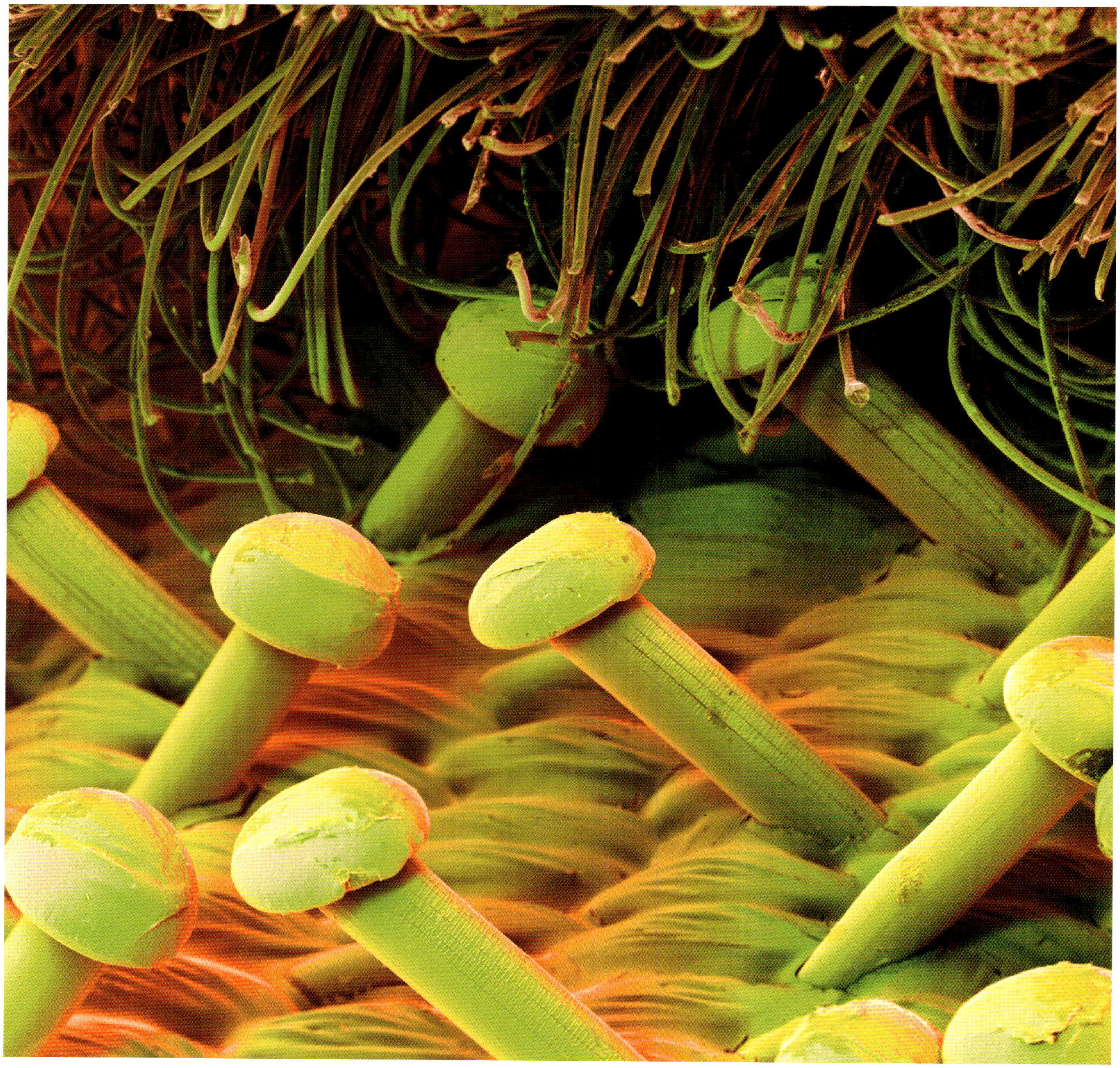

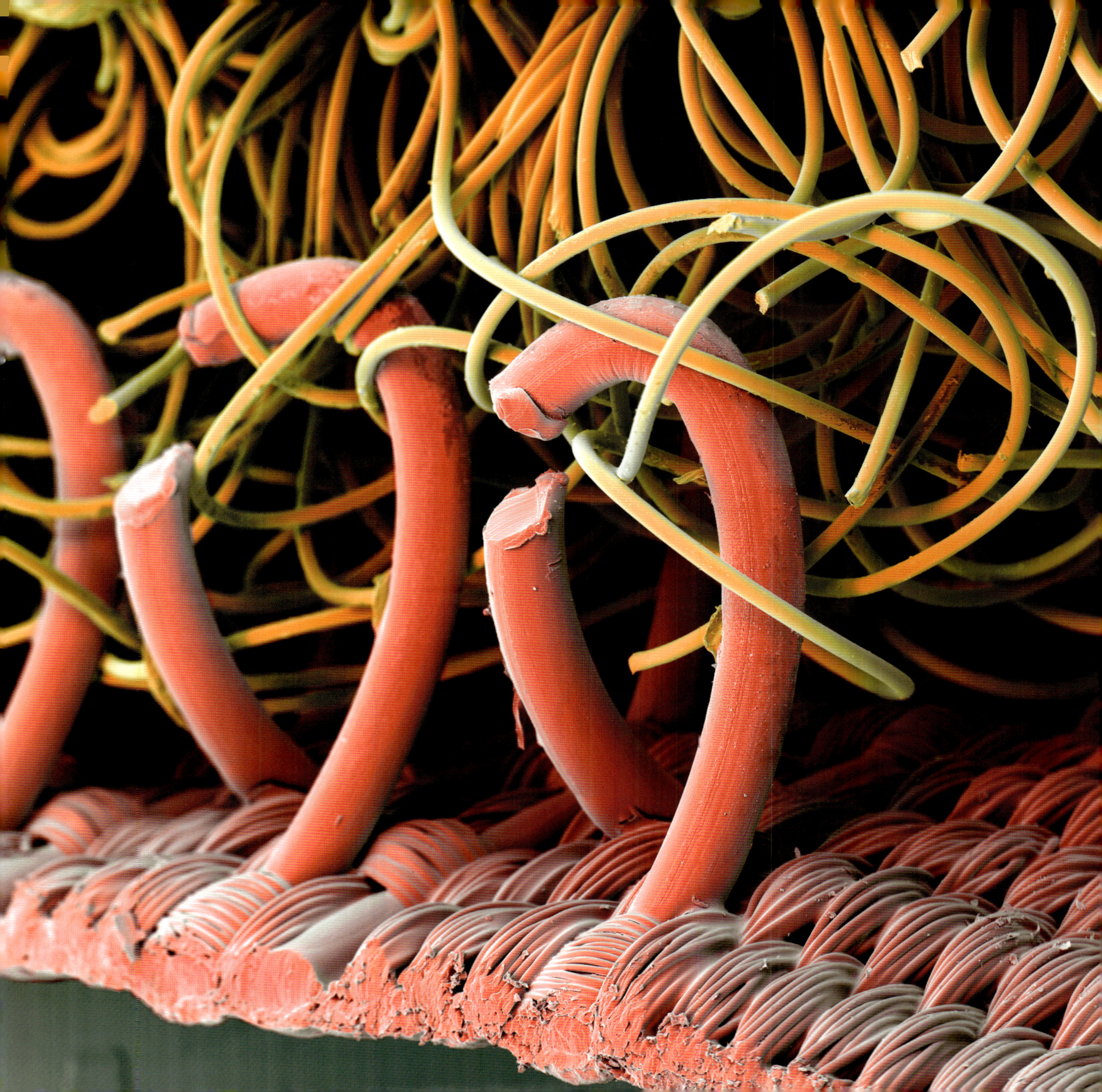

NYLONSTRUMPF

Die Nylonstränge erreichen ihre Elastizität durch die lockere Bündelung vieler Fasern, die sich hier in halbgedehntem Zustand befinden. In der Natur produzieren Spinnen derart elastische Fasern in hoher Perfektion.
REM 450 : 1

REGENJACKE

Der Querschnitt durch den Stoff einer Regenjacke zeigt Bündel verwebter Nylon-Fäden, die an der Innenseite der Jacke mit einem wasserabweisenden Film (unten, weiß) überzogen sind. Kleine Poren in dem Film lassen Körperfeuchtigkeit als Wasserdampf entweichen, aber kein flüssiges Wasser von außen nach innen passieren.
REM 650 : 1

SUPRALEITER

Hochtemperatur-Supraleiter zeigen einen Effekt, der gewöhnlich nur in der Nähe des absoluten Nullpunkts von −273,15 Grad Celsius auftritt, schon bei relativ hohen Temperaturen: Bei einer Abkühlung auf etwa −140 Grad schwindet der elektrische Widerstand, und Strom wird praktisch verlustfrei geleitet. Der keramische Hochtemperatur-Supraleiter aus Lanthan-Barium-Kupferdioxid, dessen Gefüge auf dem Foto dargestellt ist, stammt aus den Forschungslabors von IBM in Zürich. REM 15 000 : 1

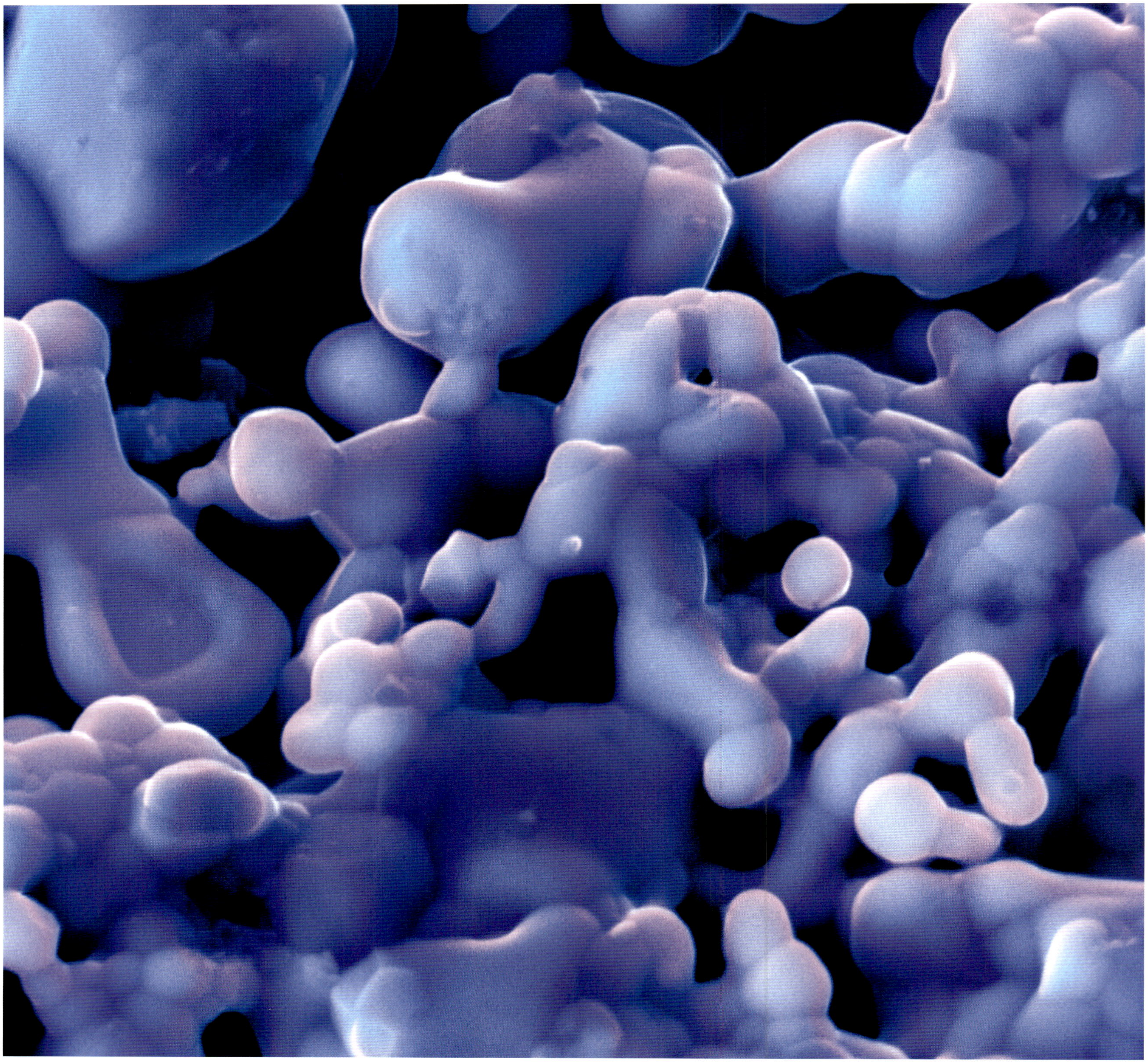

RIBLET-FOLIE

Folien mit Riblet-Struktur wurden bereits erfolgreich an Flugzeugen getestet: Durch winzigste Luftverwirbelungen an den mikroskopisch feinen riblets (»Rippchen«) verringert sich der Strömungswiderstand. Die Struktur wurde nach dem Studium von Haifisch-Schuppen entwickelt. Leider konnte das Problem der Verschmutzung noch nicht zufriedenstellend gelöst werden. REM 620 : 1

COMPUTERPLATINE

Der Querschnitt durch eine noch im Aufbau befindliche Platine zeigt mehrere Lagen von isolierendem glasfaserverstärktem Kunststoff (oliv, darin Glasfasern als hellere Ovale) und Kupfer (kupferfarben). Auf der Ober- und Unterseite liegen »Resistschichten« (blau), die als Hilfsschichten für den weiteren Aufbau dienen. Nach der Fertigstellung kann die Platine von beiden Seiten mit Modulen bestückt werden. REM 84 : 1

MIKROCHIP

Das Grundmaterial des Mikrochips ist kristallines Silizium. Dessen Oberfläche wird in vielen Schritten mittels Fotolithografie, Ätztechniken und Metallbeschichtungen bearbeitet, um den in mehreren Etagen angelegten komplexen Schichtaufbau zu erhalten. Lichtmikroskop, Dunkelfeld 350 : 1

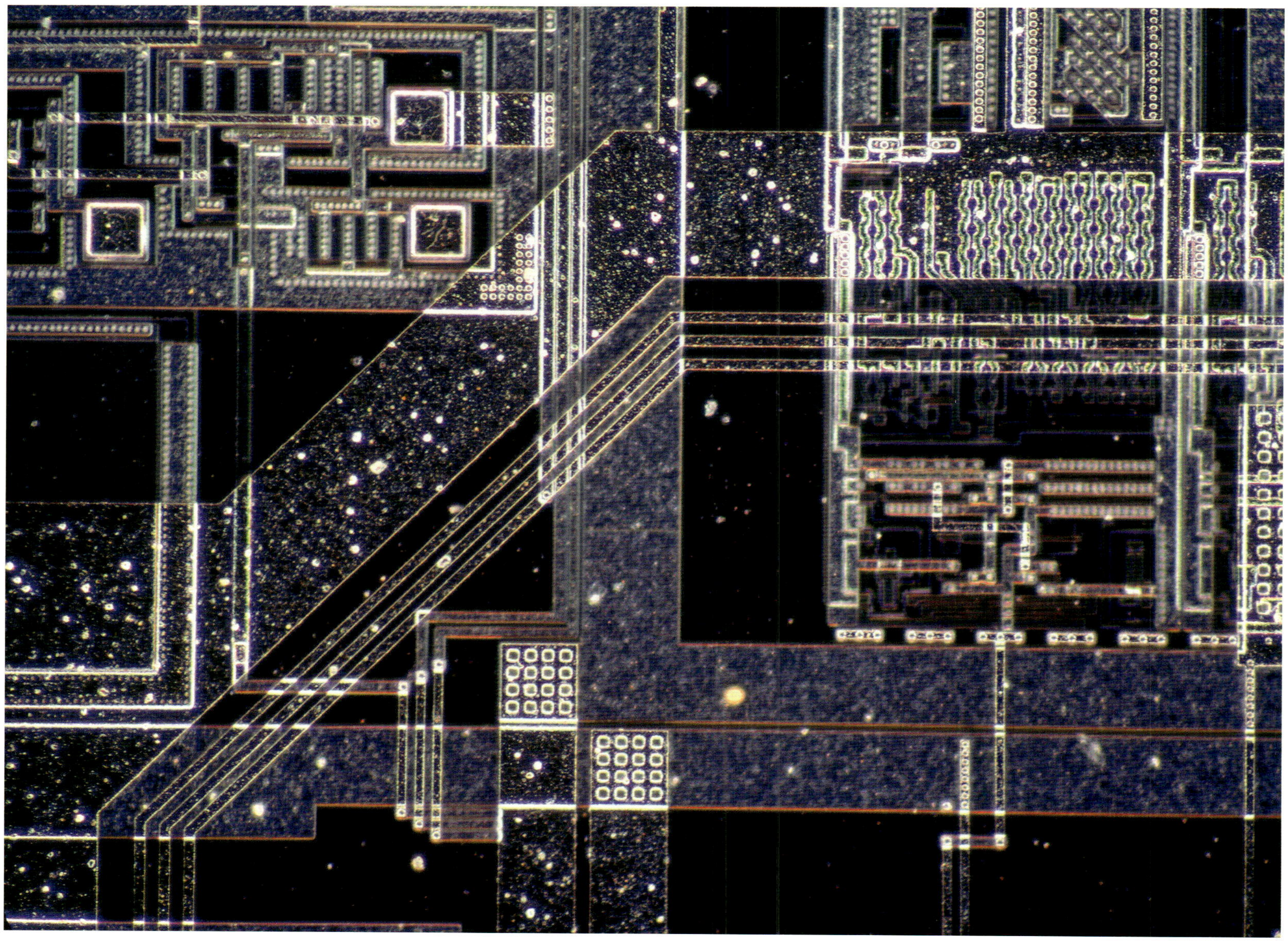

BILDNACHWEISE

Fotovermerke nach Seiten.
Alle Fotos: Nicole Ottawa & Oliver Meckes/ eye of science außer:
Marc Steinmetz: 7–13
Illustrationen
Gisela Rüger: 106, 108, 116, 117;
Bildarchiv Preußischer Kulturbesitz: 112, 113, 128

DANKSAGUNG

Ein Buch wie dieses erfordert zur Realisierung mehr als die Namens-Autoren. Das Wissen und die Hilfe vieler Wissenschaftler und Freunde war notwendig, um das Material für die Bilder und um Informationen zu beschaffen. All diesen Helfern im Hintergrund sei hiermit herzlichst gedankt.

Besonderer Dank gebührt
unseren Eltern, die uns die Liebe und Begeisterung zur Natur vermittelten, mit viel Geduld unseren Werdegang begleitet haben und ohne deren ausdauernde Unterstützung unser Erfolg nicht möglich wäre;

Olivers Paten Werner Meckes, der mit einem ersten Schülermikroskop den Stein ins Rollen brachte.
Nicoles Bruder Ralf Ottawa, der oft in schwierigen Situationen zur Seite stand;

Manfred Kage, dem »Altmeister der Mikrofotografie«, bei dem wir die hohe Kunst der Mikroskopie erlernten;

Peter Liebscher, der nicht müde wird, unser Raster-Elektronen-Mikroskop immer weiter zu optimieren. Seine »Löt- und Messarbeiten« haben maßgeblichen Einfluss auf die hohe technische Qualität unserer Bilder;

Wolfgang Joachimi und Heidi Stöber (point-electronic), deren Kooperation uns den Start 1994 ganz erheblich erleichterte;

Margot Klingsporn (Focus Bildagentur), Rose Taylor (SPL) und Steve Gerard (Science Source), deren unermüdliche Arbeit in den Bildagenturen zur Verbreitung unserer Bilder entscheidend beiträgt;

der GEO-Redaktion, insbesondere Ruth Eichhorn und Sabine Wuensch, die sich so wunderbar unserer Personen und Fotografie angenommen haben. Es ist immer ein besonderes Vergnügen, mit ihnen zusammenzuarbeiten.
Erwin Ehret, der die exzellente grafische Gestaltung zauberte.
Dr. Erwin Lausch, dessen Texte mit wissenschaftlicher Exaktheit und Liebe zur Sprache unsere Bilder begleiten.
Stefan Schomann für den wundervollen Prolog. Die Gespräche mit ihm haben auch unseren Horizont wieder ein Stück erweitert.

Marc Steinmetz und Astrid Bärndal für das Erarbeiten der Porträts, was uns viel Spaß und kurze Nächte bescherte.

Dr. Hans Gelderblom (RKI, Berlin), Dr. Birgit Bilger, Dr. Jürgen Dürre, Prof. Dr. Günter Herrmann (Klinikum Ludwigsburg), Dr. Gabriele Deubler (Krankenhaus Reutlingen), Prof. Gerhard Wanner (Uni München), Prof. Klaus Hausmann (FU Berlin), Prof. Heinz Schwarz (MPI Tübingen), Dr. Stefan Fennrich (Uni Konstanz), Karl-Heinz Baumann (Baumann Naturfilme) stellten und stellen uns nicht nur großzügig Exemplare und Material aus ihren Sammlungen und Arbeiten zur Verfügung, sondern auch ihre oft kostbare Zeit und ihren Kenntnisreichtum. Ihnen gebührt für die langjährige Begleitung besonderer Dank.

Danken möchten wir darüber hinaus: Dr. Dr. Peter Kimmig (die ersten Bakterien); Dr. B. Walderich (*Entamoeba h.*); Isabell Dietrich (Macrophagen beim Fressen); Prof. R. Handgretinger und A. Geiselhart (div. Krebszell-Kulturen); Dr. Jörg Grunewald (Flöhe, Filzläuse und Aedes); Dr. Jürgen Kun (*Plasmodium falciparum*); Prof. Werner Nachtigall (Bionik); Prof. H.M. Seitz (*Trichomonas vaginalis*); Gabriele Miksch (Bremsen, Bombardierkäfer); Andreas und Annette Dickhoff, Helga Zapp (Silberfischchen); Dr. Rainer Oehme (Zecken und Borrelien); Dr. Gerhard Lung (Bodenlebewesen); Dr. Muhsin Özel (HIV-infizierte Lymphozyten); Birgit Walker (Hautpilze); Prof. Dr. Michael Duszenko (*Trypanosoma*); Dr.Hertel, BAM (Termiten); Prof. Dr. Christian Bardele (*Didinium*); Reiner Götzen und Andrea Reinhardt, Fa. Microtec (Mikro-U-Boot und Flügelräder). Wolfgang Strecker, Firma Bode-Chemie (Kristallisations-Substanzen u. a.); Richard Bayerl (Kupfer); Susanne Lamers, Fa. Allergopharma (Milben); Wilhelm Bloemer, Aesculap AG (Knochenschraube); Wolfgang Beuse, Fa.Bosch AG (Hardware); Martin Hug, IBM Zürich (Supraleiter); Walter Bacher, FZK (Mikro-Waben und Zange).